# 卷首语：
# 开源云原生和数字化新实践

见频

我们正在进入一个开发范式转移的大时代！

十年前，Netscape创始人、硅谷著名投资人马克·安德森（Marc Andreessen）预言"软件正在吞噬世界"；数年后，软件里90%以上的代码都是开源代码，"开源正在吞噬软件"；如今，"云原生吞噬开源"，开源项目正在向云化演进。

近年来，容器、虚拟化、DevOps等技术快速发展，将整个开发过程、开发流程带入云端，开发范式发生巨变。同时，Kubernetes、微服务、Service Mesh等一系列新技术规范涌现，开发模式、开发工具、开发成果甚至开发商业模式都在迭代升级。

我们已经从过去的互联网时代步入移动互联网、云计算和大数据的时代，逐步进入全新的云原生时代。在云原生的发展道路上，开源有着非常关键的作用，它推动了云原生的发展。同样，云原生也为开源带来了最好的商业化模型。PaaS、SaaS以及IaaS服务都已进化到更加原生（Native）的状态，全面云化要来了！

未来，开发者的代码调用等各种服务都将被云化，随之而来的是服务将拥有更好的弹性，用户体验也将提升。当开源项目被云化后，其收入模型将更加清晰，用户能够得到最新、最可靠的服务。一方面，云原生等新技术顺应市场与企业的需求而生，另一方面，越来越多的企业正在借助云原生应用架构助力业务的数字化转型。

当数字化成为当下社会的主旋律之一时，企业对技术力量的需求也将不断升级。在《新程序员·开发者黄金十年》专辑里，我们曾谈到中国正迎来开发者市场的三大红利：**人人都是开发者、家家都是技术公司、十万亿开发者新生态。**而今，我们已经处在了全面数字化的时代，数字化正在吞噬传统行业。

当业务皆被数字化和数据化以后，企业的竞争力是什么？答案是：你所拥有的开发力量。

2021年，CSDN注册用户数量增长了近700万，实名总用户数3200万。这意味着，企业对开发者的需求仍在持续上涨。在数字化转型趋势下，开发者的机遇与挑战并存。开发者不仅要掌握新一代开发范式、学习新一代的云原生技术，未来也将朝着两大方向发展：一个方向是升级为架构级工程师，去帮助开发者开发更好的程序；另一个方向则是转变为业务专家，向以低代码驱动企业的业务发展。

一个拥有复合能力的程序员才能拥有更多的成长机会。随着技术开发范式的变化，数字化转型加速实现，开发者最需要做的仍然是不断学习、提升自我。

在《新程序员.003》中，我们聚焦"云原生时代的开发者"与"全面数字化转型"两大主题。阿里、字节跳动、网易、快手、亚马逊等互联网大厂的云原生技术的赋能者，从技术定义、技术应用、实践案例分享等方面，以直击内核的硬核输出全面解析云原生，帮助开发者在云原生时代快速找到适合自身发展的技术范式。同时，我们也将对微软、英特尔、华为、施耐德、西门子等首批开启数字化转型的企业展开报道，通过十多位技术专家分享的鲜活案例，一窥金融、新零售、工业物联网等领域的数字化转型成果，帮助更多关注数字化转型的开发者从先驱者的经验中获得启迪。

微软（中国）首席技术官韦青在分享他对微软数字化转型实践的思考时谈到："真正进入数字化转型深水区的公司，会越发认识到转型的不易，也会发现很多理论性知识与现实脱节的情况。"然而，我们相信，数字化转型已是大势所趋，未来将有更多行业逐步进入全面数字化的时代。

蒋涛

CSDN创始人&董事长、极客帮创投创始合伙人

2022年1月

# CONTENTS 目录

**PROGRAMMER**
**新程序员**

**策划出品**
CSDN

**出品人**
蒋涛

**专家顾问**
刘超 | 宋净超 | 韦青 | 何江 | 杨福川

**总编辑**
孟迎霞

**执行总编**
唐小引

**编辑**
田玮靖 | 徐威龙 | 杨阳 | 屠敏 | 邓晓娟 | 何苗
郑丽媛

**运营**
杨过 | 武力 | 张红月 | 刘双双

**美术设计**
纪明超 | 席傲然

**读者服务部**
胡红芳

读者邮箱：reader@csdn.net
地址：北京市朝阳区酒仙桥路10号恒通国际商
　　　务园B8座2层，100015
电话：400-660-0108
微信号：csdnkefu

扫描二维码
观看更多精彩内容

## 全面数字化转型

## 百味

### ▶ 本期配套视频内容总汇

▶ 扫一扫看视频
发现更多精彩

# 云原生时代的开发者

文 | 陈皓

虚拟化技术的成熟和分布式框架的普及，使应用上云不再是企业转型难题，云原生时代已经悄然来临，随之而来的是技术向云原生架构的升级。那么，在此升级过程中，云原生时代的开发者需要具备怎样的知识与能力？

如今，整个数字化进程正在从"企业侧（企业满足内部的IT需求）"转向"用户侧（企业满足外部用户需求）"。不能感知和满足最终用户需求的企业都会失去竞争力。而为了满足用户侧的数字化需求，要求底层IT基础设施至少满足以下五个特性：

- 适应并响应用户快速变化的需求。

- 支持大规模用户在线活动。

- 系统运行更稳定，有更高的SLA（服务等级协议）。

- 生态开放，接入更多数据，进行智能化运作。

- 更自主可控和更低的成本。

满足这五项能力的系统，并不是简单地用一些开源软件或找几个系统集成商就能搭建出来的，而是有自顶向下的设计和规划，以及大量专业的软件技术和方案构成。

在此要求下，软件和应用架构是真正能够带给企业

力量的重要因素，可以较为夸张的说：只要软件架构做得好，基础资源就变得不那么重要了。这里所说的基础资源并不是指Serverless/FaaS、Service Mesh、Kubernetes、API管理、微服务、整体架构观测性、DevOps……由于云原生的出现将云计算方向从此前的资源型转为了服务型。因此，它们都在应用服务层，而不再是基础资源了。

在新型数字化转型需求的大潮下，整个行业也正从传统的单体应用/集中式的SOA架构走向更为松散、分布式、标准的微服务架构。微服务架构从万能中间件ESB（Enterprise Service Bus，企业服务总线）的中心化架构，转变成了将控制逻辑以SDK的方式置于服务的去中心化架构，后又演变成控制逻辑与业务逻辑解耦，以Service Mesh为架构的云原生服务化架构。这种演变就是为了解决一个问题：分布式微服务架构极度复杂，对运维能力提出高度挑战。因此，需要一整套技术门槛很高的控制系统、调度系统以及全面的观测性系统。这些系统不应该再耦合或是侵入到业务逻辑中，而是由专门的基础架构或平台团队打造，企业才可能在进行数字化

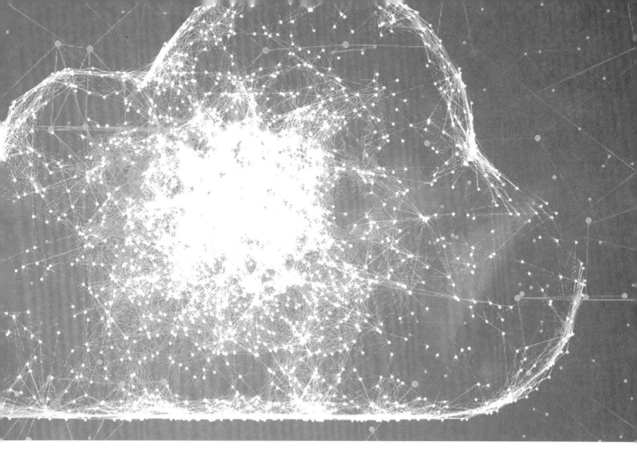

转型时更专注地解决业务问题，并使所有的业务团队享有统一且标准的技术能力。

于是，在此方向的指引下，作为云时代的开发者，我们需要具备如下知识与能力。

■ 微服务拆分及分层。业务拆分其实是一种业务架构能力，需要熟悉业务并对业务进行抽象、解耦和提取公共功能。这是一个从代码库到软件包，再到数据库的全面拆分，并分层堆叠。

■ API接口化。所有的程序模块都要通过服务化接口API将其数据保护起来，并随时做好对外开入的准备。

■ 无限伸缩随时迁移能力。所有的应用服务和中间件都需要被设计成具备可无限伸缩的属性，与传统的IaaS层云进行联动。

■ 服务治理。包括服务注册发现、服务流量路由调度、配置管理、健康检查、服务间通信、服务的弹力容错（隔离、限流、重试、幂等、熔断、降级……），以及服务观测性（日志、指针、调用链追踪、性能排名等）。

■ 分布式的中间件。包括分布式数据库、分布式缓存、分布式消息队列、分布式大数据处理等。

本期专题从云原生时代下开发者的角度，重点分析新一代的云原生软件架构及云原生技术的现状与趋势，多位云原生技术亲历者从不同角度分享容器与Kubernetes、服务网格、分布式框架与服务治理、云原生化有状态服务等技术的实践经验，以及云原生技术在金融、电信、互联网等行业的应用实例，从而揭开云原生技术为企业和个人带来的影响与机遇，希望能为云原生时代下的开发者提供借鉴和参考。

未来，云原生必将成为新一代数字化的技术基础设施。新一代更有活力、更有能力的开发者已经投身于时代浪潮中，抓住机遇，助力技术革新。

**陈皓（左耳朵耗子）**

20多年的互联网和金融架构从业经验，MegaEase创始人、前阿里云资深架构师、天猫开发总监、亚马逊高级研发经理、汤森路透基础架构师和高级研发经理。经历过"双11"、阿里云、AWS、Amazon仓库预测、实时金融数据发布平台、大规模并行计算等项目和产品开发。

# 云原生的定义及其关键技术

文 | 郝树伟

**云原生计算加速了应用与基础设施资源之间的解耦，通过定义开放标准，向下封装资源，将复杂性下沉到基础设施层，向上支撑应用，让开发者更关注业务价值。此外，云原生计算提供统一的技术栈，动态、混合、分布式的云原生环境将成为新常态，但目前开发者对云原生计算是什么及其有哪些关键技术仍有模糊。本文作者通过叙述云原生定义的发展演变及其包含的关键技术，尝试为关注云原生计算的开发者答疑解惑。**

## 云原生的定义

云原生（Cloud Native）是一个组合词，"云"表示应用程序运行于分布式云环境中，"原生"表示应用程序在设计之初就充分考虑到了云平台的弹性和分布式特性，就是为云设计的。可见，云原生并不是简单地使用云平台运行现有的应用程序，而是一种能充分利用云计算优势对应用程序进行设计、实现、部署、交付和操作的应用架构方法。

云原生技术一直在不断地变化和发展，云原生的定义也在不断地迭代和更新，不同的社区组织或公司对云原生也有不同的理解和定义。

Pivotal公司是云原生应用架构的先驱者和探路者，云原生的定义最早也是由Pivotal公司的Matt Stine于2013年提出的。Matt Stine在2015年出版的*Migrating to Cloud-Native Application Architectures*一书中提出，云原生应用架构应该具备以下5个主要特征。

- 符合12因素，见表1。
- 面向微服务架构。
- 自服务敏捷架构。
- 基于API的协作特性。
- 具有抗脆弱性。

| 因素 | 描述 |
|------|------|
| 基准代码 | 一份基准代码，多份部署 |
| 依赖 | 显式声明依赖关系 |
| 配置 | 应用配置存储在环境中，与代码分离 |
| 后端服务 | 把通过网络调用的其他后端服务当作应用的附加资源 |
| 构建、发布、运行 | 严格分离构建、发布和运行流程 |
| 进程 | 一个或多个无状态进程运行应用 |
| 端口绑定 | 通过端口绑定提供服务 |
| 并发 | 通过进程模型进行扩展 |
| 易处理 | 快速启动和优雅终止的进程可以最大化应用的健壮性 |
| 开发环境和线上环境的一致性 | 尽可能保证开发环境、预发环境和线上环境的一致性 |
| 日志 | 把日志当作事件流的汇总 |
| 管理进程 | 把后台管理任务当作一次性进程运行 |

表1 云原生应用的12因素

2017年，Matt Stine对云原生的定义做了一些修改，他认为云原生应用架构应该具备这6个主要特征：模块化、可观测性、可部署性、可测试性、可处理性和可替换性。截至本书结稿，Pivotal公司对云原生的最新定义有4个要点：DevOps、持续交付、微服务、容器。

除了对云原生的发展做出巨大贡献的Pivotal公司，不得不提到另一个云原生技术的推广者，它就是云原生计算基金会（Cloud Native Computing Foundation，CNCF）。CNCF是由开源基础设施界的翘楚Google及其他公司共同发起的基金会组织，致力于维护一个厂商中立的云原生生态系统。目前CNCF已经是云原生技术最大的推动者。

CNCF对云原生的定义是：云原生技术有利于各组织在公有云、私有云和混合云等新型动态环境中构建和运行可弹性扩展的应用。云原生的关键技术包括容器、微服务、服务网格、DevOps、不可变基础设施和声明式API。这些技术能够构建容错性好、易于管理和便于观察的松耦合系统。结合可靠的自动化手段，云原生技术使工程师能够轻松地对系统做出频繁和可预测的重大变更。

# 云原生的关键技术

## 容器

容器是一种相对于虚拟机来说更加轻量的虚拟化技术，能为我们提供一种可移植、可重用的方式来打包、分发和运行应用程序。容器提供的方式是标准的，这种方式可以将不同应用程序的不同组件组装在一起，也可以将它们彼此隔离。

容器的基本思想就是将需要执行的所有软件打包到一个可执行程序包。例如，将一个Java虚拟机、Tomcat服务器以及应用程序本身打包进一个容器镜像。用户可以在基础设施环境中使用这个容器镜像启动容器并运行应用程序，还可以将以容器化运行的应用程序与基础设施环境隔离。

容器具有高度可移植性，用户可以轻松地在开发测试环境、预发布环境或生产环境中运行相同的容器。如果应用程序被设计为支持水平扩缩容，就可以根据当前业务的负载情况启动或停止容器的多个实例。

Docker项目是当前最受欢迎的容器实现，以至于很多人经常将Docker和容器互换使用。但请记住，Docker项目只是容器的一种实现，将来有可能会被替换。

因其具备轻量级的隔离属性，容器已然成为云原生时代

应用程序开发、部署和运维的标准基础设置。使用容器开发和部署应用程序的好处如下。

■ **应用程序的创建和部署过程更加敏捷**：与虚拟机镜像相比，使用应用程序的容器镜像更简便和高效。

■ **可持续开发、集成和部署**：借助容器镜像的不可变性，可以快速更新或回滚容器镜像版本，进行可靠且频繁的容器镜像构建和部署。

■ **提供环境一致性**：标准化的容器镜像可以保证开发、测试和生产环境的一致性，不必为不同环境的细微差别而苦恼。

■ **提供应用程序的可移植性**：标准化的容器镜像可以保证应用程序运行于Ubuntu、CentOS等各种操作系统或云环境下。

■ **为应用程序的松耦合架构提供基础设置**：应用程序可以被分解成更小的独立组件，可以很方便地进行组合和分发。

■ **资源利用率更高**。

■ **实现了资源隔离**：容器应用程序与主机之间的隔离、容器应用程序之间的隔离可以为运行应用程序提供一定的安全保证。

容器大大简化了云原生应用程序的分发和部署，可以说容器是云原生应用发展的基石。

## 微服务

微服务是一种软件架构。使用微服务架构可以将一个大型应用程序按照功能模块拆分成多个独立自治的微服务，每个微服务仅实现一种功能，具有明确的边界。为了让应用程序的各个微服务之间协同工作，用户需要通过互相调用REST等形式的标准接口进行通信和数据交换，这是一种松耦合的交互形式。

微服务基于分布式计算架构，其主要特点可以概括为如下8个。

■ **单一职责**：微服务架构中的每一个服务，都应是符合

高内聚、低耦合和单一职责原则的业务逻辑单元。不同的微服务通过互相调用REST等形式的标准接口，进行灵活地通信和组合，从而构建出庞大的系统。

■ **独立自治性**：每个微服务都应该是一个独立的组件，它可以被独立部署、测试、升级和发布，应用程序中的某个或某几个微服务被替换时，其他的微服务都不应该被影响。基于分布式计算、可弹性扩展和组件自治的微服务，与云原生技术相辅相成，为应用程序的设计、开发和部署提供了极大便利。

■ **简化复杂应用**：微服务的单一职责原则要求一个微服务只负责一项明确的业务，相对于构建一个可以完成所有任务的大型应用程序，理解和实现只提供一个功能的小型应用程序要容易得多。每个微服务单独开发，可以加快开发速度，使服务更容易适应变化和新需求的出现。

■ **简化应用部署**：在单体的大型应用程序中，即使只修改某个模块的一行代码，也需要对整个系统进行重新构建、部署、测试和交付。而在微服务架构中，则可以单独对指定的组件进行构建、部署、测试和交付。

■ **灵活组合**：在微服务架构中，可以重用一些已有的微服务组合新的应用程序，降低应用开发成本。

■ **可扩展性**：根据应用程序中不同的微服务负载情况，为负载高的微服务横向扩展多个副本。

■ **技术异构性**：通常在一个大型应用程序中，不同的模块具有不同的功能特点，可能需要不同的团队使用不同的技术栈进行开发。我们可以使用任意新技术对某个微服务进行技术架构升级，只要对外提供的接口保持不变，其他微服务就不会受到影响。

■ **高可靠性、高容错性**：微服务独立部署和自治，当某个微服务出现故障时，其他微服务不受影响。

微服务具备灵活部署、可扩展、技术异构等优点，但需要一定的技术成本，而且数量众多的微服务也会增加运维的复杂度。是否采用微服务架构需要根据应用程序的特点、企业的组织架构和团队能力等多个方面来综合评估。

## 服务网格

随着微服务逐渐增多，应用程序最终可能会变为由成百上千个互相调用的服务组成的大型应用程序，服务与服务之间通过内部网络或外部网络进行通信。如何管理这些服务的连接关系，如何保持通信通道的无故障、安全、高可用和健壮，就成了非常大的挑战。服务网格（Service Mesh）作为服务间通信的基础设施层，可以解决上述问题。

服务网格是轻量级的网络代理，能解耦应用程序的重试或超时、监控、追踪和服务发现，并且能做到使应用程序无感知。服务网格可以使服务与服务之间的通信更加流畅、可靠和安全。它的实现通常是提供一个代理实例，对应的服务一起部署在环境中，这种模式称为sidecar模式。sidecar模式可处理服务之间通信的任何问题，如负载均衡、服务发现等。

服务网格的基础设施层主要分为两个部分，分别是控制平面与数据平面，如图1所示。控制平面主要负责协调sidecar的行为，并通过API供运维人员操控和测量整个网络。数据平面主要负责截获不同服务之间的调用请求并对其进行处理。

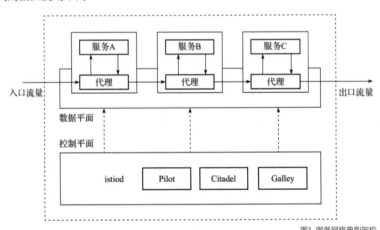

图1 服务网格典型架构

与微服务架构相比，服务网格具有3个方面的优势。

■ **可观测性**：所有服务间的通信都需要经过服务网格，所以在此处可以捕获所有与调用相关的指标数据，如来源、目的地、协议、URL、状态码等，并通过API供运维人员观测。

■ **流量控制**：服务网格可以为服务提供智能路由、超时重试、熔断、故障注入和流量镜像等控制能力。

■ **安全性**：服务网格提供认证服务、加密服务间通信以及强制执行安全策略的能力。

## DevOps

DevOps（Development & Operations，开发和运维）是软件开发人员和IT运维人员之间的合作过程，是一种工作环境、文化和实践的集合，目标是高效地自动执行软件交付和基础架构更改流程。开发和运维人员通过持续不断的沟通和协作，可以以一种标准化和自动化的方式快速、频繁且可靠地交付应用。

开发人员通常以持续集成和持续交付（CI/CD）的方式，快速交付高质量的应用程序。持续集成是指开发人员频繁地将开发代码的分支合并到主干，这些代码分支在真正合并到主干之前，需要持续编译、构建和测试，以提前检查和验证其存在的缺陷。持续集成的本质是确保开发人员新增的代码与主干正确集成。持续交付是指软件产品可以稳定、持续地保持随时可发布的状态，它的目的是促进产品迭代更频繁，持续为用户创造价值。持续集成关注代码构建和集成，持续交付更关注的是可交付的产物。持续集成只是对新代码与原有代码的集成做检查和测试，在可交付的产物真正交付至生产环境之前，一般还需要将其部署至测试环境和预发布环境，进行充分的集成测试和验证，最后才会交付至生产环境，以保证新增代码在生产环境中稳定可用。

使用持续集成和持续交付的优势如下。

■ **避免重复性劳动，减少人工操作的错误**：自动化部署可以将开发和运维人员从应用程序集成、测试和部署等重复性劳动环节中解放出来，而且人工操作容易犯错，机器犯错的概率则非常小。

■ **提前发现问题和缺陷**：持续集成和持续交付能让开发和运维人员更早地获取应用程序的变更情况，更早地进入测试和验证阶段，也就能更早地发现和解决问题。

■ **更频繁地迭代**：持续集成和持续交付缩短了从开发、集成、测试、部署到交付各个环节的时间，中间有任何问题都可以快速"回炉"改造和更新，整个过程敏捷且可持续，大大提高了应用程序的迭代频率和效率。

■ **更高的产品质量**：持续集成可以结合代码预览、代码质量检查等功能，对不规范的代码进行标识和通知；持续交付可以在产品上线前充分验证应用可能存在的缺陷，最终给用户提供一款高质量的产品。

云原生应用通常包含多个子功能组件，DevOps可以大大简化云原生应用从开发到交付的过程，实现真正的价值交付。

## 不可变基础设施

在应用开发测试到上线的过程中，应用通常需要被频繁部署到开发环境、测试环境和生产环境中。在传统的可变架构时代，通常需要系统管理员保证所有环境的一致性。而随着时间的推移，这种靠人工来维护的环境一致性很难维持，环境的不一致又会导致应用越来越容易出错。这种由人工维护、经常被更改的环境就是我们常说的"可变基础设施"。

与可变基础设施相对应的是不可变基础设施，指的是一个基础设施环境被创建以后不接受任何方式的更新和修改。这个基础设施也可以作为模板来扩展更多的基础设施。如果需要对基础设施做更新迭代，那么应该先修改这些基础设施的公共配置部分，构建新的基础设施，将旧的替换下线。简而言之，不可变基础设施架构是通过整体替换而不是部分修改来创建和变更的。

不可变基础设施的优势在于能保持多套基础设施的一致性和可靠性，而且基础设施的创建和部署过程也是可预测的。在云原生结构中，借助Kubernetes和容器技术，云原生不可变基础设施提供了一个全新的方式来实现应用交付。云原生不可变基础设施具有以下优势。

■ **能提升应用交付效率**：基于不可变基础设施的应用交付，可以由代码或编排模板来设定，这样就可以使用Git等控制工具来管理应用和维护环境。基础设施环境一致性能保证应用在开发测试环境、预发布环境和线上生产环境的运行表现一致，不会频繁出现开发测试时运行正常、发布后出现故障的情况。

■ **能快速、可靠地水平扩展**：基于不可变基础设施的配置模板，我们可以快速创建与已有基础设施环境一致的新基础设施环境。

■ **能保证基础设施的快速更新和回滚**：基于同一套基础设施模板，若某一环境被修改，则可以快速进行回滚和恢复，若需对所有环境进行更新升级，则只需更新基础设施模板并创建新环境，将旧环境一一替换。

## 声明式API

声明式设计是一种软件设计理念：我们负责描述一个事物想要达到的目标状态并将其提交给工具，由工具内部去处理如何实现目标状态。与声明式设计相对应的是过程式设计。在过程式设计中，我们需要描述为了让事物达到目标状态的一系列操作，并正确执行这一系列的操作，最终才会达到我们期望的状态。

在声明式API中，我们需要向系统声明期望的状态，系统会不断地向该状态驱动。在Kubernetes中，声明式API指的就是集群期望的运行状态，如果有任何与期望状态不一致的情况，Kubernetes就会根据声明做出对应的操作。使用声明式API的好处可以总结为以下2点。

■ 声明式API能够使系统更加健壮。当系统中的组件出现故障时，组件只需要查看API服务器中存储的声明状态，就可以确定接下来需要执行的操作。

■ 声明式API能够减少开发和运维人员的工作量，极大地提升工作效率。

**郝树伟**

毕业于北京大学，阿里云容器服务技术专家，曾就职于IBM。阿里云容器服务云原生分布式云团队核心成员，专注于云原生多云和混合云多集群统一管理和调度、混合集群、应用交付和迁移等云原生技术的研究。

本文摘自郝树伟所著的《多云和混合云：云原生多集群和应用管理》，机械工业出版社2021年8月出版。

# 中国云原生用户调查报告：技术应用及应用建设现状

文 | 云原生产业联盟

**数字化转型浪潮下，云原生技术的发展突飞猛进。2021年，云原生技术领域的建设投入、集群规模持续走高，用户应用及软件发布也更加频繁。基于微服务架构构建新应用是主要建设方式，已有54.81%的用户使用微服务架构进行应用开发。在用户生产环境中，容器技术的采纳率已接近70%，Serverless技术也持续升温，应用用户达近四成。可见，云原生技术已是大势所趋。**

2019年，我国公有云PaaS市场规模继续保持高速增长，市场规模为41.9亿元，同比增长92.4%。私有云市场规模为645.2亿元，同比增长22.8%。云原生产业作为现阶段云计算PaaS市场的重要支点，也延续了高速增长态势，2019年我国云原生产业市场规模已达350.2亿元。数字经济大潮下传统行业的数字化转型成为云原生产业发展的强劲驱动力，"新基建"带来的万亿级资本投入也将在未来几年推动云原生产业的发展迈向新阶段。

为进一步掌握中国云原生用户的使用状况和特点，云原生产业联盟以在线的方式开展了2021年度中国云原生用户使用状况的调查，共回收有效问卷540份。该报告以调查结果为基础，结合行业专家的深度访谈，力争翔实客观地反映云原生用户需求，为广大关注云原生产业的从业人员、专家学者和研究机构提供真实可信的数据支撑。《新程序员》从该报告中摘取部分关键数据，希望云原生时代下的开发者更好地了解云原生技术及行业应用现状与发展趋势，及时把握发展机遇。

## 用户云原生应用建设现状

### 云原生IT建设投入

用户在云原生技术领域建设的投资规模稳步提升。从调查

数据来看，20.67%的用户在云原生相关建设中的年投入占总体投入的占比低于5%，38.33%的用户占比在5%~10%之间，同比增长近10%，已有9.44%的用户的占比超过50%。

技术研发与测试成为用户云原生建设的主要支出方向（见图1）。在云原生建设支出中，资金投入用于技术研发的用户占到75.19%，用于测试的用户占到61.67%，用于运维、硬件采购、软件采购的用户占比分别为40.19%、32.78%、28.89%。

## 云原生集群部署现状

用户侧纳管集群规模整体都在扩增。小规模以内的用

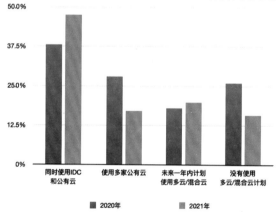

图1 多云/混合云部署现状

户占比同比下降近9%（其中1-50节点规模的占30%、51-100节点规模的占15.93%）。中等规模集群比例大幅上升，同比增长5.5%（其中101-200节点规模的占14.26%、201-500节点规模的占10.19%、501-1000节点规模的占7.04%），大规模及超大规模集群占比也有所提升，调查显示有15.74%的用户纳管的集群规模在2000节点以上。

服务部署形态趋于多元化，混合云部署增长显著，见图1。调查显示已有84.26%的用户在使用或未来一年内计划使用多云/混合云架构，其中47.41%的用户同时采用IDC和公有云进行业务部署，仅15.74%的用户没有使用多云/混合云的计划。

## 云原生技术应用的价值及挑战

云原生技术应用的价值认同同比大幅攀升，架构弹性与效能提升是重要的驱动因素。通过使用云原生技术，90.59%的用户提升了基础平台资源利用率并节约了成本，76.98%的用户提升了业务应用弹性伸缩效率和灵活性，66.83%的用户通过标准化交付提升了企业的交付效率，67.57%的用户简化了系统运维流程，48.02%的用户基于云原生的开放架构在已有系统上进行了功能扩展，加速了业务创新。

规模化应用的安全性、可靠性和连续性仍旧是用户选择的主要疑虑。在选用云原生技术时，67.85%的用户对云原生技术在大规模应用时的安全性、可靠性、性能、连续性心存顾虑，56.41%的用户认为技术栈过于复杂导致学习成本高，44.07%的用户担心云原生技术无法与现有研发、测试、运维平台或流程进行整合、演进，39.81%的用户担心系统迁移难度大、成本高且迁移后效果不可预测，13.67%的用户认为云原生技术应用价值不明显、投入产出比有待评估。

## 云原生技术应用现状

### 应用及软件发布周期和方式

用户应用及软件发布更加高频。有近10.74%的用户每日发布应用，每周发布应用的用户占32.78%，每月发布应用的用户占22.41%，还有34.07%的用户不定时发布应用。

用户应用及软件的自动化发布占比提升显著。调查显示，已有32.59%的用户实现了自动化发布应用，51.48%的用户采用自动化与手动相结合的发布方式，选择手动发布应用的用户仅为15.93%。

超六成受访用户认为技术架构云原生化改造很重要。调查显示，84.63%的受访者所在公司有对技术架构进行云原生化改造的需求，45.93%的受访者所在企业认为云原生化改造重要但并不紧迫，仅有15.37%的受访者表示没有对技术架构进行云原生化改造的需求。

## 容器技术使用现状

容器技术在用户生产环境的采纳率再创新高，已接近70%（见图2）。45.48%的用户已将容器技术用于核心生产环境，14.26%的用户正在评估测试使用容器技术，仅7.67%的用户未考虑使用容器技术。

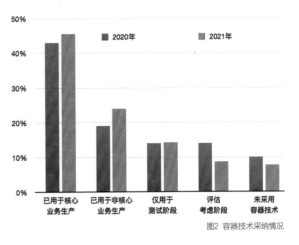

图2 容器技术采纳情况

中小集群是生产环境的主力规模，其中小集群的增速显著。得益于云原生技术理念的持续推广，更多用户开始尝试在生产环境中小范围试水，200节点以下规模集群增速明显，高达57.44%。其他规模集群中，12.33%的用户使用的容器集群规模在200-499节点之间，有11.63%的用户使用的容器集群规模大于5000节点。

Docker的采纳率下滑。76.16%的用户所在企业的容器运行时技术选用Docker，14.63%的用户选用Containerd，选用Cri-o、Kata技术的用户占比分别为6.65%、1%，还有1.56%的用户选用其他技术。

Kubernetes在容器编排技术领域占据绝对优势。79.3%的用户在容器编排技术上选择了Kubernetes（其中商业发行版占58.14%，社区版占21.16%），10.23%的用户选用Docker Swarm，选用OpenShift技术的用户占比为3.49%，还有6.98%的用户选用其他技术。

基于容器践行CI/CD的过程中，发布流程不统一成为最大挑战。有70.47%的受访者表示在发布流程上遇到了问题，58.37%的受访者在发布策略衔接上遇到了问题，在权限对接和制品管理上遇到问题的受访者分别占44.19%和26.28%（见图3）。

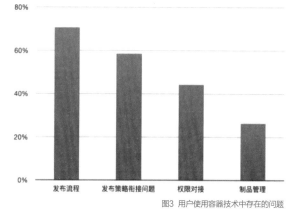

图3 用户使用容器技术中存在的问题

## 微服务技术使用现状

微服务架构获得用户普遍认可，落地应用略有提升。从总体上看，已经使用以及计划使用微服务架构的用户已连续两年超过八成。其中，54.81%的用户已经使用微服务架构进行应用开发，25.37%的用户计划使用微服务架构。

目前微服务整体应用规模仍然偏小。微服务应用数少于100个的企业占比50%，28.34%的用户所在公司的微服务应用在100-499个之间，10.16%的用户所在企业微服务应用在500-999个之间，11.5%的用户所在企业微服务应用数在1000个以上。

微服务拆分缺乏专业人才、最佳实践经验指导成为用户应用微服务的最大挑战（见图4）。微服务的拆分强依赖了解业务逻辑和技术的复合型人才，这方面的人才缺口严重。同时业务系统的改造牵一发而动全身，成功改造案例和实践经验的紧缺也限制了用户大范围的改造。

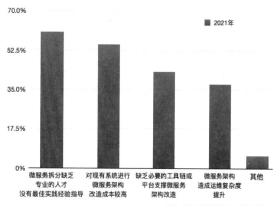

图4 用户使用微服务架构的挑战

以Istio为代表的非侵入式微服务框架应用比例显著提升，侵入式与非侵入式微服务框架将在未来一段时间内并存。数据显示，有25.4%的用户所在企业使用了侵入式框架，其中，有76.17%的用户所在企业选择了Spring Cloud，与2020年基本持平；24.02%的用户所在企业使用了非侵入式框架，且47.6%的用户所在企业选择了Istio，同比增长1.5倍；同时有38.57%的用户同时使用了侵入式和非侵入式框架。

## Serverless技术使用现状

Serverless技术持续升温，近四成用户已在生产环境中应用。数据显示（见图5），18.11%的用户已将Serverless技术用于核心业务的生产环境，14.26%的用户用于非核心业务的生产环境，27.81%的用户尚未使用Serverless技术。

Serverless技术的进一步成熟使用户的采纳顾虑发生了一定变化。有55.37%的用户考虑部署成本的问题，51.47%的用户考虑技术知识库完备程度，41.69%的用户考虑技术的厂商绑定情况，30.62%的用户考虑相关工具集完善程度。Serverless技术日趋成熟，弹性延时问题已得到较好的优化，因此26.71%的用户考虑启动延时能否

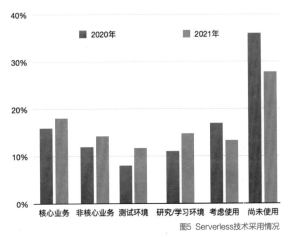

图5 Serverless技术采用情况

满足业务需求（同比下降1.3%），还有24.76%的用户考虑是否有成功实践案例。

兼容Kubernetes生态的技术框架是用户私有化部署的主要选择。Serverless技术的价值已被用户认可，但特殊行业用户对数据有安全保密要求，调查显示（见图6）48.99%的用户选用Kubeless，32.77%的用户基于Knative搭建Serverless化应用，31.76%的用户选用OpenFaaS，还有13.18%的用户选用自研Serverless技术框架。

用户在采用Serverless架构的过程中仍然面临着诸多挑战。在应用Serverless化部署的过程中，由于现阶段平台产品的调试工具尚不完备，60.91%的用户在应用上线调试方面问题凸显，53.09%的用户认为动态变化的Serverless环境监控存在问题，43.65%的用户在在线、离

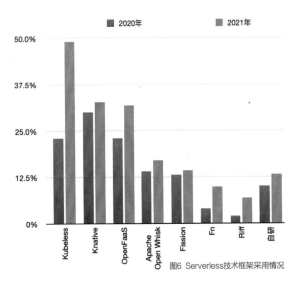

图6 Serverless技术框架采用情况

线的配套测试工具方面存在问题，也有部分用户在业务的配置、部署/打包和接入管理方面存在问题。

## 云原生安全技术使用现状

研发运维多方参与是应用云原生安全问题的主要方式，独立的信息安全部门尚属少数。在本次调研中，仅有12.04%的受访者所在企业有单独的信息安全部门来处理云原生安全问题，39.81%的企业由运维部门与开发部门同时承担云原生安全的运维工作，25.93%的企业由云计算运维部门担任云原生安全运维工作，22.22%的企业由业务开发部门负责。

企业在云原生安全领域的能力建设尚在起步，仍有20%用户无任何防护能力。在本次调研中，45.37%的企业具备云原生集群的安全监控与审计能力，41.67%的用户企业具备镜像漏洞扫描能力，39.81%的企业具备容器运行时入侵检测能力，36.48%的企业具备微服务的安全检测与防护能力，但也有21.85%的企业目前尚不具备云原生安全能力。

云原生安全产品形态多样，容器化是重要部署方式。36.67%的受访者所在公司采用安全容器化方式部署云原生安全产品，32.41%的企业选择独立Server+平行容器的方式部署，30.93%的企业选择节点Agent方式部署。

系统的安全防护能力一直是各企业重点关注的问题。在本次调研中，63.15%的企业关注API间的认证鉴权，57.59%的企业关注微服务流量的入侵检测，54.63%的企业关注微服务每次迭代时的代码安全扫描。

# 2021云原生开发者现状：K8s稳居容器榜首，Docker冲顶技术热词，微服务应用热度不减

文 | 杨阳　　数据 | 王一冰　　可视化 | 席傲然

**在数字化转型浪潮下，企业上云已成为企业和政府的普遍共识，云原生开发者迎来了最好的时代。从云原生概念提出后的爆炸式增长，到近年来进入稳定期，开发者也逐渐在各个技术领域中得到历练、沉淀和升华。中国云原生开发者的真实现状如何？CSDN云原生数据分析及调研报告进行了剖析。**

从"互联网"到"智联网"，数字技术成为推动万物互联的快速通道，数字化发展已成为全球重要共识。目前，已经有超过170个国家发布了国家数字战略，以数字化转型整体驱动生产方式、生活方式和治理方式的变革。在此背景下，企业需要加快数字化创新，夯实智能社会新基础设施，云原生技术应运而生。

凭借降本增效、易于开发、可提高持续交付能力等优势，当下，千行百业从积极拥抱云计算向更为精准的云原生应用方向演进，而云原生也因此被视为未来社会数字化转型的最有效利器。

作为中国专业的软件开发者社区，CSDN是云原生开发者重要的学习与交流平台。据CSDN 2021年官方数据统计，在3200万CSDN用户中，总计406万开发者有阅读和研究云原生技术的偏好，其中包括30万资深创作者（见图1）。

为了绘制出这些开发者的真实现状，并剖析云原生行业最新发展趋势，CSDN围绕"开发者画像、云原生人才版图和'勤奋指数'、技术影响力三大热词榜、一线开发者的技术实践、云原生技术未来"五个维度进行深度调研，旨在呈现出云原生技术生态全景的同时，也希望能够为更多投身于云原生行业的开发者们带来一些启发。

## 从万众热炒的普及到理性的商业化应用回归：云原生这八年

自虚拟化技术、IaaS、PaaS、SaaS、到开源，再到2013年容器技术出现，伴随着Docker进入人们视野，云原生技术的演进趋势经历了早期鲜

| 关键词 | 全部博文数 | 全部发布者数 | 近一年博文发布数 | 近一年发布者数 | 近一年总PV | 近一年总UV |
|---|---|---|---|---|---|---|
| 容器 | 491880 | 186671 | 114,144 | 55902 | | |
| Docker | 268438 | 82008 | 79748 | 36833 | | |
| 微服务 | 122163 | 41464 | 39736 | 18212 | | |
| Kubernetes(K8s) | 80504 | 21650 | 26398 | 10840 | | |
| Spring Cloud | 64957 | 23404 | 16526 | 8335 | | |
| DevOps | 17771 | 8027 | 4230 | 2810 | 196838751 | 33601530 |
| 镜像仓库 | 7082 | 5931 | 2255 | 1976 | | |
| Serverless | 5598 | 2605 | 2000 | 1039 | | |
| 持续交付 | 5367 | 3372 | 1184 | 932 | | |
| CI/CD | 4312 | 3051 | 1533 | 1218 | | |
| 服务网格(Service Mesh) | 6524 | 3103 | 1505 | 1016 | | |
| Docker Swarm | 2841 | 2130 | 628 | 538 | | |
| 云原生技术兴趣用户 406 万 | | | 云原生技术创作用户 30 万 | | | |

统计周期：2020年11月1日至2021年10月31日

图1 CSDN社区云原生技术热度榜

为人知到迅猛发展。2015年可以称为"云原生的应用元年"，自这一年开始，云原生技术经历了五年的高速增长后达到峰值，而后在2020年增速有所放缓（见图2）。其中，开发者对各类开源项目的创作热情主要集中在Docker和Kubernetes。

事实上，自从"企业上云"被提出以来，包括金融、制造、电商等各行各业都在进行云化部署。尤其在制造业，工业互联网作为新兴技术与传统工业系统的融合产物，企业上云的重要性体现在为数字化和智能化打下基础设施的坚实根基。

## 云原生开发者画像：80后是主力军，本科学历为主

在国内，云原生以及其包含的微服务、容器化、DevOps、服务网格等技术都处于蓬勃发展期，作为技术背后的创新者、驱动者，各大厂不惜重金聘请云原生开发人才。对于"云原生解决方案架构师"来说，如果做到资深，待遇也毫不逊色。以华为为例，在其发布的"云原生解决方案架构师"岗位中，开出了年薪50万起，最高200万的优越条件。

那么，究竟是哪些开发者能够拿到优厚的报酬？调查

数据显示，20~40岁是云原生开发者较为集中的工作年龄段。其中，尤以80后开发者作为主力军，占比高达48.61%。90后以36.7%的占比紧随其后。相较而言，70后开发者较少，占比14.58%（见图3）。

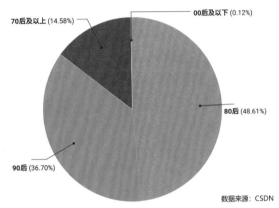

数据来源：CSDN

图3 云原生开发者年龄分布

在性别比例调查中（见图4），从事云原生开发的男性占比91.73%，女性只有8.27%。比例悬殊主要由于女性较少选择计算机专业。事实上，行业中很多企业已经注意到这样的现状，甚至不少企业开始发起"女性开发者计划"，为女性开发者提供包括职业发展、专业技术在内的机会和平台，激励更多女性加入科技创新的领域。

在学历背景层面，如图5所示，本科生以66.1%的比例居首，大专学历占从业者学历近五分之一。在这一领域的

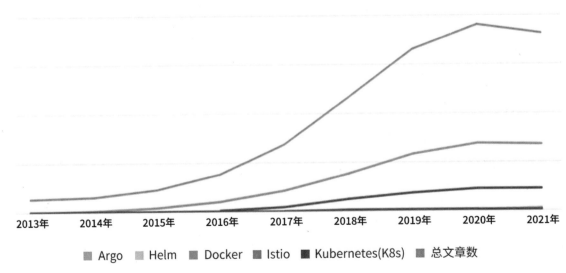

图2 CSDN社区云原生技术趋势演进

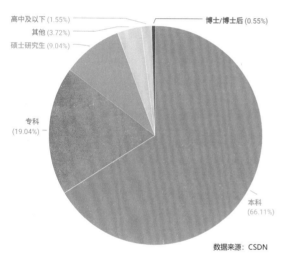

男：91.73%     女：8.27%

数据来源：CSDN
图4 云原生开发者性别分布

硕士研究生、博士研究生占比不高，分别占到9.04%和0.55%。

当前云原生人才供给远小于企业需求，尤其是架构师人才更为缺乏。因此，企业对云原生应聘者的学历并没有过高要求，以本科为主。事实上，企业更看重云原生开发者的实践经验，例如具有5~10年开发经验的架构师很受市场青睐。

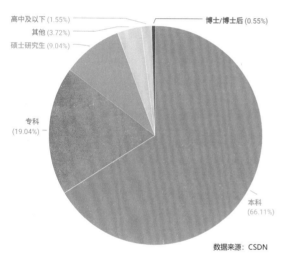

高中及以下 (1.55%)
其他 (3.72%)
硕士研究生 (9.04%)
博士/博士后 (0.55%)
专科 (19.04%)
本科 (66.11%)

数据来源：CSDN
图5 云原生开发者学历分布

## 云原生人才版图和"勤奋指数"：华东占比三成，北京、浙江"最勤奋"

云原生人才明显聚集在东部经济、市场发达，且基础设施完善的地区，以华东地区的人才聚集量最为庞大。但其中不乏可变因素，河南、湖北、四川、湖南、陕西等中西部省份具备赶超的人口基数和经济实力。对于成都、西安、武汉、杭州、南京等新一线城市来说，985、双一流高校数量不比一线，但基于云原生理论不像AI等有较高学习门槛，普通高等院校以及一些高等职业技术学院都有开设相关课程，输送了大量技术应用人才。此外，学习门槛较低、生活成本较低，让具备一定

教育资源和基础设施的二线城市也成为云原生开发者良好的成长沃土。

在七大区域分布中，华东地区的开发者人数占比近三分之一，排在第一，其次是华北地区，东北老工业区以4.9%的占比排在第7位（见图6）。

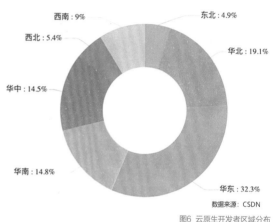

西南：9%
东北：4.9%
西北：5.4%
华北：19.1%
华中：14.5%
华南：14.8%
华东：32.3%

数据来源：CSDN
图6 云原生开发者区域分布

全国34个省级行政区的云原生开发者占比统计中，广东、北京、江苏、上海以及浙江位列前五；其中，广东以12.81%登顶，北京以11.71%居次；江苏超过其他东部省份，排名第三。河南则成为中部地区的引领者，以5.21%的占比位列第六。四川作为西部的代表，超过山东排位第八，整体分布见图7。

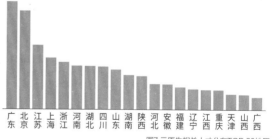

广东 北京 江苏 上海 浙江 河南 湖北 四川 山东 湖南 陕西 河北 安徽 福建 辽宁 江西 重庆 天津 山西 广西

图7 云原生相关人才分布TOP 20地区

从"TOP 20城市"（见图8）可以看出，"北、上、广、深"仍是主要聚集地。其中，北京的开发者数量是上海的近两倍；新一线城市中，成都、西安、武汉、杭州、南京在人才的吸引上平分秋色。

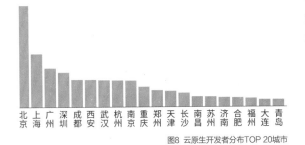

图8 云原生开发者分布TOP 20城市

云原生博文作者地域占比、云原生博文发布者人数占比（见图9、10）构成了云原生开发者的"勤奋版图"。在云原生应用较多的省份中，北京以26.6%的占比高居榜首；排在第二的浙江，以8.1%的开发者人数占比拿下18.8%的博文数量，发布作者产量较高，奈何队伍不够壮大，开发者人数相比北京和广东差距较远；广东地区

的发布人数虽然较多，但明显低于北京和浙江"勤奋指数"，以14.2%的人数占比10.2%的发布量；开发者人数排名第三的江苏在内容发布人数上排名第四，博文数量第五，"勤奋指数"有待提升。

# Docker、Kubernetes、微服务是云原生时代开发者的必备技能

## Docker冲顶云原生技术热词榜

在"云原生技术热词榜"上（见图11），冲顶榜首的Docker作为较早的云原生技术，用时间积聚了人气。但实际上，近两年来开发者对于Docker的依赖呈逐渐减少的趋势。排名二、三位不出意料的是容器和Kubernetes。

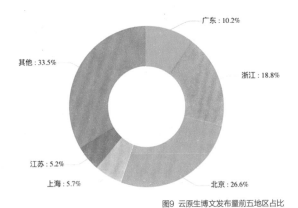

图9 云原生博文发布量前五地区占比

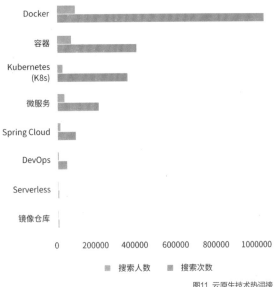

图11 云原生技术热词榜

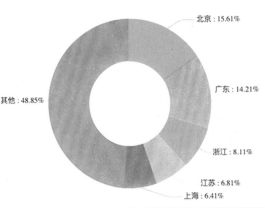

图10 云原生博文发布者人数前五地区占比

开发者对容器技术的搜索，主要集中在Kubernetes、OpenShift、Docker Swarm、Mesos等（见图12）。被誉为云原生界"安卓"的Kubernetes自登上"容器编排之神"的宝座至今未跌落。据相关统计，Kubernetes在容

器管理编排领域已占据83%的份额。

如图13所示，凭借数量庞大的电商平台，阿里云在容器云平台的热搜频率远超过腾讯云、百度云和华为云。从整体来看，国内云平台的搜索热度又远高于亚马逊、微软、谷歌等国际知名科技公司。

在开发者的云原生技术应用上，微服务架构以35%的占比位列第一，与排在第二、占比16%的DevOps拉开差距。此外，选择API管理、容器调度平台、分布式数据库的开发者分别占到8%、7%和6%（见图15）。

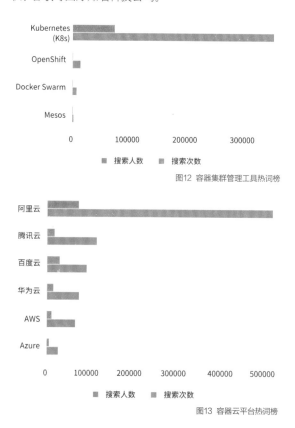

图12 容器集群管理工具热词榜

图13 容器云平台热词榜

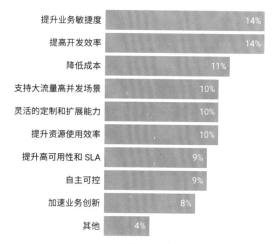

图14 云原生开发者/团队使用云原生的目的

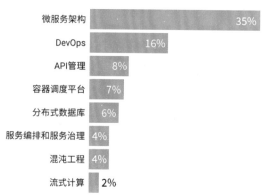

图15 云原生技术应用排行

# 技术实践：微服务架构占比最高，入门级开发者居多

开发者及其背后的团队为何要应用云原生技术？是出于什么样的目的？在对国内的开发者调研之后，我们发现分别有14%的开发者/团队主要为提升业务敏捷度，或者基于提高开发效率的需求而使用云原生；因降低成本采用云原生技术的受访者占比11%；支持大流量高并发场景、灵活的定制和扩展能力、提升资源使用效率也是重要的原因，分别占比10%（见图14）。

云的使用方面，83%的公司选择了部署云。其中，私有云占比30%，公有云占比23%，两者相加占据一半以上的应用份额。混合云、多云则分别占比18%和12%。

如图16所示，私有云的使用率高于公有云，主要由于数据安全性和服务针对性，可以达到更有效的控制。混合

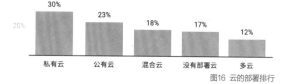

图16 云的部署排行

云和多云也是未来趋势，虽然现在市场上多云的使用仍然较少，但还是有不少业内人士认为多云会是云原生的未来趋势。在火山引擎副总经理张鑫看来，越来越多的企业开始拥抱多云，未来需要多云化的基础设施，从而实现应用在多云间协同部署和运行，以及云间应用的自动化部署和管理。

在公司集群节点使用的操作系统排行上，36%的用户选择CentOS，Ubuntu和Windows位列二、三，分别占比18%和15%。另外，排名前五的RHEL和Debian分别占比8%和6%（见图17）。

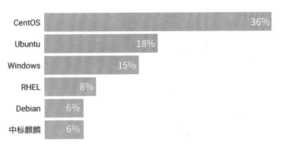

图17 公司集群节点使用的操作系统排行

对于大部分公司来说，使用CentOS基于历史惯性，还因其背后是红帽。有一些行业人士认为Ubuntu的稳定性还有待提升。

DevOps的实践经验对于云原生开发者来说非常重要。从图18来看，经验年限呈现出两头高、中间低的现状。其中，少于6个月以下的入门级开发者最多，占到47%。5年以上资深开发者占到总体20%。6~12月、1~2年的初级从业者分别占比10%和13%。3~5年的中高级开发者占比10%。

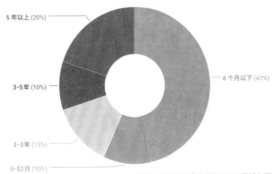

图18 云原生开发者的DevOps经验年限

## 开发者期望中的云原生：能够显著降低开发成本，实现自动化开发过程

在未来云原生技术排行中，Docker、Kubernetes仍占据开发者心目中的重要位置；微服务架构也具有相当重要性，占比24%；值得注意的是，全云实践和低代码对于开发者来说也非常重要，分别占据19%和15%的比重（见图19）。

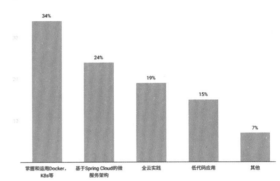

图19 开发者心目中的未来云原生技术排行

对于大部分使用容器技术的开发者来说，复杂性仍然是目前面临的最大挑战；另外，缺乏训练、难以选择编排解决方案，以及安全性、可靠性在挑战因素中位列前五（见图20）。

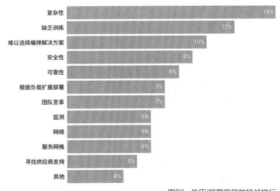

图20 使用/部署容器的挑战排行

15%的开发者希望实现的云基础设施目标为显著降低成本和自动化开发过程，14%的开发者选择提高运营效率，另有10%和9%的开发者选择了敏捷、可靠且可扩展，以及更频繁的交付功能（见图21）。

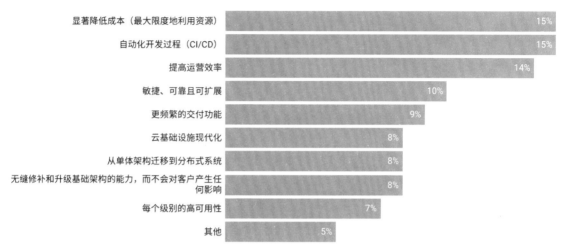

图21 云原生开发者希望实现的云和基础设施目标

# 结语

综上所述，云原生在经历了快速增长之后，近年来无论是技术发展还是产业应用都进入了稳定发展期，对于开发者来说无疑是最好的时代。随着企业上云的不断推进，云原生开发者的缺口还将不断扩大，这一领域专业人才也将获得更加优厚的报酬。较低的学历门槛为开发者进入这一领域提供了便利，但较少的开发经验对于企业来说还难以实现优化配置。对于开发者所面临的的复杂性和缺乏训练等挑战，需要企业在不断推进上云的同时，加强培训和指导，也希望借助开源，越来越多的开发者能够参与其中。

（本次调查数据基于CSDN后台、公众号，以及云原生开发者调查问卷，本文数据及图片版权归CSDN所有。）

# Kubernetes联合创始人Brendan Burns：Kubernetes及其未来

文 | Brendan Burns

自2014年Kubernetes首次面世以来，这套基于开源且能在集群服务器上部署应用和容器的系统就备受业界喜爱。同时，得益于有效降低成本、加快应用部署速度、让软件具有可扩展性与高可用性等优势，Kubernetes甚至一度被行业从业者视为是云平台基础设施的未来与标准。那么，Kubernetes到底蕴藏着怎样的"魔力"？它的未来发展是否足以满足全行业云化的需求？本文作者微软集团副总裁、Kubernetes联合创始人Brendan Burns即将为我们揭晓答案。

以"Kubernetes是具有变革性的"这句话为开篇声明，相信有人认可，也有人会有争议。

之所以如此概述，是因为在这句简单的总结背后，不仅关乎到Kubernetes技术的独立发展，也与整个云原生生态演进息息相关。静心细想，我们不难发现真正极具变革性的并非是技术而是人。因此，我更想将这种变革视为是组织的改变，即全世界的开发者、IT管理者、业务人员已经意识到他们需要改变自己开展业务、构建应用程序以及管理和部署系统的方式。同时，为了不被对手超越，他们正不断开启创新，并利用世界各地的开源社区正在开发的生态系统构建自身的核心竞争力。

虽然Kubernetes和云原生技术本质是"不变的"，但创新创造者自身却在改变，他们是这场变革的发起者，也是这场变革发展的动力，Kubernetes则是实现这一转变的工具，它能够帮助我们从头构建自身业务。

那么，是什么原因让Kubernetes成为了能让开发者改变自己的开发、构建和部署方式的工具？在Kubernetes发布的七年间，又是什么让它变得如此重要？

## 驱动变革的利器——Kubernetes

站在产品、生态、发展的角度，我认为主要原因有三个。

### 实用的工具集

首先，Kubernetes是一款非常实用的工具集。以个人亲身实践为例，记得在2010年前后，彼时正处于云计算从概念到落地的快速发展期。作为一名开发者，我的重点工作之一就是思考如何在世界各地部署自己的应用。当时，我必须考虑如何将自己开发的应用程序打包到二进制模块中，并将二进制模块推向世界。

与之形成鲜明对比的是，时下只需要运行一些Docker构建命令，然后将其推送到类似于Azure容器注册表之类的表中，安装包即可立即在全球范围内复制，并能够部署到我想要部署的任何地区的任何数据中心。简而言之，现在的开发者只需将应用程序开发好后，就可以通过工具、容器生态系统让其走向世界任何需要的地方，而这款工具就是Kubernetes。

Kubernetes背后的云原生包含了让应用程序运行所需要做的所有事情，如应用程序的运行状况检查。在以前的技术栈中，我们必须编写特殊用途的脚本来评估应用程序的运行状况，用以重新启动程序。如今，所有这些实用的元素构成了现代的云原生应用，而这些应用定义了Kubernetes的生态。

因此，为了让开发者更容易地将这些通用却零散的功能聚合到一起并开发出自己需要的应用，Kubernetes提供了大量的实用工具，以及对程序员无差别的解决方案。

## 强大的云原生生态系统支持

其次，Kubernetes除了囊括丰富的工具集外，它还有一个真正令人惊叹的部分——云原生生态系统。

当很多人看到云原生计算基金会（Cloud Native Computing Foundation, CNCF）庞大的生态时，往往会被吓到，因此业界也流传了很多"段子"，如CNCF的沙盒中包含了数百种不同的应用和各种应用的icon。它们试图成为行业的解决方案，并个个都声称能改变你的工作方式。然而，看着这些应用，无数行业的从业者陷入迷茫，因为他们根本无法分清每种应用的具体功能。

事实上，如果大家把目光移到CNCF沙盒的上一环，即项目孵化环节，就会发现项目的数量瞬时从数百个下降到20个左右，而能真正成功孵化的项目则更少了。基于这一点，我认为云原生生态系统真正的惊人之处在于一切都是公开的，并由一群在世界各地工作的开发者共同完成的。

因此，我认为正确地认识Kubernetes、云原生的生态对于开发者而言至关重要。该生态的底层宛如公有云，支持统一的API接口。与此同时，值得注意的是，如果没有开源，这一切都无法实现；如果Kubernetes仅局限于某个云平台、某家云服务商，抑或只是由一家公司来提供支持，那么它一定不可能成为云领域中的POSIX（可移植性操作系统接口）；如果云计算和CNCF中没有POSIX标准来支持并遵循相同原则做开发、在知识产权和商标中没有用相同理念的项目组成的生态、没有在云之上建立的生态系统作为基础，任何对开发者有用的工具、任何能够通过云数据技术实现的转型，在今天都

不可能出现。

## 开发者是驱动Kubernetes技术变革的关键

最后，也是往往容易被忽视的一点：Kubernetes的变革性是人们自己带来的。在云原生生态系统发展过程中，该系统不仅包含了很多工具、多款应用程序，更重要的是落地了Kubernetes中的共享通用技术集。

基于这一维度所带来的好处是，当企业雇用一位有着3~5年甚至更久经验的Kubernetes开发者时，这些开发者本身就已拥有帮助公司构建和部署应用程序所需的技能，甚至他们还可能会带来其在其他公司工作时所积累的大量专业知识。因此，开发者作为驱动Kubernetes技术发展的关键要素，在开发应用程序过程中，每个人的不同思想会交叉融合，不再受限于单一公司内部的工具和技术，而是使用一套统一的工具。而对于求职者而言，这套工具同样适用，并能够确保其在公司中具有生产力。

这套通用的技术集是开发者在云原生环境中开发和部署应用程序的所有实际工作的基础。

# Azure部署Kubernetes的实践之路

众所周知，Azure是一个超大规模的公有云，具备社区即服务的特性。从实际应用角度来看，当微软考虑在Azure中部署Kubernetes时，其将关注点放在了设计一个生产级的解决方案层面（见图1），旨在帮助更多的用户满足他们在Kubernetes上运行应用程序所需的最佳实践。

上文提及CNCF拥有很多项目的生态，基于这一点，我们清楚地了解如果把Kubernetes设计得很复杂，无疑会为用户的使用增加难度。微软在Azure中部署Kubernetes时，只聚焦于提供最佳实践，譬如多层安全保护。所有功能都处于"开箱即用"的状态，方便用户可以在团队中实现很高的操作效率，同时由我们来承担更多的责任。

# Kubernetes on Azure
## Production-grade by design

**Built-in best practices**
Proactive and actionable recommendations, and support from experts, based on knowledge from thousands of enterprise engagements

**Multi-layer security**
Hardened security and layers of isolation across compute resources, data, and networking

**Operational efficiency**
Automated provisioning, repair, monitoring, and scaling gets you up and running quickly and minimizes infrastructure maintenance

**Unified management**
Consistent configuration and governance across environments

图1 Azure部署Kubernetes的生产级解决方案

在应用过程中，我们也看到不少企业在云端使用Kubernetes时，会建立很多的集群，从几个迅速发展到数十个甚至数百个。因此，提供统一的多集群管理、单一的部署方式是Azure作为超大规模云提供价值的重要组成部分。然而，随着时间的推移，我们意识到这不仅仅是数据中心内部的事情，这种情况在世界各地时有发生。继而，将统一的管理带到世界上所有不同的地方是Azure需要考虑的另一个问题。而如何通过Kubernetes在世界各地提供统一管理？我们发现在开源社区中的POSIX标准为我们提供了这种能力，这种能力让开发者可以在本地运行大量的管理、安全、标准和工具。基于此，无论是虚拟云、硬件设备、物理硬件还是边缘节点，都可以提供统一的管理、统一的应用程序开发和部署方法以及在Kubernetes之上的统一的服务集。

## Kubernetes的现在与未来

在开源贡献和提高Kubernetes内部治理的整体质量方面，微软与很多开源社区、开发者们也做了很多的努力，旨在提升开发者的生产力。

## 优化Kubernetes

在最新的版本中，地址贡献对Kubernetes的IPv6和IPv4的双栈支持已达到稳定，它可以将网络模型从具有单个

IP地址更改为具有来自不同地址系列的多个IP地址。这是一项非常艰巨的任务，因为需要参与其中的开发人员接触社区中几乎每一部分的代码库、了解大量的共识、获得大量的代码Review。在过去的几年里，很多开发者的坚持最终促使这一功能的实现，其背后付出了巨大的努力。

另外，因为IPv6的工作始于客户需求，在Azure团队内部有很多人在物联网和电信领域工作，需要IPV6上的地址空间。但他们也有一些其他的传统服务需要通过IPv4进行对话，因此不能让集群只专用于一个或另一个地址族，由此双堆栈也成为硬性需求。从客户挑战和客户需求出发，为了满足用户的需求，我们开始在Kubernetes的代码库中进行开发，并在开源社区中建立共识，与社区成员共同落地性能要求，最终开发出了正确的API，使得任何使用Kubernetes的人都能看到其带来的成果与优势，而这就是开源的魅力。

## Secrets Integration

除了以上对Kubernetes的核心代码集的贡献，同时我们还围绕社区建立了Secrets Integration。

从安全角度来看，使用云服务商的密钥管理服务而不是Kubernetes的Secrets确实是一种最佳做法，但将Secrets集成到Kubernetes中对于提升易用性也至关重要。为此，我

们在SIG和CSI Secret Provider中构建了一个可重复使用的框架，使用户可以通过使用Azure的秘钥库，将Secrets带入社区。

## 安全性方法与策略

我认为思考如何为开发者提供安全性的思路就是首先要做到易用，日常你可以为开发者提供检查清单、强迫他们做Review、教育他们、对他们发飙。但事实上如果你让安全很容易实现，往往会事半功倍。而在Kubernetes中集成VS Code就是一个很好的案例体现。

开发者在使用Kubernetes集群时，遇到的最大问题就是如何进入在该集群中运行的应用程序。不幸的是，通常情况下，开发者找到的最简单的方法是将其发布到公共互联网上。显然，这是一种非常不安全的做法，需要加以制止，而制止这一操作的最好方法是确保开发人员能够快速简单地了解如何通过升级功能来安全地实现应用程序的升级。

对此，我们的解决方案是在Kubernetes中集成VS Code，只需单击鼠标右键来实现。因为从开发者开始使用计算机的那一刻起，他们的潜意识中就已经熟悉了"鼠标右键"这一操作。通过此操作，我们让开发者在Kubernetes上安全地移植应用变得简单，这与之前的将应用放在公共互联网上的做法形成了鲜明的对比，并能有效地避免很多安全事故。

当我们谈到加强Kubernetes集群的安全性从而确保开发者的最佳实践时，指的不仅仅是工具，还有我们需要确保用户只够能在默认的设置中做正确的事情。在这一点上，我们正在开发基于角色的访问控制以确保对集群的最低权限访问，它可以将"坏人"排除在集群之外，并允许"好人"进入到集群。但它并不能帮助我们在Kubernetes上提供完全安全可靠的应用程序部署体验。

除此之外，我们真正需要的是制定政策，用以告知用户，可以如何创建节点或分享应用的大致样子。由此，我们创建了Gatekeeper项目来帮助制定Kubernetes的政策。现在Gatekeeper已成为世界各地的开发者社区制定政策的实际解决方案。

## 开放式创新的微服务框架Dapr

谈及技术的开放式创新，这不仅关系到安全性，也与开发者的工作效率有关。以微软开发的Dapr项目为例，它是用于开发和部署分布式应用程序的标准库。Dapr基于sidecar模式，它提供了一组co-routines，这些co-routines方便使用者在所熟悉的任何语言中使用。

基本模式是通过将其部署到项目Dapr co-processor的节点以及用任意语言编写的用户应用程序中，它可以通过HTTP或gRPC与Dapr co-processor进行协同。这其中，Dapr提供了易于使用的接口，用于执行与存储交互相关的操作，如图2所示。实际上这段代码已经实现将一个值存储到一个键值中。

除此之外，Dapr还提供了一个可以用于与Cosmos对话

**Dapr for Storage**

```
...
HttpPost post = new
    HttpPost("http://localhost:8080/v1.0/state/myStore");
httpPost.setEntity(new StringEntity(obj.toJSON()));
client.execute(post);
...
```

图2 Dapr项目中的存储功能实现

的抽象，和在其他公有云上的KV库。如果开发者是在本地运行，还可以将其用在MongoDB、Cassandra中，且开发者无需为不同的环境重写代码。更重要的是，因为Dapr在sidecar中跨本地主机与Dapr co-process通信、身份验证和加密之类处理都有Dapr co-process来完成，这极大地简化了程序员的工作量。用户只需使用基本的HTTP调用即可，这既简化了依赖项占用空间，也降低了开发者开发的复杂性。Dapr不仅仅是存储，也是关于事件和其他类型的云原生模式。

在函数即服务的环境中，它极大地简化可开发者的开发体验。事实上，事件驱动的编程模型和Dapr、coprocessor一样，不需要函数环境。在一些古老而僵化的系统中，提供一个事件驱动。就算用户的应用是世界上最大最复杂的J2EE应用，我们也可以适应，并逐步采用新的云原生开发模式。例如，通过co-processor实现的事件驱动编程.co-processor知道如何与Kafka、事件网络、Kubernetes事件或其他事件源对话，并将该事件传递到用户应用程序中。

## 基于Kubernetes事件驱动的自动伸缩工具——KEDA

正如上文所述，项目需要从沙盒进入孵化阶段，微软还启动了另一个伟大的项目——KEDA。它是由Kubernetes事件驱动的autoscalar，可以让用户在Kubernetes上做弹性伸缩。

虽然Kubernetes可以根据指标或每秒的请求数量进行伸缩，但它并不适用于围绕批处理和文件处理的许多用例。想象一下，如果用户想要扩大容量，以便可以处理加载需要转码的电影，或者需扩大容量来满足机器学习训练中所需的图片，KEDA是一种事件驱动的解决方案，而不是在自动缩放中由指标驱动。

它可以合并使用Dapr进行事件传递，可以根据不同的用户的需求伸缩所需要的部分，如工作池或其他类似的东西。KEDA已经被各种不同的服务框架所采用，所以它是个非常模块化的工具，提供了大量的实用程序和各种不同的事件驱动编程模型。

## 结语

基于以上，希望本文的分享能让大家对云原生技术体系与应用方法有一定的了解。也希望通过Kubernetes、微软以及Azure在创新中的实践能够为大家带来一些借鉴与思考。

**Brendan Burns**

微软集团副总裁、Kubernetes开源项目联合创始人。拥有阿默斯特大学的博士学位和威廉姆斯学院计算机科学专业的学士学位。

扫码观看视频
听Brendan Burns分享精彩观点

# 云原生与大数据、AIoT、开源的碰撞之路——专访小米崔宝秋

文 | 田玮靖

谈及当下技术领域的热词，必定有云原生、大数据、AIoT，不仅因为这些新兴技术拥有前所未有的创造力，更是因其中每一项技术都代表诸多未知的可能。而当这些技术相互碰撞时，将为软件发展、技术进步、城市升级带来无限想象。在云原生、大数据、人工智能以及开源领域均有实践经验的崔宝秋认为，类似于云原生+大数据这样技术的"强强联合"将成为云原生时代的发展趋势，运维和基础软件开发者、服务端和前端开发者所关注的技术点各有不同。

提到小米集团，我们脱口而出的大多是"雷军"；而提到小米+开源，很多人第一时间会想到小米集团副总裁崔宝秋。崔宝秋不仅身体力行地推动开源发展，更引领了小米的"云计算-大数据-人工智能技术"发展路线。

2012年以首席架构师的身份加入小米的崔宝秋，当时主要负责米聊的后台服务器团队。在他看来，这家公司和他熟悉的硅谷互联网科技公司有所不同，缺少了非常重要的集团层面的工程技术部和运维部。于是，他毅然决定基于米聊服务器团队打造小米云平台。

### 崔宝秋

博士，小米集团副总裁。拥有20多年软件及互联网开发经验和技术管理经验，曾在硅谷LinkedIn、Yahoo、IBM三家企业就职。

"用云平台这个名字主要有两个考虑：一是这个团队必须是为整个集团服务的底层平台部门，不只是服务米聊业务；二是体现了'云'的重要性，从云存储到云计算，云是各种互联网服务和大数据应用的基础。这和今天人们讲的云原生有不谋而合之处。"崔宝秋说道。

确实，"云"的重要性逐渐被大众熟知。这体现在云原生与智能硬件的结合，为产品增添智能服务，为用户提供贴心体验；体现在云原生与人工智能（Artificial Intelligence，AI）的结合，通过人工智能一方面解决云原生领域的决策和优化问题，另一方面能够使产品更具人工智能服务能力；也体现在云原生与大数据的结合，大数据是云原生治理整个数字化转型生态的一个重要方向；更体现在"云"与开源互利协作所带来的软件、云环境、开源生态的大发展。

那么，云原生与大数据、人工智能、硬件、开源能够碰撞出怎样的火花？小米集团副总裁崔宝秋向《新程序员》透漏了很多信息，也分享了诸多个人观点与行业洞察。

## 互联网技术离不开"云"

**《新程序员》：2021年的工作中，你的精力是如何分配的？**

**崔宝秋：** 2021年主要在忙小米内部的人才培训、技术合作、开源、安全和隐私等方面的工作。在培训方面，从专业力、通识力，到领导力，我们要覆盖小米几乎所有的员工。在专业力领域，因为小米的技术体系非常庞大，所以有很多压力。整体来看，小米同学们对云计算、大数据、人工智能方面的需求比较多。

**《新程序员》：在加入小米组建人工智能与云平台团队时，云计算、大数据等技术还不是特别成熟，是什么因素让你认定并主导了小米"云计算-大数据-人工智能技术"这条发展路线？**

**崔宝秋：** 我加入小米之前，先后在硅谷的Yahoo和LinkedIn从事搜索引擎与大数据方面的工作。这两段工作经历让我对云计算和大数据有了非常深的认识，尤其是大数据。来到小米后，我坚信大数据能给小米带来无穷的价值，所以刚到小米我就开始力推大数据和数据科学，并到处倡导数据驱动和数据科学家的理念。可以说，我当时的终极目标是做大数据，没有考虑人工智能（那是2012年，深度学习刚刚开始有些热度，人工智能真正火起来是在4年之后的2016年）。而大数据离不开云，所以就必须从云计算开始，必须打造云平台团队。2016年AlphaGo事件之后，以深度学习和大数据为基础的新一代人工智能技术才被行业高度认同，小米也紧跟时代步伐，制定了"All in AI"的战略，开始组建小米AI实验室，大力投入人工智能，小米云平台团队也因此改名为"小米人工智能与云平台"团队，才有了现在看起来比较完整的"云计算-大数据-人工智能"技术发展路线。

**《新程序员》：在中国移动互联网的黄金时期，为什么你认为云平台是移动互联网公司必须拥有的互联网属性？**

**崔宝秋：** 在回答这个问题之前，我们需要先明确另一个问题：互联网公司是什么？我认为，互联网公司就是利用互联网技术，在互联网平台上做内容与服务的分发并从中获利的公司。移动互联网就是今天的互联网，互联网技术离不开云，不管是云计算、大数据，还是人工智能。一个移动互联网公司要做内容与服务的分发，离不开应用与互联网服务，同样离不开云，离不开云端的服务器。

## 云原生将向大数据方向发展

**《新程序员》：很多人知道"云原生"，但究竟什么是"云原生"，业界有诸多定义且一直在变化，你理解的云原生是怎样的？**

**崔宝秋：** 云原生是最近几年比较火的概念，不同的人可能有不同的解读。我理解的云原生是一种基于云计算的灵活性、可扩展性和弹性来构建并运行软件应用程序的理念和方法论。在云原生的理念中，所有应用在设计阶段就应该考虑如何在云计算的环境下以最佳的方式运行，以发挥云计算的弹性、高容错、自恢复和按需使用等优势。云原生的方法论中往往覆盖了微服务、容器、CI/CD、敏捷开发、DevOps等现代的软件开发技术和理念。

**《新程序员》：云原生目前有哪些技术瓶颈和落地痛点？**

**崔宝秋：** 一个大型企业落地云原生有两大类挑战：一类是容器、编排等硬核技术，另一类是企业服务治理的治理类技术。第一类挑战属于硬核技术，这几年的发展沉淀了一些成熟的基本能力，但随着云原生在更广泛领域的应用，我们也面临着新的挑战，例如如何能更安全、启动更快、软硬一体等。第二类挑战属于技术管理的挑战，是技术、业务、组织之间整体协同的复杂问题，包括新旧技术团队的划分、存量业务的治理改造等。

**《新程序员》：云原生最核心的就是面向用户的应用部署，如何稳定、快速地在云上部署一套全生命周期的应用？**

**崔宝秋:** 云原生技术在业务侧的结果就是改善应用部署,从这个角度看,以应用、服务为核心关注点就是非常自然的了。为达到这个目标,一般有两条思路,一条是强化基础服务即代码思路,让程序员通过"程序"定义、管理全生命周期;另一条是产品易用化思路,降低产品使用门槛,尽量封装抽象过程中的安全、质量细节,让人人都能部署高质量应用。前者更适合专业程序员,后者面向更广泛的用户,目前业界有从第一种方式向第二种方式侧重的倾向,这也符合技术发展的趋势。

**《新程序员》:企业在构建云原生应用时,怎么才能最大程度发挥云原生的特性?**

**崔宝秋:** 云原生的推动焦点不是像虚拟化生态那样从基础设施开始自下而上推动变革,而是要求聚焦业务应用,从上而下拆解相关核心能力并落地。中大型的互联网企业,还是要基于业务对云原生的需求敏捷构建自有的云原生应用和服务平台,通过不断积累相关技术能力和组织能力,推动增量业务的使用和存量业务的迁移,在计算存储分离的基础上尽量实现资源池化,才能最大程度发挥云原生相关特性。

**《新程序员》:有人认为云原生将会向大数据方向发展,对此你有何看法?对于这个方向,你预测会有哪些实际的落地场景和应用?**

**崔宝秋:** 我比较认同这个看法,一部分原因是大数据在未来各个领域的重要性日益明显,越来越多的应用会离不开大数据,离不开依托于大数据的人工智能。传统的基于Hadoop生态的大数据系统,存在着弹性不足、维护困难、资源利用率低等一系列问题,因此云原生的某些技术也适合治理大数据生态。例如,在线和离线计算集群的部署可以通过容器化治理实现削峰填谷,进而大量提升资源使用率;云原生应用对有状态服务的强需求会推动基于高性能分布式存储技术的飞速演进;容器的镜像技术能大大加速大数据基础软件和系统的迭代更新频率,确保整体环境的最终一致性等。可以说,大数据方向是云原生治理整个数字化转型生态的一个重要方向。

**《新程序员》:你认为未来云原生技术会向哪些方向发展?开发者可以关注哪些方面?**

**崔宝秋:** 从小米的角度,我们认为云原生有以下几个发展方向。

其一,容器周边技术的核心突破,包括计算存储分离、资源隔离、混合部署、软硬件结合、安全技术等,解决容器承载有状态应用以及提升资源利用率一系列问题。

其二,非Java生态的微服务开发框架。目前微服务体系最完善的是Java技术栈,其他主流研发语言还需要有更加成熟、民主化的方案来普遍应用。

其三,在数字化转型的大背景下,传统架构向微服务架构迁移的工具和解决方案,以及当前主流的低代码等新技术与云原生的结合。

其四,业务逻辑和基础服务极致分离。云原生的不可变基础设施偏IaaS层面,未来PaaS和SaaS层面也会有大量的无状态服务逐渐孵化和发展,目前典型的例子就是Serverless的大面积使用。

运维和基础软件开发者可以关注第一点和第四点,服务端和前端开发者可能更需要关注第二点和第三点。

# 云原生与AIoT密不可分

**《新程序员》:小米集团是从什么时候开始布局云原生的?目前在云原生方向做了哪些事情?**

**崔宝秋:** 早在2015年我就让团队开始研究容器和微服务,之后很快就开始在一些场景中落地这些技术。有很长一段时间,集团内部同时布局Mesos和Kubernetes,早期的Mesos比较成熟,但我一直更看好当时不太成熟的Kubernetes,现在看来当时的判断是对的。

基于这些云原生技术,我们在降低了研发和运维的工作量的同时能支撑业务的高速发展。目前我们在公司范围内扩大这些技术的应用,在原有研发、运维效率带来的价值被提升之外，我们也更加注重资源效率的改善，通过云原生技术为业务带来实质性的成本降低。

这个过程中，我们要解决云原生技术研发以及企业架构治理这两类挑战。云原生技术研发包括业务间的混布、利用公有云资源进行弹性伸缩等；企业架构治理包括推进存量服务的服务化治理与改造、规范研发流程、精细化治理资源成本等。

**《新程序员》：小米机器学习平台基于Kubernetes构建，而Kubernetes概念多且复杂，你们在开发过程中有没有遇到技术难题或者典型问题？另外在使用Kubernetes时，有哪些建议可以给到其他企业？**

**崔宝秋：** 小米在2016年开始根据内部机器学习和深度学习需求，基于Kubernetes构建小米的深度学习服务。开发者可以在云端使用GPU训练模型，秒级启动分布式训练任务，兼容TensorFlow等深度学习框架，也可以一键部署训练好的模型，或者创建基于GPU的开发环境，提供模型开发、训练、调优、测试、部署和预测一站式解决方案。

因为CPU机器普遍比较贵，遇到核心问题如何加速深度学习训练及提升GPU集群资源利用率？我们主要使用RDMA网络提升、训练网络性能，在Kubernetes调度框架的基础上实现机器学习场景的调度器，支持更加灵活的GPU调度策略和资源抢占，训练任务支持公有云弹性等，有效提升GPU集群的资源利用率。

云原生生态已经日趋成熟，CNCF社区也已包含基础设施的项目，建议新的企业更加积极拥抱云原生和Kubernetes，加入云原生生态，利用生态红利，站在巨人肩膀上构建自己的业务。

**《新程序员》：小米的硬件产品有很多，硬件+云原生技术是否会列入小米集团下一步的发展计划中，计划做哪些事情？**

**崔宝秋：** "硬件+云原生"技术早已是小米集团的一部分。众所周知，"手机×AIoT"是小米的核心战略，这里面不管是手机还是任何AIoT设备，都是智能硬件、智能设备，而智能设备的一大特点就是互联互通，并利用云计算、大数据和人工智能给用户提供各种智能服务。所以，小米硬件和云原生技术一直是密不可分的，这也一直是小米技术发展的方向。

**《新程序员》：未来，人工智能与云原生会碰撞出怎样的火花？**

**崔宝秋：** 一方面，人工智能可以解决云原生领域的决策和优化问题。例如，AIOps技术就用于解决运维的决策问题。这背后是由于容器、微服务等一系列应用构建流程的标准化，会产生大量结构化数据，有了数据就可以通过人工智能实现智能决策和自动化执行，提升系统效率和可靠性。另一方面，云原生技术也能让人工智能服务变得唾手可得。通过将人工智能的能力基于云封装成服务，可以让更多软件引用丰富的人工智能服务的能力，提升软件产品的用户体验。

# 云原生与开源互利协作

**《新程序员》：你一直在推动开源的发展，请用几个词简单概括你对开源的认识或态度？**

**崔宝秋：** 开放、共享、共建、未来、平台、模式、竞争力。

**《新程序员》：面对不断更迭的技术市场，你认为开源的核心竞争力是什么？**

**崔宝秋：** 互联网的力量，群体和社区的力量。

**《新程序员》：可以谈谈开源和云原生的关系吗？**

**崔宝秋：** 开源起源于早年的自由软件运动，没有自由软件运动，就没有GNU，就没有GNU/Linux，就没有今天的开源。不夸张地讲，没有自由软件和开源软件，就没有今天的云计算、大数据和人工智能技术的快速成熟，也就没有今天人们谈论的云原生。经过这些年的发展，开源已经成为了主流的软件开发协作模式。在云原生技术领域，CNCF开源基金会对云原生的发展起到了非常大的促进作用。相信未来开源模式会继续促进云原生技术持续发展。

**《新程序员》：有人说开源是云原生环境的首选或未来，你怎么看？原因是什么？**

**崔宝秋：** 我高度认同这个说法，因为我相信开源是软件的未来。近些年出现了很多采用开源模式的商业公司，借助云的环境与生态快速发展成大型软件企业，获得了商业上的成功。于是也自然有更多公司复制这种模式，开源和云的结合是一种趋势。

在这背后，是开源软件厂商和云厂商积极地拥抱彼此的优势，相互促进发展。开源模式为云厂商带来了跨厂商的标准化，消除了用户对单一厂商绑定的顾虑；而云厂商的云原生环境也为开源软件带来了优秀的底层基础设施，让软件的部署发布变得更容易、规模更大。这种互利的协作，相信还会持续，会给业界带来更大的变化。

**《新程序员》：未来所有的软件都会走向开源吗？你如何看待国内许多开源项目的不可持续性？**

**崔宝秋：** 我相信开源是软件的未来，但这不等于所有的软件都一定会开源，我认为通用的、有一定普世价值的软件，尤其是那些具有长期价值、需要长期投入、大量参与者一起打造的软件需要开源。国内很多开源项目不可持续，第一个原因是这些项目开源的初心就不对，有很多项目是为了开源而开源、为了KPI而开源，没有长期和社区共建的必要性，原作者可能也根本没有这方面的打算。第二个原因较普遍，是项目背后的作者或者企业没有长期投入的资源和决心。第三个原因就是很多人对如何维护一个开源项目、如何打造一个活跃的开源社区没有足够经验。

**《新程序员》：目前，国内云原生开源社区的成熟度与参与度还不足够，你有什么想对开发者、企业、开源社区说的吗？**

**崔宝秋：** 首先，我比较乐观，我认为我国的开源力量在迅速崛起，开源运动在国内如火如荼，我们的云原生社区的成熟度和参与度会越来越好。其次，我给开发者、企业和开源社区的一些建议是：建议大家都能真正理解开源的精神、理念和方法论，真正做到开放、平等、共享、共建，真正形成合力，共同打造属于我们所有人的开源社区，少一些为开源而开源、为KPI而开源、纯为技术品牌或者影响力而开源的现象。

# 基础设施即代码：一场变革即将到来

文 | Piotr Zaniewski

作为一种基于软件开发实践的基础设施自动化方法，基础设施即代码（Infrastructure as Code，IaC）如今较为常见，但面临不断演变的技术与市场需求，基础设施即代码也需与时俱进，尤其在当下的云原生时代中，更面临着一场前所未有的挑战与变革。

自软件行业形成至今，已有几十年光景，几乎每隔一段时间就会出现一些重大事件，我们可以将其称为范式转变。在这种不断的转变过程中，软件开发对基础设施管理提出了日益严苛的要求：产品要能跟上市场需求，基础设施的响应速度必须提高；持续交付和DevOps的盛行，要求产品团队需对部署和运维有更高的自主性；技术的不断迭代使基础设施的配置愈发频繁且烦琐……随着以上问题不断加剧，便逐渐衍生出了基础设施即代码这一概念，即在确保基础设施安全可靠的同时，也要具备灵活管理的特点。

基于Thoughtworks公司云实践领导人Kief Morris在《基础设施即代码》一书中对基础设施即代码的定义："基础设施即代码是一种使用新的技术来构建和管理动态基础设施的方式。它把基础设施、工具和服务以及对基础设施的管理本身作为一个软件系统，采纳软件工程实践以结构化、安全的方式来管理系统变更"，我们可将其理解为一种基于软件开发实践的基础设施自动化方法，主要强调系统及其配置的日常置备和变更具有一致性和可重复性，允许开发人员使用任意语言描述的配置管理虚拟化基础设施和辅助服务，同时这些配置文件通常托管在源代码库中。

## 基础设施提供渠道的演变

基础设施即代码发展至今，从概念到落地，从小众到普及，每一次推进都与软件行业的变化分不开。

### 虚拟化

在虚拟化早期阶段，开发人员需要根据需求文档，经历漫长的瀑布式开发周期才能生产出软件。期间，运维团队需要搭建服务器、提供基础设施组件、安装所有软件并完成配置等工作。然而，在这一时期，开发和运维这两个团队的工作通常没有联系，交流主要通过任务单和往返邮件，非常不便利（见图1）。

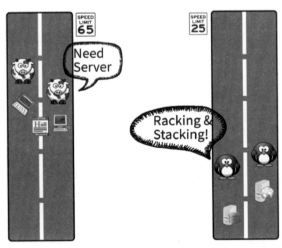

图1 虚拟化早期阶段，开发和运维团队的工作方式

## 敏捷与开发运维的开端

后来，我们经历了敏捷运动，随之而来的就是开发运维文化。如今，开发人员在给运维团队发送应用程序时，还会送上一份配置手册，甚至更先进的团队还会合作开发自动化工具（见图2）。在基础设施自动化工具的早期，Chef和Puppet等工具非常流行。这种方式无疑是巨大的进步，但这往往会建立非常孤立的环境，责任也很分散。

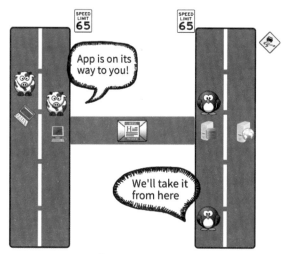

图2 敏捷与开发运维文化时期，开发和运维团队的工作方式

## 公共云与容器编排

随着公共云的普及和自动化越来越强大，这一切才逐渐步入正轨。大多数运维团队都会选择Terraform，与几年前的情况相比，这是一个巨大的进步，基础设施的数量也呈指数增长。

整体而言，这种方式在很长一段时间里都近乎完美，唯在两个方面还有所缺失：

■ 开发和运维团队的经验稍显不足。精心创建的基础设施一旦出现问题，就需要耗费大量的人工和维护成本。

■ 开发人员必须学习新语言，努力将运维工具整合到工作流程中。社区成员聚集在一起，提出创造性的解决方案、检测问题并提高系统自动化和可观察性等。单独来看，他们提出的所有这些工具和项目都很优秀，可惜并没有形成标准。

那么该如何改进呢？要如何再一次实现飞跃，构建出更伟大、更优秀的产品？答：处于云原生时代下，自然要利用容器化和容器编排，以此实现狭义的打包（容器映像）与运行时（Kubernetes Pod）的标准化。为便于理解，本文将以Crossplane为例，说明基础设施即代码变革中缺失的一环该如何补齐。

## 补齐基础设施即代码变革中的缺失

开源云原生控制平面项目Crossplane在2021年9月由CNCF技术监督委员会（TOC）投票决定将其提升为CNCF的孵化项目，是Upbound在2018年开发的混合云环境下通用控制平面项目，于2020年7月成为CNCF沙箱项目。Crossplane用于跨环境、集群、区域和云来管理云原生应用程序和基础设施，其强大之处在于，它采用了云原生开放标准和最流行的工具，方便开发人员（应用程序团队）和运维人员（平台团队）展开协同工作，同时又无须相互依赖（见图3）。

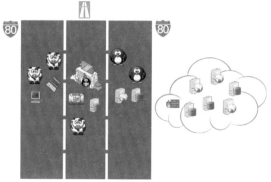

图3 利用Crossplane之后，开发和运维团队的工作方式

在我看来，Crossplane具备以下特点：

其一，建立在Kubernetes之上，而Kubernetes的真正力量在于其强大的API模型和控制平面逻辑（控制循环），因此Crossplane通过Kubernetes的控制平面将应用程序团队和平台团队串到了一起，可实现无缝协作，这是最大的优点。

其二，实现了从基础设施即代码到基础设施即数据的转变。这两者之间的区别在于，基础设施即代码需要编写代码来描述应用程序的配置，而基础设施即数据则可以编写纯数据文件（Kubernetes的YAML），并提交给控制组件（Kubernetes的操作器）进行封装和执行配置逻辑。

图4为Crossplane的组件模型及其基本交互。

要想补齐基础设施即代码变革中缺失的一环，Crossplane的组合功能尤为合适：使用Crossplane的组合功能有助于将基础设施的复杂性抽象出来，转移给平台团队，从而减轻开发人员的负担。具体实操如下。

首先，需要AWS，并在本地机器上配置CLI（注：如果想要了解部署组件以及Kubernetes资源模型，需要具备AWS的基本知识）。本地需安装VS Code以及远程容器插件devcontainer，如果使用Windows系统，则还需要WSL2（具体安装设置可参照Crossplane官网说明[1]）。

安装工作完成后，可部署一个RDS实例——一种由AWS托管的Kubernetes资源，类似于Pod、服务和副本集等，可通过Octant或命令行工具查看部署的进度。

随后，再部署EKS集群，需要创建很多组件，如VPC、子网、IAM角色、节点池、路由表、网关等。这一过程可能

有些麻烦，不是理想的开发者体验，但正所谓"磨刀不误砍柴工"。

除却创建必要组件这一步不可省略，开发者在部署EKS集群时的其他工作都极大减轻了。

■ 无须全面掌握庞大且复杂的EKS整体架构，仅需了解其中部分组成（见图5），将复杂易错的工作交给专门从事Kubernetes和云提供商的平台团队管理。

■ 在相关准备工作完成后，部署EKS集群变得非常简单，仅需一条命令：kubectl create -f ./aws（若成功部署，可见图6状态）。

## 结语

总体看来，之所以我认为Crossplane能弥补基础设施即代码变革中的缺失，不仅在于它融入了开发运维文化，促进了应用程序团队与平台团队之间的松散耦合协作，其资源模型、打包、配置都经过了深思熟虑，更是因为

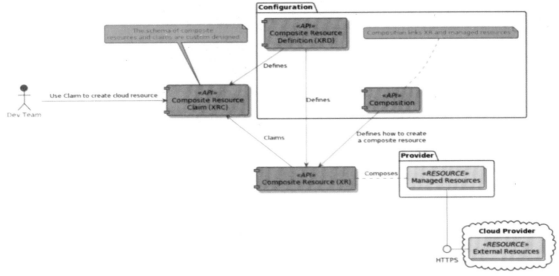

| Type | Description |
|---|---|
| <<API>> | Crossplane API resource in K8s. |
| <<RESOURCE>> | Granular, high fidelity Crossplane representations of a resource in an external system and actual cloud resource. |
| Provider | Extends Crossplane by installing controllers for new kinds of managed resources. |
| Configuration | Extends Crossplane by installing conceptually related groups of XRDs and Compositions, as well as dependencies like providers or further configurations. |
| Composition | Configures how Crossplane should compose resources into a higher level "composite resource". |
| Composite Resoource Definition (XRD) | Is the API type used to define new types of composite resources and claims. XRD is to XR what CRD is to CR in Kubernetes speak. |
| Composite Resoource (XR) | A composite resource can be thought of as the interface to a Composition. It provides the inputs a Composition uses to compose resources into a higher level concept. |
| Composite Resoource Claim (XRC) | Allows for consuming (claiming) the resoources created by the composite resource. XRC is to XR what PVC is to PV in Kubernetes speak. |

图4 Crossplane组件模型及其基本交互

图5 开发人员需要了解的部分EKS架构

它还有一些特别的优势：

- 可组合的基础设施。
- 自助服务。
- 提高自动化程度。
- 标准化协作。
- 通用语言（Kubernetes API）。

因为这些优势，充分发挥了云计算的潜力，得以将基础配置中的复杂性转移到了专业的平台团队，将开发和运维人员从较易出错的任务中解放出来。同时，通过与Kubernetes的紧密集成，Crossplane也进一步推动了云

原生时代下基础设施即代码的变革，使基础设施即代码的概念提升到了一个新的水平。

**Piotr Zaniewski**

现任comforte AG高级DevOps架构师，拥有超过10年软件相关职位经验，专注于云架构、软件开发及技能等方面，曾利用Microsoft Azure、Google Cloud和其他技术进行混合云平台设计，帮助整个组织实现数字化转型。

**本文已获作者翻译授权，原文地址：**

https://itnext.io/infrastructure-as-code-the-next-big-shift-is-here-9215f0bda7ce

**参考资料：**

[1]https://crossplane.io/docs/v1.5/getting-started/install-configure.html

图6 EKS集群的部署状态

# Kubernetes与云原生运行时的前世今生

文 | 王旭

**云原生的基础设施和应用之间的交付界面正在逐渐清晰化，这主要包含安全边界和服务接口：安全边界聚焦隔离性与封装性，服务接口通过高效、稳定性和可扩展性来提升研发效能。作为基础设施和应用的天然边界的运行时，正在强化能力，为上述二者保驾护航。**

容器运行时接口（CRI）的开发始于2016年，它的诞生预示着Kubernetes开始接纳包括安全容器在内的各种不同运行时。随着时间的推移，CRI已经是Kubernetes世界最稳定、最为人接受的底层接口之一了。安全容器也在不同场景中得到了广泛应用，运行时同样没有沉寂，比如，分布式应用运行环境（Dapr）就是目前最热门的云原生话题之一。

对于大规模生产系统的架构来说，清晰的边界、良好的隔离性和易于运维的封装是安全、可靠、效能的基本保障。而对应用的设计者和开发者来说，研发效能依赖于简洁高效、可扩展、长期稳定的接口。双方的需求，都需要由基础设施和应用的天然边界——运行时来提供与保障。因此，容器与Kubernetes生产实践中的运行时与隔离性成为了广泛探讨的主题。

## Kubernetes容器运行时简史

2013年，Docker问世，让操作系统领域已经诞生十余年的容器技术迎来一次爆发，Docker的巨大影响并非源于对容器这项进程间隔离技术的改进，而在于它改变了系统中软件生命周期管理的方法论。在Docker之后，由于容器镜像这个神奇的存在，每个镜像都可以是完成一个服务功能的基本单元，它们是封装严密的"不可变"单

元，几乎不再有软件包依赖关系这种复杂问题要处理。从此，集群管理的工作就简化成了决定容器跑在哪个节点上，然后让节点把它跑起来。宏观来看，Kubernetes就是这样一个系统，其节点代理Kubelet的功能就是让运行时使容器跑起来。

## Kubernetes的节点与容器：运行时的基本功能

Kubernetes对于运行时来说，影响最大的一个理念是Pod，这个词的意思是"豆荚"，非常形象——就像一个豆荚。Kubernetes的Pod在一个沙箱中，可以跑一组关联的容器，彼此之间共享网络等namespace，整个Pod对外界则是逻辑隔离的。Pod是Kubernetes的基本调度单元，也是运行时部分实际负责掌控的单元。

在Kubernetes诞生早期，运行容器的唯一方法就是通过Docker，在2015年Docker将runC剥离出来交给OCI之后，就是通过Docker启动runC容器。由于Docker和runC本身并没有Pod的概念，因此，Kubelet的方法是先启动一个空的、不需要运行的容器，即后来的Pause Container，把它作为Pod沙箱，然后创建其他容器时共享其namespace。直到今天，Pod里的容器也几乎都是这样创建的。

## 运行时的多样性及CRI的诞生

然而，Docker无法让所有人信服，而且垄断Kubernetes容器运行时引擎。很快，CoreOS公司提供了另一个OCI容器的运行时——rkt，并在Kubernetes Node团队的支持下，成为了Kubelet支持的第二种运行时，紧接着，第三个试图加入的运行时也出现了。

Kata Containers在2015年用虚拟化来代替namespace，提供隔离性更好、运行也不那么慢的运行时——runV。作为一个开源创业团队，我们开始了与Kubernetes的集成工作，并尝试将runV作为第三种运行时加入Kubernetes。

任何有架构美感的同仁都不会心甘情愿地再复制一份代码，于是，在与Kubernetes社区挑战并妥协之后，我们和Google的Node团队一起，写出了CRI，以防未来无须在Kubernetes代码树里贡献下一个容器运行时引擎。这个CRI接口就是将上文的过程抽象了一遍：先创建PodSandbox，再在PodSandbox里创建容器，当然，还有相应的镜像管理接口。值得一提的是，因为CRI的设计者们最初就考虑Pod可以跑在安全容器里，所以，始终保持着高层抽象，为日后的Kata Containers、gVisor可以和Kubernetes良好集成打下了基础。

## CRI的演进和运行时平等性

在CRI诞生后，首先实现了Dockershim，使Kubelet不需要自己去调用Docker，我们也通过一个称为Frakti的CRI实现，让Kubelet支持runV，随后，出现了CRI-O想要替代Docker。但是，CRI真正的主流方向还是让Docker分离出来的纯粹运行时部分——containerd来支持CRI，该插件后来被集成到containerd中，并成为Kubernetes社区最主流的运行时链路，而连接这三者的两个接口就是CRI和containerd-shim。

上文提到，CRI在设计之初的抽象就是比较恰当的，containerd的shim接口却并非如此。因为containerd是从Docker中分离出来的，所以在当时，所有运行时如果想

要和containerd搭配，就必须模拟runC的命令行行为，也必须接纳shim那种直接kill容器进程的行为。这就导致，当我们在2017年底发布Kata Containers时，为了兼容性不得不再在宿主机上做一个kata-shim进程来接收containerd-shim的信号。这样一来，如果你有一个包含n个容器的Pod，算上Pause Container，一共需要为它运行$2n+2$个containerd-shim和kata-shim，且不产生任何生产效益。

转折发生在2018年，Kata Containers和Google的gVisor都已经发布并作为Kubernetes的候选容器运行时，于是，在Google节点团队的提议下，containerd正式将shim-v2接口定义出来。在这个接口中，允许容器运行时实现自己的shim，并且不再假设每个容器都有一个不同的shim。很快Kata就实现了自己的shim-v2，从此，每个Pod就只需要一个shim。配合同时期Kubernetes的RuntimeClass扩展，从CRI开始，Kubernetes社区经过3年的努力，终于基本实现了运行时之间的平等。此处，你可能会疑惑，我们为什么会选择不同的容器运行时？

## 安全容器与隔离性

早在2015年，我们就开始尝试使用虚拟化技术替代namespace作为容器的隔离方式。引入虚拟化技术的背后理念非常简单——让容器成为云世界的一等公民。相对于传统虚拟机，容器更贴近应用，不论是调度还是生命周期管理都更简单。但是，我们摒弃虚拟机视图的一大阻碍是，容器本身依赖的namespace还不能对应用产生足够的隔离性。既然不能让容器更安全，那能不能让虚拟化更快？

在这个简单需求的驱动下，我们在2015年引入了虚拟化容器的概念，主打"容器的速度，虚拟机的安全"，这一概念迅速被Kubernetes社区接纳为"安全容器"这一简单、好记但不完全贴切的名字。引入虚拟化技术的一个"好处"是，可以简单地认为安全容器和云主机具有

相同的隔离性。也就是说，虚拟化容器本身足以支持多租户隔离，拥有成为一个云服务基本单元的资质。

因此，在2016年，我们首先基于Kubernetes做出了完全没有虚拟机这层抽象的容器云服务。随后，微软推出了Azure容器实例（ACI），AWS推出了Fargate服务，阿里云推出了弹性容器实例（ECI）服务。可以说，是安全容器直接促成了无服务器（Serverless）容器的服务方式。

当然，安全容器不一定是构筑在虚拟化基础上的。例如，2018年4月，Google在哥本哈根KubeCon上发布gVisor安全容器的隔离性就建立在用户态内核基础上，通过对系统调用进行捕获处理，减少攻击面并对高危操作进行审计，虚拟化对于gVisor来说并不用作安全隔离。

所以，我们可以定义安全容器是一种通过额外隔离层，将容器负载与宿主机操作系统隔离开，避免容器内行为对宿主机产生直接后果的容器运行时技术。

## 安全容器不仅是安全

安全本身是个复杂问题，尽管上文说安全容器足以支持多租户隔离，但并不意味着它可以代替其他所有安全设计。而且，安全容器也并非只有强化安全这一个用途，正如David Wheeler的名言："计算机科学领域的所有问题，都可以通过增加一个间接层来解决。"而安全容器恰好就是这样一个间接层。

对于维护自有集群的用户来说，多租户的需求可能没有那么强烈，但为了提升资源利用率，他们会尝试让不同的负载来共享主机资源。这样，负载间的干扰就会成为一个问题，尤其是对一些共享宿主机内核资源的争抢，更会导致一些主机虽然有资源，却不容易用上。在这样的情况下，安全容器的间接层可以起到更好的性能隔离作用，帮助达到负载之间的有效隔离。

在蚂蚁集团，我们已经大量使用了安全容器来达到这一效果，虽然单机会有一定的资源开销，但从整个系统看，效率明显提升。此外，因为使用安全容器的每个Pod都有独立的内核，所以，即使某个应用发生系统故障，甚至是触发内核崩溃，都不会影响其他容器，有效降低了故障爆炸半径。可以说，安全容器不仅是安全性，更是全方位的隔离性提升。

## 安全容器大规模实践的挑战

当然，大规模使用安全容器的挑战同样不少，上文"运行时"平等性的那段历史便是在寻求应用安全容器的更少资源和管理开销。更进一步，每一个Pod的CPU和内存资源开销也需要处理。在近几年的应用过程中，Kata Containers的组件在逐步Rust化，ttRPC也替代了gRPC，以此来优化内存开销；virtio-fs和其他相关开发在优化IO路径，还有很多细节在优化CPU开销等。开销优化没有止境，我们一方面接纳整体效能提升带来的局部效能开销，另一方面也在不断缩小这些差距。

另外，从功能来说，runC容器的内存弹性能力一直胜于Kata Containers这样的虚拟化方案。不过近年来，我们也先后引入了balloon和virtio-mem来增强内存弹性，同时引入了free-memory-reporting技术，让Pod不仅可以按需从宿主机申请内存，还可以让Pod将释放掉的内存再还给宿主机，达到良好的内存弹性。这些技术我们都已经在不同程度地尝试和应用，并逐步反馈给上游社区了。毫无疑问，未来在大部分场景下，安全容器都有更接近runC的弹性和性能。

## 服务网格与运行时边界的变迁

当然，runC/安全容器这些运行和Dapr分布式应用运行时虽然名字相似，但感觉完全不同。从C运行时库到Java运行时环境（JRE），从CRI再到Dapr，究竟什么才是运行时？抽象地说，运行时是工作负载的执行环境，包含了运行属性和从启动到停止的生命周期概念，也有界面和包容的含义。运行时的界面和范畴与工作负载相对应，彼此是对方的约束和上下文，对于操作系统负载来说，运行时是整个内存架构和执行指令的那组CPU；对于一个Linux程序来说，运行时是Linux ABI环境；而对于一段WASM字节码来说，运行时是由WASM虚拟机和WASI接口提供的。上文所述的运行时都是从系统视角开始讲的，下文将更贴近应用。

## 从传统PaaS到函数计算

实际上，从最早的PaaS服务Heroku开始，PaaS就在努力为应用提供一个可以与开发流程集成、免运维的应用运行时环境。在提供了各种语言运行时环境之后，Docker的前身dotCloud终于找到了Linux ABI这个兼容性最好的容器运行时，并将它推而广之。

同时，以AWS Lambda为代表的函数计算服务为PaaS找到了另一个新的场景——短生命周期、低运算量、高弹性的特定运行时。

这些运行时的特点是：云服务的基础设施尽量承担更多功能，以便应用可以免运维。作为交换，应用做出一定妥协，接受运行时的功能和接口的局限。这也就是我所说的，运行时作为应用编写的约束和上下文。

## 大规模基础设施的边界上移趋势

在大规模Kubernetes集群中，同样发生着类似的变化，以Istio为代表的服务网格（Service Mesh），把容器之间的网络调用全部卸载，从而和应用解耦，可以进行策略管控。更进一步，Dapr的实质是将集群需要访问的其他服务，尤其是数据库、队列这些有状态服务，也用运行时提供的接口，将应用和服务本身解耦，这样一方面限制了应用的行为，另一方面简化了应用逻辑的表达复杂度。

尽管不能断言Dapr已经成为运行时的未来，比如我所在的蚂蚁集团就用Mosn/Layotto这样的运行时项目来表达自己对该思路的理解，但这也确实肯定了对于大型集群的维护者，都在用上移的运行时接口定义应用的表达方式，这个趋势已经非常明显了。

## 结语

从系统的角度，我们能看到一条逐渐增强的安全边界；从应用的方向，我们能看到一条正在逐渐被具体化的服务边界。这二者，正在逐渐靠近，它们汇聚到一起，正是云原生基础设施对应用的一个交付界面。可以相信，在未来的一段时间内，该界面将是云原生基础设施的一个重要领域。作为云原生基础设施的交付界面的运行时，正等待着更多开发者的参与。

**王旭**

开源安全容器项目Kata Containers联合发起人、主要维护者和贡献者，蚂蚁集团资深技术专家，负责容器运行时、存储，以及基础设施架构与开源。

# Serverless：从云计算的默认编程范式到生产力

文 | 刘宇

从云计算到云原生，再到Serverless架构，从IaaS到PaaS，再到FaaS+BaaS，技术的升级与迭代从未停止。其中，Serverless架构凭借其弹性伸缩和按量付费的特点，成为越来越多项目的首选架构，甚至被UC Berkeley认为是云时代的默认编程范式。本文以Serverless架构的发展历程为切入点，分析Serverless架构的定义、特性，并从开发者角度，深入探索Serverless架构目前所面临的挑战及开发Serverless应用的方法论。

自世界第一台通用计算机ENIAC诞生以来，计算机科学与技术的发展就从未停止前进的脚步，尤其是近些年计算机的发展更是日新月异，有不断突破和进化的人工智能领域，有由5G带来更多机会的物联网领域，还有"可信"的区块链技术，当然也有不断更新、不断迭代，逐渐进入"寻常百姓家"的云计算。

提起云计算，就不得不说被认为是"真正意义上的云计算"的Serverless架构。2012年，Iron.io副总裁Ken Form在文章*Why The Future of Software and Apps is Serverless*中首次提出了Serverless的概念，并指出："即使云计算逐渐兴起，但是大家仍然在围绕着服务器转。不过，这不会持续太久，云应用正在朝着无服务器方向发展，这将对应用程序的创建和分发产生重大影响。"2019年，UC Berkeley发表论文*Cloud Programming Simplified: A Berkeley View on Serverless Computing*，并在文章中犀利断言："Serverless架构将会成为云时代默认的计算范式，将会取代Serverful计算，因此也意味着服务器-客户端模式的终结。"Serverless架构用7年时间，完成了从"新的观点"向"万众瞩目的架构"的转身。

如图1所示，从2012年的Serverless架构的概念被正式提出，到2014年AWS发布Lambda开启了Serverless的商业化时代，再到2017年国内各大厂商纷纷布局关于Serverless架构的领域，再到2019年，UC Berkeley发文断言："Serverless架构将引领云计算的下一个十年。"Serverless架构正朝着更完整、更清晰的方向发展。随着5G时代的到来，Serverless架构将会在更多领域发挥至关重要的作用。时至今日，Serverless架构已经凭借其交付的降本提效理念，以及其带给业务的技术红利，被更为广泛地采纳，在越来越多的业务中发挥着重要作用。

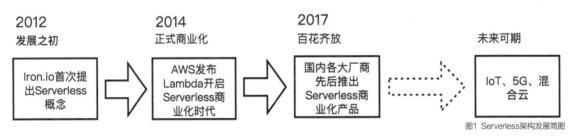

图1 Serverless架构发展简图

# 默认编程范式的技术革命

作为一种新的技术架构、新的编程范式，Serverless架构无论是作为技术选型被选择，还是作为架构基础被应用，都值得开发者用全新视角去看待。与传统架构不同的是，Serverless架构在应用全生命周期强调的是一种无服务器的理念，主张"将更专业的事情交给更专业的人来做，开发者可以付出更多精力在业务逻辑之上，付出更少的代价在服务器等底层资源上"，因此，Serverless架构具备诸多特性。例如，在一个Serverless应用中，开发者可以在业务代码部分付出更多精力，此时FaaS平台中的Function（函数）是什么意思？是编程中提到的函数还是一种全新的抽象概念？再例如，因为业务方无须关注服务器等底层运维工作，所以在不同的业务流量下，服务的弹性能力将交给云厂商实现，此时弹性伸缩带来的实例数量增减和状态管理，将会发生怎样的变化？大家常说Serverless架构是无状态的，究竟是指无法在实例中存储状态，还是指前后两次调用没有联系，不会受到状态的影响？

以Serverless架构中常见的名词"函数"为例。众所周知，Serverless架构被认为是FaaS与BaaS的结合，所谓的FaaS就是Functions as a Service，此处的"Function（函数）"经常会成为业务迁移到Serverless架构的重要阻碍。传统业务迁移到Serverless架构，是要将业务拆成函数的粒度吗？这里的Function（函数）指的是什么？

针对这个问题，我们需要将Serverless架构当作一种新的编程范式来看待，其中"函数"也将是一种更加抽象的概念。在Serverless架构下，函数即服务中的函数，更多的是代替一种资源粒度，这种粒度在实际项目中的表现也是复杂多变、更为抽象的：

■ 表现为一个单纯的函数，或非常简单的一个方法。

■ 表现为一个相对完整的功能或几个方法的结合，例如登录功能。

■ 表现为由几个功能结合，形成的一个简单的模块，如登录/注册模块。

■ 表现为一个框架，例如在一个函数中，放入如Express、Django等的整个框架。

■ 表现为一个完整的服务，例如将某个blog系统部署到一个函数中，对外提供服务。

因此，无论是传统业务迁移到Serverless架构，还是新的业务要基于Serverless架构开发，都无须过于纠结函数的概念。一般情况下，可以根据业务的实际情况，对函数具体的指代进行含义赋予，赋予含义的方式可以参考以下两个原则。

■ **资源相似原则：** 判定某个业务中，对外暴露的接口资源的消耗是否类似。例如，某个后端服务对外暴露10个接口，其中9个接口的内存只需要128MB，超时只需要3s，而另一个接口需要2048MB的内存与60s的超时。此时我们可以认为前9个接口是资源相似的，可以放在"一个函数中实现"，将最后一个单独放到一个函数中实现。

■ **功能相似原则：** 当业务中对功能的概念定义相差非常大时，不太建议将这些功能放在一起。例如，某个聊天系统有聊天功能（WebSocket），还有注册/登录功能，如果将二者融合，在一定程度上则会增加项目的复杂度，也不易于后期管理。此时可以考虑将其拆分成聊天函数和注册/登录函数。

其实在Serverless架构下，是否要将一个应用拆分，将一个应用拆分成何等程度，是一种哲学问题，需要根据自身业务情况具体分析。如果业务拆得太细，将会面临函数太多、不易于管理的问题。当业务出现问题时，不便于排查具体原因，进而会导致很多模块和配置重复使用。在一定情况下会让冷启动变得比较频繁。反之，如果业务耦合严重，则会产生比较大的费用，不仅会在高并发业务中出现流量限制问题，而且会在更新业务代码时出现较大风险，更不便于调试。

再以Serverless架构中的"无状态性"为例，继续探索编程范式的技术革命带给业务开发的新"习惯"。在UC Berkeley发表的论文中，对Serverful和Serverless架构进行了比较详细的总结："Serverless架构弱化了存储和计算之间的联系。服务的储存和计算被分开部署和收费，存储不再是服务本身的一部分，而是演变成了独立的云服务，这使得计算变得无状态化，更容易调度和扩缩容，同时也降低了数据丢失的风险。"在CNCF的Serverless Whitepaper v1.0中总结Serverless架构的适用场景是："短暂、无状态的应用，对冷启动时间不敏感的场景。"由此可见，与Serverful不同的是，Serverless架构更多的是强调"无状态性"，这种无状态性是由其架构的特殊性带来的，会对其应用场景有一定的影响。那么，Serverless架构的无状态性到底指的是什么？

所谓无状态就是没有状态的意思。也就是说，Serverless架构由其天然的分布式结构，并没有办法在单实例中保存某些永久状态，因为所有的实例面对的都是被销毁的结局。一旦实例被销毁，那么之前存储在实例中的数据就会消失。但这并不意味着函数的前后两次触发互不影响。就目前来看，各个云厂商的FaaS平台均存在着实例复用的情况。也就是说，即使长久来看实例会被释放，但并不能确保每次都会被释放。因为在某些情况下，实例是可以被复用进而降低由冷启动等带来的负面影响，此时函数的无状态性就不纯粹了，原因如下。

■ 函数计算的实例不适合长期存储某个状态，因为该状态可能因为并发而不一致，也可能因为释放导致丢失。

■ 由于实例存在复用的情况，即使我们确信由函数计算的实例不能长久存储状态，也不能忽略实例复用时，前一请求的残留状态对本次的影响。

综上所述，Serverless架构的无状态性，在一定程度上是指Serverless架构的函数实例不适合持久化存储文件、数据等内容，要采用无状态的方式，但是开发者也不能忽略实例复用时"有状态"对业务的影响，合理利用实例复用有助于提升业务的性能。

Serverless架构作为一种"技术革命"离成为"云计算时代默认的编程范式"还有一定的发展空间。上面举的例子说明了"技术革命"带来的思路的升级和开发习惯的转换。实际上，在Serverless架构普及过程中，仍然有其他注意事项需要开发者关注。

# 不断成长的Serverless架构

时至今日，云计算的发展已经取得了巨大的进步，尤其是Serverless架构的不断发展，更是在降低成本的同时，大大提升了应用的开发效能。正如《云原生发展白皮书（2020年）》中提到的："Serverless架构使得用户能够专注在价值密度更高的业务逻辑的开发上。"也正如UC Berkeley论文中所表述的："Serverless架构可以按需提供无限计算资源；消除云用户的前期承诺；根据需要在短期内支付使用计算资源的能力；通过资源虚拟化简化操作并提高利用率；通过复用来自不同组织的工作负载来提高硬件利用率。"

随着时间的推移，Serverless架构的优势越发明显，其带给业务的技术红利也越发诱人，甚至在2020年的云栖大会上，Serverless架构被再次断言"将会引领云计算的下一个十年"。即便如此，Serverless架构仍然面临诸多挑战。UC Berkeley的文章就针对Serverless架构总结出了包括抽象挑战、系统挑战、网络挑战、安全挑战等在内的若干挑战。从开发、应用的角度来看，在接触Serverless架构之后，开发者们仍然会面临一定的挑战，其中最为直接的就是冷启动、厂商锁定严重及安全性等方面。

以冷启动为例（见图2），在Serverless架构具弹性伸缩特性时，带来了新的问题：弹性伸缩的性能，即严重的冷启动问题。所谓冷启动问题，是指Serverless架构在弹性伸缩时可能会触发环境准备（初始化工作空间）、下载文件、配置环境、加载代码和配置、函数实例启动等完整的实例启动流程，导致原本数毫秒或数十毫秒即可得到响应的函数需要在数百毫秒或数秒后才能得到响应。

通常情况下，解决冷启动问题或减少冷启动带来的影响有两个途径，分别是云厂商侧的途径和开发者侧的途径。云厂商侧的解决方案通常包括实例的复用、实例的预热及资源池化等部分。而开发者侧的途径，则可以根据Serverless架构的原理，以及厂商提供的额外能力，进行项目优化，降低冷启动问题带来的危害。例如，在上文中提及的函数冷启动的流程（见图3）。

函数冷启动的一个阶段是加载代码和配置，当所传的代

FaaS平台（函数计算服务）
请求
请求
请求
函数实例
函数实例
初始化工作空间
下载文件、配置环境
加载代码和配置
函数实例启动

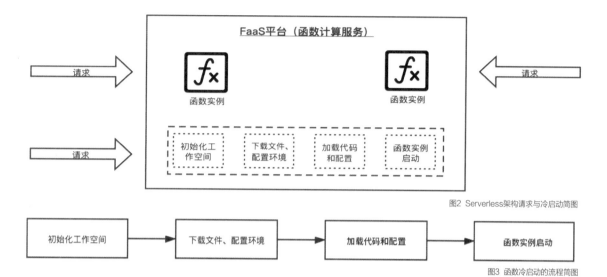

图2 Serverless架构请求与冷启动简图

初始化工作空间
下载文件、配置环境
加载代码和配置
函数实例启动

图3 函数冷启动的流程简图

码包过大，或者文件过多时，会导致解压速度过慢，就会拉长代码加载时间，进而导致冷启动时间变久。设想一下，当有两个代码压缩包，一个只有100KB，另一个是200MB，二者同时在千兆带宽的内网下理想化（即不考虑磁盘的存储速度等）下载，即使最大速度可以达到125MB/s，前者的下载速度不到0.01s，后者则需要1.6s。除了下载时间，还要考虑文件的解压时间，这样一来两者的冷启动时间可能就相差2s。一般情况下，一个传统的Web接口，如果要2s以上的响应时间，很多业务是不能接受的。

因此，在打包代码时要尽可能地缩小压缩包代码。以Node.js项目为例，打包代码包时，可以采用Webpack等方法压缩依赖包，从而降低整体代码压缩包的规格，提升函数冷启动的效率。

除此之外，各个云厂商为了减少冷启动的出现次数，还提出了实例复用的策略。所谓实例复用，就是当一个实例完成一个请求后，它并不会释放，而是进入“静默”状态。在一定时间范围内，如果有新的请求被分配过来，则会直接调用对应的方法，而不需要再初始化各类资源。这个过程极大降低了函数冷启动的情况出现。所以在实际的项目中，有一些初始化操作，可以考虑实例复用，例如：

- 机器学习场景下，在初始化的时候加载模型，避免每次函数被触发都加载模型带来的效率问题，提高实例复用场景下的响应效率。
- 数据库等链接操作，可以在初始化时进行链接对象的建立，避免每次请求都创建链接对象。
- 其他一些需要首次加载时下载文件，加载文件的场景，在初始化时进行这部分需求的实现，提高实例复用的效率。

各个云厂商提供的预留实例等功能也可以作为降低冷启动危害的一个重要途径，即在一些情况下，FaaS平台没办法根据业务的复杂需求，自动进行高性能的弹性伸缩，但业务方可以对其进行一定的预测。例如，某团队要在凌晨举办秒杀活动，那么该业务对应的函数可能在秒杀活动之前都是沉默状态，在秒杀活动时突然出现极高的并发请求时，即使是天然分布式架构，本身自带弹性能力的Serverless架构，也很难迎接该挑战。因此在活动之前，可以由业务方手动进行实例的预留，比如在次日零时前，预留若干实例以等待流量峰值到来，次日23时活动结束，释放所有预留实例。

虽然预留模式在一定程度上违背了Serverless架构的精神，但在目前的业务高速发展过程与冷启动带来的严重挑战下，预留模式依然逐渐被更多厂商所采用，也被更多开发者、业务团队所接纳。虽然预留模式在一定程度上会降低冷启动的发生次数，但也并不能完全杜绝冷启动。同时，在使用预留模式时，配置的固定预留值会导

致预留函数实例利用不充分，因此，云厂商们通常会提供定时弹性伸缩和指标追踪弹性伸缩等多种模式进一步解决预留所带来的额外问题。

Serverless架构除了冷启动问题严峻之外，还面临着诸多挑战，例如厂商锁定严重（Serverless架构在不同厂商的表现形式不同，包括产品的形态、功能的维度、事件的数据结构等），所以一旦使用了某个厂商的Serverless架构，通常意味着也需要使用该云厂商的FaaS部分和相对应的配套后端基础设施。后续如果想进行多云部署、跨云厂商迁移等将会困难重重，成本极高。

众所周知，函数是由事件触发的，因此FaaS平台与配套的基础设施服务所约定的数据结构往往会决定函数的处理逻辑。如果每个厂商相同类型的触发器所规约的事件结构不同，那么在进行多云部署、项目跨云厂商迁移时就会面临巨大的成本。以AWS Lambda、阿里云函数计算以及腾讯云云函数为例，可以通过对对象存储事件的数据结构进行对比（见图4）。

通过对比，不难发现三个云厂商关于同样的对象存储触发器的数据结构是完全不同的，这就导致我们获取对象存储事件关键信息的方法不同，例如同样是获取触发对象存储事件的原始IP：

- 按照AWS的Lambda与S3之间规约的数据结构，获取路径为

  sourceIPAddress = event["Records"][0]["requestParameters"]["sourceIPAddress"]。

- 按照腾讯云的SCF与COS之间规约的数据结构，获取路径为

  sourceIPAddress = event["Records"][0]["event"]["requestParameters"]["requestSourceIP"]。

- 按照阿里云的FC与OSS之间规约的数据结构，获取路径为

  sourceIPAddress = event["events"][0]["requestParameters"]["sourceIPAddress"]。

由此可引申出，当开发者开发一个功能，在不同云厂商所提供的Serverless架构中实现，涉及的代码逻辑、产品能力均是不同的，甚至包括业务逻辑的开发、运维工具等也完全不同。所以想要跨厂商进行业务迁移、业务的多云部署，将会面临极高的兼容性成本、业务逻辑的改

图4 不同云厂商事件结构差别对比图

造成本、数据迁移的风险、多产品的学习成本等。

综上所述，由于目前没有完整的、统一的且被各个云厂商所遵循的规范，导致不同厂商的Serverless架构与自身产品、业务逻辑绑定严重，非常不利于开发者跨云容灾和跨云迁移。目前来看，Serverless架构厂商锁定严重的问题，也是如今开发者抱怨最多、担忧最多的问题之一。就该问题而言，无论是CNCF还是其他组织，都努力在上层通过更规范、更科学的手法进行完善和处理。

当然，除了上述冷启动问题、厂商锁定严重问题，Serverless架构还存在学习资料不完备、最佳实践不全面、受到攻击自我保护策略不完善等诸多问题，但好在全球的云厂商和Serverless的工程师们，都在努力通过各种手段解决。就像针对冷启动问题提出了实例复用、预留模式；针对厂商锁定严重，上层提出相对应的兼容规范，通过Serverless Devs等开发者工具屏蔽部署差异等；针对被攻击的风险提出实例限制的策略等。可以这样认为，随着时间的推移，Serverless架构也在不断完善、不断成长。

# 用Serverless思想开发Serverless应用

作为一种新的编程范式、天然分布式架构，Serverless带来的还有开发思路的转换。换句话说，如果想要更好地感受到技术红利赋能生产力的提升，让应用更好地适配Serverless架构，就要用Serverless思想开发Serverless应用。

以上传文件为例，在传统Web框架中，上传文件是非常简单和便捷的，例如Python的Flask框架：

```
f = request.files['file']
f.save('my_file_path')
```

但在Serverless架构下，却不能直接上传文件，因为一些云平台的API网关触发器会将二进制文件转换成字符串，不便直接获取和存储；API网关与FaaS平台之间传递的数据包有大小限制，很多平台被限制在6MB。FaaS平台大都是无状态的，即使存储到当前实例中，也会随着实例释放而导致文件丢失。

因此，传统框架中常用的上传方案不太适合在Serverless架构中直接使用，在Serverless架构上传文件的方法通常有两种：

一种是BASE64后上传，持久化到对象存储或NAS中，这种做法可能会触及API网关与FaaS平台之间传递的数据包有大小限制，所以一般使用这种方法上传头像等小文件。

另一种上传方法是通过对象存储等平台来上传，因为客户端通过密钥等信息将文件直传到对象存储存在一定风险，所以可以考虑图5所示的方案。通常情况是客户端发起上传请求，函数计算根据请求内容进行预签名操作，并将预签名地址返回客户端，客户端再使用指定的方法进行上传，上传完成后，可以通过对象存储触发器等对上传结果进行更新等。

除了上传文件之外，在Serverless架构下，进行数据和状态持久化，也需要用新思路对待。由于FaaS平台是无状态的，并且用过之后会被销毁，因此文件如果需要持久化，并不能直接持久化在实例中，可以选择持久化到其他服务中，例如对象存储、NAS等。同时，在不配置NAS的情况下，FaaS平台通常情况下只有/tmp目录具有可写权限，所以部分临时文件可以缓存在/tmp文件夹下。

另外，传统框架迁移到Serverless架构也要进行诸多升级，例如很多框架具有异步、定时任务等能力，在Serverless架构下，就需要根据FaaS平台的规范，对这一部分功能进行额外处理。

以Python Web框架Tornado为例，在Serverless架构下，函数计算是请求级别的隔离，所以可以认为这个请求结束了，实例就有可能进入到"静默"状态。而在函数计算中，API网关触发器通常是同步调用，这就意味着当API网关将结果返回客户端时，整个函数就会进入"静默"状态，或者被销毁，而不是会继续执行完异步方法。当然，如果使用者需要异步能力，可以参考云厂商所提供的异步方法，以阿里云函数计算为例（见图6），阿里云函数计算为用户提供了一种异步调用能力，当函数的异步调用被触发后，函数计算会将触发事件放入内部队列中，并返回请求ID，而具体的调用情况及函数

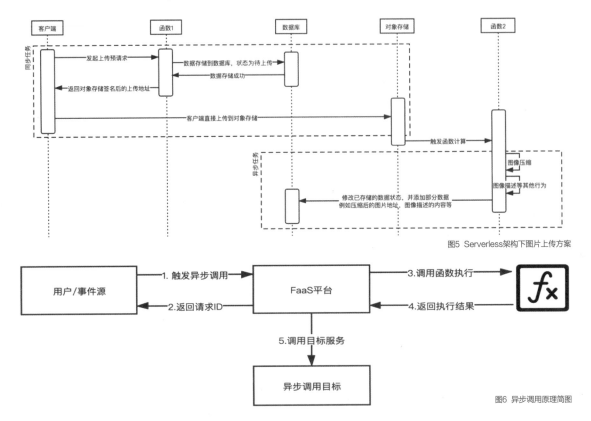

图5 Serverless架构下图片上传方案

图6 异步调用原理简图

执行状态将不会返回。如果用户希望获得异步调用的结果，则可以通过配置异步调用目标来实现。

Serverless架构下的应用开发和传统Serverful架构下的应用开发，区别还不止上述内容，还有动静分离、业务科学拆分等诸多差异。这些差异往往是由Serverless架构和Serverful架构的特性区别直接或间接带来的，掌握好这些Serverless应用的开发思想，进行Serverless应用开发，在一定程度上可以提升业务的安全性、稳定性、健壮性。

## 结语

从IaaS到PaaS再到SaaS，再到如今的Serverless，云计算的发展在近十余年中发生了翻天覆地的变化。从虚拟空间到云主机，从自建数据库等业务到云数据库等服务，云计算的发展非常迅速，同样Serverless架构的发展也是迅速的。

这些年，Serverless不仅是技术架构逐渐升级和完善，

其概念也愈发明确，其目标和方向也逐渐清晰、明朗起来，包括Serverless架构不断迭代、不断完善的过程，也包括学术界、工业界对Serverless架构热忱的期望过程，更包括Serverless架构交付诱人的技术红利，为业务团队带来降本提效的优质体验。

诚然，当今的Serverless架构还不完善，但不可否定的是，Serverless架构正迅速强大，正在让应用开发更简单、让业务运维更便捷、让生产力提升、让成本下降。Serverless架构作为技术革命的先驱，从默认编程范式到生产力的过程中，不仅需要我们适应它，也需要它来适应开发者。

**刘宇**

阿里云布道师，Serverless产品经理，阿里云战略级开源项目Serverless Devs发起人和负责人，著有《Serverless架构：从原理、设计到项目实战》《Serverless工程实践：从入门到进阶》《架构师特刊：人人都能学会的Serverless实践》（电子书）等书籍。

# 混沌工程+韧性工程：云原生时代可靠性治理的"王炸"

文｜黄帅

云原生时代，传统的可靠性治理手段已经无法满足业务需求，如何跑得快且稳，已经成为了可靠性治理的新难题。本文作者基于多年的可靠性治理经验，以及对大量真实生产事件的总结与思考，分享了如何运用混沌工程和韧性工程应对云原生时代可靠性治理的挑战。

经过长足发展，云计算已经获得广泛认可。企业逐渐优先在云上构建应用。由此，诞生了云原生（Cloud Native）的概念。

但云原生的意义远不止这些。作为云计算时代一种构建和运行应用的新模式，以及在构建之初（即原生）为云设计的技术体系和方法论，云原生充分利用和发挥了云的弹性优势和分布式优势：采用开源技术堆栈Kubernetes进行容器化，基于微服务架构提高灵活性和可维护性，借助敏捷方法、DevOps支持持续迭代和运维自动化，利用云的基础设施实现弹性伸缩、动态调度和优化资源配置，以此构建出容错性好、易于管理和可观测的松耦合系统。借助可靠的自动化手段，轻松地对系统作出频繁和可预测的重大变更，使应用交付的能力得到大幅提升，业务的上市周期被大大缩短。

云原生更是一个方向和一种文化，引领着企业更加深入地认识和使用云计算，使应用不仅长在云上，更是以一种适应云计算的方式，原生构建和持续迭代。

随着云原生的深入实践，系统的复杂性大大提高，企业在要求业务敏捷化、技术迭代化的同时，对业务持续稳定的保障有着天然的需要。传统的可靠性治理手段，已无法跟上这个节奏。如何在跑得快的基础上还能跑得稳，成为了云原生时代可靠性治理的新难题。

几十年前，韧性工程这门交叉学科，就开始为航空航天、道路交通、外科手术、电网配电、消防等复杂人机系统的可靠性提供扎实的理论依据和实践手段。然而，特别是2021年以来，业界不同领域对混沌工程的讨论也日渐积极。那么，混沌工程是什么？混沌工程诞生的来龙去脉究竟如何？混沌工程和云原生可靠性治理有着怎样的关系？混沌工程和韧性工程的内在关联是什么？

笔者根据多年积累的可靠性治理经验，以及对海内外大量真实生产事件的回溯和总结，从存在已久的韧性工程理论出发，结合亚马逊在混沌工程领域超过十年的实践经验，从变化中找到不变的共性，从过去汲取未来突破的动力，尝试为云原生时代可靠性挑战勾勒出一条兼具成熟理论和创新实践的应对之道与持续演进之路。

## 真实事件引发的思考

这是一个已有十年之久的真实事件，起于主网络容量升级的常规动作。因人为错误，导致意外将流量切到低容量的备用网络中，使主备网络失去连接，严重影响了副本的数据复制。尽管这个错误被迅速回滚，但潘多拉的盒子已经被打开。流量重新切回后，副本节点的大量检索引发了重镜像风暴，进而影响了控制平面的API服务，产生了大量的API差错率和延迟。持续的重镜像风暴同时触发了潜伏的软件缺陷，引发了新的竞争条件，最终只能禁止部分集群和控制平面的通信，阻止副本节点的降级检索，增加新容量加速重镜像，逐步批量恢复和手动逐个清理。整个事件从发生到完全解决耗时2.5天，它由人为错误引发，又因多重故障触发了系统架构存在的潜伏性缺陷。最终演变成了不受控的分布式级联风暴，造成大范围的爆炸半径，用户体验受到了极大的影响。

这个真实事件的背后，本质上是系统规模的快速增长，使系统实现的依赖关系变得错综复杂。尽管有大量的系统观测和维护手段，但这种复杂程度已经超出了个人所能掌控的范围。事实上，现实世界的系统故障是不可避免的。因为人写的代码总会存在疏漏，潜伏在软件中成为缺陷，在某些条件的影响下成为故障，进而使软件失效，再加上敏捷交付的"推波助澜"，架构的频繁迭代、技术人员的频繁流动和系统维护的频繁变更，使系统复杂性问题恶化，产生破坏性。

系统的复杂性主要有两类，一类是本质的 (Essential)，另一类是附属的 (Accidental)。前者和软件的本质紧密联系在一起，软件解决的是现实世界的问题，现实世界的问题本来就是复杂的，那么无论任何工具，都不可能消除这种复杂性。后者与工具或方法相关，如软件实现的编程语言、软件的编译和部署，以及潜伏在软件中的缺陷。但这些都可以通过工具、方法和技术的提升得到改善。

举例来说，云原生应用的集成测试、回归测试和浸泡测试如何框定测试范围，以平衡资源的投入和高质量的产出，都是不小的挑战；整个新版本的发布过程也是保证系统稳定性的重要环节，因此流水线上的每一个环节都需要进行验证，这给稳定性测试带来新的难度；在版本更迭速度非常快的状态下，要找出生产事件背后的根因尤为困难。这中间可能是因为健康仪表盘吐出了不准确的服务状态，水平扩展明明要借助冗余性获得更好的可用性却因毒化效应完全失效，告警系统因自身的稳定性故障产生的误报影响追踪排障的方向等。

因此，面对云原生复杂性的新挑战，承认人对复杂系统的认知局限是一切转变的第一步，借助弹性易扩展的云原生基础设施，高效、高质地分析和管理业务模型，借助领域模型指导架构设计和开发实践，进而逐步构建出完整的、适合云原生的可靠性治理框架。管理软件的本质复杂性，消除软件的附属复杂性，成为现实可行的路径。

## 从过去寻找可靠性治理的灵感

软件的创新可以利用新技术实现弯道超车，系统复杂性引起的故障该如何解决？复杂性科学研究者、Cynefin认知框架的提出者Dave Snowden认为：理解复杂系统的唯一方法，就是与之互动。在快速迭代中，谁都无法做到将软件设计和实现背后的所有变化和考量全部记录在案。系统是人设计和构建的，但系统在某些条件下的行为，人却无法准确预测，所以必须要在实际的运行环境中，通过实验探索的方式（行为预期、事件注入、系统观测和更新假设），扩展人对系统行为的认识，这便是最好的"互动"。那么，我们应如何与复杂系统进行合理地互动以获得对系统行为的新认识？答案很简单，大胆假设，小心求证。

回头看，其实很多当下的现实问题，往往都有前人充分讨论过，虽然处境和条件不太一样，但并不妨碍我们借鉴前人的思想和方法，站在巨人的肩膀上解决当下的问题。处理系统复杂性，最经典也最早的案例还是60年前的NASA阿波罗登月计划。当时软件的设计和实现并没有今天这么多优秀的工具和创新的工程思想可依赖，系统的复杂性却不低于现在，但当时的技术能力照样可以把送人类上月球，这里一定有独特的应对之道值得我们借鉴。这背后隐藏着一个存在已久的研究复杂性系统稳定性的重要学科——韧性工程 (Resilience Engineering)。

经过几十年的积累，韧性工程已经为航空航天、道路交通、外科手术、电网配电、消防等复杂人机系统的可靠性带来扎实的理论依据和成熟的实践方法。在韧性工程的研究领域，有很多优秀的学者，发表了大量的论文和出版了众多的书籍来进行充分讨论，内容涵盖人因工程、认知系统工程、复杂性科学、社会学、认知心理学、运筹学、安全科学、控制论、生物学等多个跨领域的知识体系。2006年，丹麦教授Erik Hollnagel在出版的 *Engineering: Concepts and Precepts*（《韧性工程：概念和规则》）一书中，第一次开宗明义，定义了系统韧性的概念，总结了韧性工程的方方面面，并展示了韧性工程实践在人机系统可靠性中的重要价值。

"如果一个系统能够在事件（变化、干扰和机会）之前、期间或之后自行调整其功能，从而在预期和意外条件下，能够从威胁和压力中恢复过来，维持所需的操作，并对干扰和机会做出适当的反应，那么它就是有韧性的。"

韧性工程的核心实践模式便是科学实验方法（见图1），这和Dave Snowden的"与之互动"思想相得益彰，即"大胆假设、小心求证"。科学实验方法是一种系统寻求知识的流程，通过控制变量、对比实验组与对照组的测量结果，在设定的条件下，理解系统行为之间的因果关系，以此验证或质疑已经存在的假说。主要涉及以下几个步骤：从发现问题开始，调查研究，提出假设，设计实验，执行实验，收集数据，分析数据并得出结论，如果完全符合假设则沟通试验结论。因此，科学实验方法也是研究系统复杂性的唯一方法。

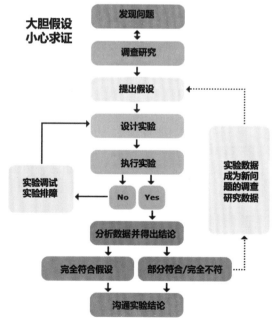

图1 科学实验方法的标准流程

# 十年可靠性治理的总结

亚马逊可用性保障团队灾难大师Jesse Robbins，凭借其消防员的经验于2004年发明了GameDay，邀请志愿者借助"实验"与待测系统进行"互动"，探索未知的系统风险，同时也训练了工程师团队的应急响应能力，如图2所示。

图2 GameDay发明者Jesse Robbins和一个真实的GameDay实践示例

亚马逊的GameDay有两个独特之处：第一点是关注本质，对GameDay实践中发现的问题进行复盘，不仅是解决发现的问题，重点还在于深入挖掘和直击痛点，遵循的是亚马逊的CoE文化（Correction of Errors），其两个核心问题：一是未来当类似的故障发生时，如何才能将问题定位、系统恢复的时间缩短一半？第二点是勾勒差异，对问题定位和系统恢复的完整过程，不同角色、不同的人对于整个过程的观察和理解往往有显著差异。因此，复盘中需要每个人提供他们对于整个过程的观察和理解，以勾勒出彼此的差异。20年的实践证明，差异的勾勒往往能发现那些原本容易被忽略的潜在缺陷。

随着更多团队开展GameDay，人力、资源和时间的投入，带来了拓展的压力，亟待一种新的实践模式实现GameDay实验的可控、可信、可度量、持续可扩展和自动化。Netflix发明的混沌猴子工具，以及后续提出的混沌工程正是源于这个思路。因此，我们也可以简单地认为，GameDay实践是混沌工程的前身。混沌工程承认人们对于系统行为的认知是有局限的，通过将受控的故障注入实验，观测、记录、分析系统，找到背后的原因，改进架构或相关的代码和设计，从而真正提升整个系统架构的韧性，避免级联故障发生而引起更大的业务损失和灾难，如图3所示。

回头看，混沌工程来自具体的应用实战，像GameDay实

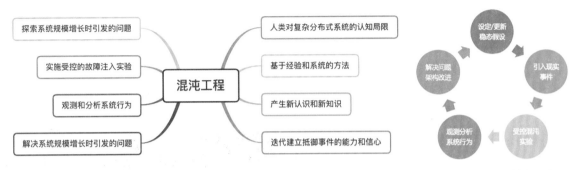

图3 混沌工程的定义和工作原理

践或混沌猴子，都是痛点引发的实践经验总结。因此，混沌工程之于云原生可靠性治理，仍然是一种朴素的实践思想，缺乏系统、广泛的实践基础和成熟理论的支撑。虽然2021年以来，有关混沌工程的讨论越来越多，但往往都跳不出故障注入测试的概念范畴。然而，定位的高度和深度决定了混沌工程的未来。

云原生可靠性治理，强调的是系统性、广泛性和成熟性。因此，构建完整的、适合云原生可靠性治理的框架，需要一个成熟的理论核心和完善的方法体系。看到这里，想必你会猜到，这个理论核心和方法体系就是前面提到的韧性工程。没错，就是韧性工程。因为混沌工程的实验原则和韧性工程的核心实践模式异曲同工。另外，存在已久的韧性工程此前也并没有涵盖软件领域。因此，混沌工程可以认为是韧性工程在软件领域的具体实践。

有了韧性工程的理论支撑，混沌工程将给云原生可靠性带来更广泛的应用和价值，这非常令人心动。近年来，许多公司都尝试采用某种形式的混沌工程提高现代架构的可靠性。然而，混沌工程的探索实践之路却并非一帆风顺，因为故障注入并不是混沌工程的全部。企业在构建属于自己的云原生可靠性治理框架的过程中，也不可避免地会遇到亚马逊曾经经历过的五个挑战。

**挑战一：对照实验的效率和准确性。**

混沌工程的核心特征是对照观测实验，要求实验组和对照组在相同的流量比例中，仅在实验组注入故障事件，然后通过观测两组的系统行为，找出实验组和对照组的行为差异。要想加速随机对照实验，则需要在事件选择、干扰排除、流量配比、故障注入、系统观测、稳态分析、链路追踪等方面实现自动化。其中，有关稳态分析的效率和准确性依赖于自动检验算法，即实现对照行为差异的自动化，是难点。一个典型的例子，可以采用双样本的T检验，已经在开源的CD工具Spinnaker组件Kayenta获得实现（见图4），复杂的稳态分析就需要借助异常检测的手段。链路追踪可以助力判断服务上下游的强弱依赖状况，从而计算出爆炸半径。此外，随机对照实验还可以助力验证哪些告警对排障追踪真正有效，哪些告警是无效的。

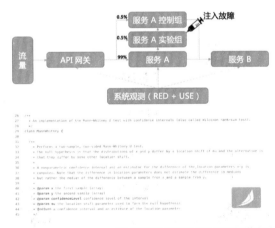

图4 混沌对照实验和Kayenta稳态分析算法示例

**挑战二：爆炸半径的安全管控。**

通过对极小比例可能受到影响的用户进行对照实验，提升整个系统的可靠性。这个过程需要细粒度的安全管控，一方面，要有随时停止的能力，俗称一键关停；另一方面要合理管控实验流量的大小：流量太小，可能会产生样本误差；流量太大会影响爆炸半径。对于偏差，可以借助实验手段中存在已久的统计学方法，如多重检验、费舍尔方法等。安全管控可以采用灰度对照实验，支持实时的一键关停，并通过服务网格的手段，对流量和对象隔离进行精细控制。

**挑战三：实验场景爆炸和探索难题。**

假设有10个组件，采用排列组合的方式去实验，会产生360多万个场景。这么多场景不可能通过有限的人力、时间和资源完成测试。

在过去十年的实践中，总结出来四点：首先，故障注入点不在于多，而是要使故障注入点的场景组合更接近现实的状况，即强调故障注入点的编排能力；其次，实现实验场景的标准化、模板化、层次化，通用模板和定制模板相结合；再次，使用FMECA服务失效模式的分析手段，从故障发生的可能性、严重性和可观测性三个角度，计算故障组合的优先级，真正实现对不同的系统根据优先级计算自动筛选价值最大的实验场景组合；最后，STPA分析模型可助力新场景的探索，该模型认为系统的可靠性依赖数据面、控制面、人工面三个部分交互的点，这也是最容易产生故障的点（见图5）。

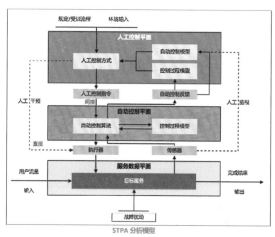

图5 STPA分析模型

**挑战四：实验效果的量化。**

韧性分数是一种报告机制，用于衡量服务对故障的韧

性能力，即软件通过适度降级和快速恢复在遇到故障时保持可用性的能力。软件韧性的衡量，只能通过在遇到故障情况时对系统行为分析得到。利用混沌实验，定期对不同系统的韧性进行审核，从韧性的时序变化中找到变化的根源（见图6），加速验证系统是否已使用抵御故障的最佳实践以及软件行为是否已达到韧性目标。根据过去十年实践的反馈，将韧性分数和系统业务目标相关联，责任到人，是推动混沌工程在企业中扩大实践的重要利器。

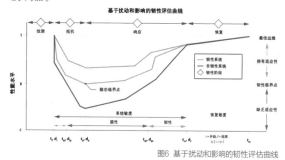

图6 基于扰动和影响的韧性评估曲线

**挑战五：软件全生命周期的贯穿与融合。**

亚马逊的实践经验表明，单一的混沌实验往往是孤立的，效果有限，影响有限，推广也有限。只有将混沌实验和整个软件全生命周期贯穿、融合，才可以真正做到实现云原生可靠性治理的目标（见图7）。从软件的设计开始，应用韧性工程在云原生领域的设计规范；编码阶段，使用轻量级的容错库；集成测试、非功能性测试、回归测试和浸泡测试中，集成混沌实验框架，持续进行混沌对照实验；发布到生产后，由灰度实验积累信心，向无人值守的生产实验逐步迈进。

最真实的系统行为只会在生产中，因为用户在那里。非生产中实验，也是有效的，不过其最大的问题是，如何维持非生产和生产的一致性？随着系统复杂性增加，成本和难度呈指数上升。很多企业实践在生产中测试，也是出于同样的原因。但现实是，在生产中进行混沌实验，不同应用之间的难度差异非常大，管控混沌实验存在的爆炸半径，都因系统而异。因此，简单地想通过一个工具做到这一切，是不现实的。这就需要靠人（混沌专家）深入分析来解决，这是定制化的要求。不过，可

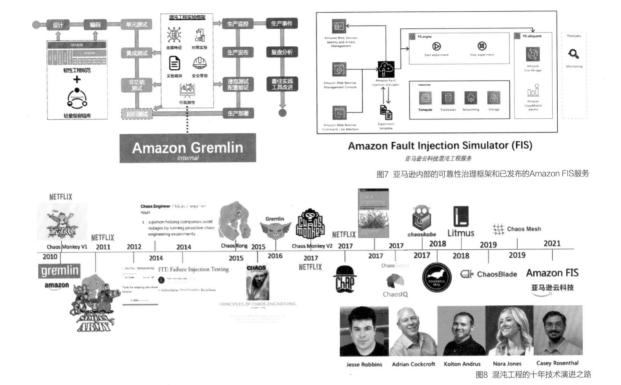

图7 亚马逊内部的可靠性治理框架和已发布的Amazon FIS服务

图8 混沌工程的十年技术演进之路

以积累同类生产应用的实践方式，固化到混沌实验工具和平台中，实现实验手段的复用，甚至是行业性复用。

## 结语

云原生可靠性治理需要依赖韧性工程的成熟理论和方法体系，以混沌工程的具体实践形式，在云原生应用中开展和实施。混沌工程不是只有故障注入，还涉及对照实验方方面面的技术技能。培养一名优秀的混沌专家，需要在场景选择、对照实验、故障注入、系统观测、稳态分析、链路追踪、爆炸半径管控等领域有多年实践经验的积累，同时懂得在业务痛点、实施成本、技术风险、配套工具链和人员技能中实现平衡，推动混沌工程的有效落地。为了降低混沌工程的起步门槛，现有的开源混沌实验工具与平台，或使用Amazon FIS等服务，都是好的启动选项。

混沌工程已经过十年的演进（见图8），未来实践的想象空间非常大。混沌实验在技术实现的方面包含故障场景的覆盖度优化、爆炸半径的细粒度控制、云原生系统的强弱治理、生产灰度自动稳态分析、混沌实验知识图谱构建等；在跨领域拓展的方面，包含网络安全合规、自动驾驶安全、VUCA组织实践、DevSecOps、工业控制系统、物联网等。

**黄帅**

亚马逊云科技资深开发布道师，经典混沌犸书《混沌工程：复杂系统韧性实现之道》的中文合译者。在软件研发和咨询领域有超过十年的架构设计、运营和团队管理经验，对云上架构优化、XOps实践、云原生可靠性治理和可观测性构造等有深入的研究和丰富的实践经验。

# API——现代软件基石与数字世界的连接者

文 | 温铭

**从底层技术层面看，连接数字世界的是TCP/IP协议和交换机/路由器。站在更高的应用角度看，真正像水利、铁路、电网一样在连接世界的其实是API。API让互联网的核心——互联，成为了现实。**

## API-First的技术演进

进入千禧年后，互联网逐渐闯入大众生活，触发了大众对软件的丰富需求，催生了炫酷多彩的软件功能与前所未有的智慧体验。同时这也加速了软件开发领域的发展与变化：基础设施开始迁移上云、存储和服务一体化、开源项目兴起……但这远远不够。随着云计算、大数据、人工智能等技术的蓬勃发展，移动互联网、物联网产业的加速创新，未来的数字世界将出现更多个性化的需求与难以预料的产品功能。面对这样的"技术爆炸"，数据的交互、传输与处理将成为数字世界的必要动作。

API（Application Programming Interface，应用程序接口）作为数据传输流转的重要通道，承担着不同复杂系统环境、组织机构之间的数据交互、数据传输的重任。工程师需要利用其将各类应用程序连接在一起，让它们进行协同合作，打造更庞大的技术体系，逐步形成All-in-One的产品生态。

回想互联网刚兴起之时，还是所谓代码优先的时代，即传统编程方式都是先建立数据库，然后根据数据库模型为应用程序建模，再进行开发。

后来，技术世界逐渐从"冷冰冰的代码"向"产品也可以提供人性化服务"靠拢，也就是我们熟悉的SaaS（Software as a Service，软件即服务）。SaaS产品带给用户更多选择和后续服务的同时，也开始利用API进行多个应用程序和SaaS服务之间的相互集成，如Zapier、Slack等，实现了以业务为中心的工作流。

从传统编程到产品服务衍生，因产品体系的服务范围扩大，越来越多的应用程序架构开始转变为分布式微服务架构——即单体和庞大的应用程序被分解为更小的单个服务，其可被独立修改、构建、部署和管理。这种微服务架构相比单体架构的优点是简洁和快速，同时因为对其他服务的依赖性小，更易于升级和独立扩展。

但微服务架构作为网络通信的基础设施，主要负责系统内部的服务间通信，想要实现真正的互通，还需要API网关的协作。如果说微服务架构负责内部，那么API网关则主要负责将服务以API的形式暴露给系统外部，通过多应用的互相连接以实现业务功能。

在没有网关之前，客户端（Client）会向服务端（Sevvice）直接调取，将一些SDK嵌入客户端，完成基本的服务治理（见图1），但效果较差。

图1 没有网关之前的应用间信息传递

由于升级资源等信息无法直接进行，因此引出了网关存在的意义（见图2）。Proxy因为网关的存在，可以变成一个网关代理，也可以是其他不同类型的代理，其本质是通过代理方式来解决大部分问题，即API网关是位于客户端与后端服务集之间的API管理工具。API网关相当于反向代理，用于接收所有应用编程接口的调用，并整合处理这些调用所需的各种服务，再返回相应的结果。

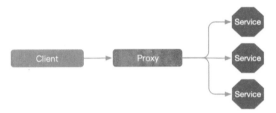

图2 有网关后应用数据传递简易化

目前大多数企业API通过API网关进行部署。API网关通常会处理跨API服务系统使用的常见任务，并统一接入并进行管理。也正是通过API网关的统一拦截，满足了对API接口的安全、日志等共性需求，如用户身份验证、速率限制和统计信息。尤其是面临与多个外部应用进行集成，或者将自己的API接口服务能力开放给外部多个合作伙伴使用时，就需要将API接入网关层面进行统一灵活配置，实现相关管控。

# API网关——云原生时代的入口

当前，许多应用和服务已经在向微服务、容器化迁移，形成新的云原生时代。同时，容器技术与微服务理念的发展使得更多产品组织着重于暴露、开放API，用于客户端交互。API网关充当API代理的功能，从网关接收请求，并将请求统一路由转发至后端服务。网关作为抽象层，为整个微服务系统或集群提供了统一接入层。

可见，网关作为云原生入口，是掌握云原生模式的必经之地，是开启"财富"的关键钥匙。

除了代理功能外，API网关还为微服务集群提供统一的安全、响应转换、熔断和监控等多维度功能，确保后续流量运行的安全可靠。因此，在云原生模式下，API网关

已经不仅仅是数据通道，更是万物互联的纽带，未来的环境和趋势将对网关的要求愈发严格。

越来越多国内企业关注API网关产品，一些大型互联网企业已经优先部署，如新浪微博、腾讯、京东、有赞等，需求涉及统一外部流量入口、保护后端服务、降低运维成本等。而对于还未部署API网关的企业，由于选择甚多，因此其必须根据其自身产品的需求特性，寻找更具针对性的API网关，实现"1+1>2"的效果。

下文选取了当下比较常见且流行的API网关项目，并对比、列举了其优势与不足，希望为企业配置API网关提供参考价值。

## Nginx

Nginx是一款开源且支持高性能、高并发的轻量级Web服务和代理服务软件。它的代码精雕细琢，稳定、高效的性能久经考验，即使过了二十多年，依然是资源占用率最低、效率最高的Web Proxy实现，没有之一。目前，Nginx是全球同类市场中占有率最高的Web服务器。

在云原生的技术变革下，Nginx通过Reload才能更新配置方式，这已经跟不上产品快速迭代的需求。其推出Nginx Plus这样的商业产品尝试自救，都没能挽回颓势，最终被应用交付大厂F5收购。然而，瑕不掩瑜，如果你的API和微服务并没有实时动态更新的强需求，Nginx依然是最佳选择。

## Kong

Kong底层基于Nginx，并通过OpenResty实现了上游、证书、路由等动态更新，极大弥补了Nginx在云原生架构下的缺失。其架构简洁易懂（见图3），数据库层可选择Cassandra或Postgres来存储和分发所有配置，方便运维，开创了开源API网关的先河。

Kong使用Lua语言编写，同时支持部署Kubernetes Ingress，支持gRPC和WebSocket代理。我们可以把Kong看作Nginx的升级版本。但Kong的功能并不都是开箱即

用的，需要通过手动配置来激活各自插件。

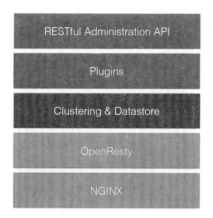

图3 Kong的底层架构

## Postman

Postman是一个可扩展的API开发和测试协同工具，可以快速集成到CI/CD管道中。Postman简化了测试和开发中的API工作流，方便用户更快地创建优质API。

目前Postman有Chrome扩展和独立客户端两种形式，同时它利用Workspace概念进行个人/公司类型的空间创建，加速协作流程管理（见图4）。得益于Postman的简单易用、可创建API调用集合、自动化测试以及持续集成的多项能力，使用Postman的开发者数量已经达到千万级。Postman是认同API-First理念的企业的首选。

图4 Postman使用界面

## Apache APISIX

Apache APISIX是Apache基金会的顶级开源项目，也是当前最活跃的开源网关项目。作为一个动态、实时、高性能的开源API网关，Apache APISIX提供了负载均衡、动态上游、灰度发布、服务熔断、身份认证、可观测性等丰富的流量管理功能。

Apache APISIX和Kong都是基于Nginx实现的，不同之处在于Apache APISIX使用了etcd（见图5），而不是用关系型数据库存储和分发配置，这在云原生架构下更具有优势。此外，Apache APISIX并没有像Kong一样采用面向对象（Object Oriented）的方式编写网关底层和插件代码，而是更直接地面向过程（Procedure Oriented），这对于希望了解底层实现和二次开发的工程师来说，更容易上手，心智负担更低。

使用Apache APISIX的好处在于，可以更好地与Apache基金会相关的生态融合，如Apache SkyWalking、Apache Kafka、Apache Pulsar等。而且，Apache APISIX还提供了许多开发语言供工程师选择，除了用Lua原生开发Apache APISIX的插件外，还可以使用Java、Go、Python、JavaScript以及WebAssembly（WASM）来开发插件，即开发语言不会成为工程师使用Apache APISIX的障碍。

## Envoy

Envoy是在CNCF（Cloud Native Computing Foundation，云原生计算基金会）成功毕业的第三个项目（前两个毕业项目为Kubernetes和Prometheus），由Lyft开源。Envoy基于C++实现，是面向Service Mesh的高性能网络代理服务，也是Istio Service Mesh默认的数据平面，专为云原生应用程序设计。当基础架构中的所有服务流量都通过Envoy网格时，通过其一致的可观测性，工程师能够非常容易地查看问题区域、调整整体性能。

Envoy是专为大型现代SOA（面向服务架构）架构设计的L7代理和通信总线，具有多语言架构部署优势，可以透明地在整个基础架构上快速部署和升级，对前端、边缘代理也有不错的支持。

对比上述API网关项目（见图6），优势与不足一目了然（Postman是API全生命周期的开发者平台，并没有提供

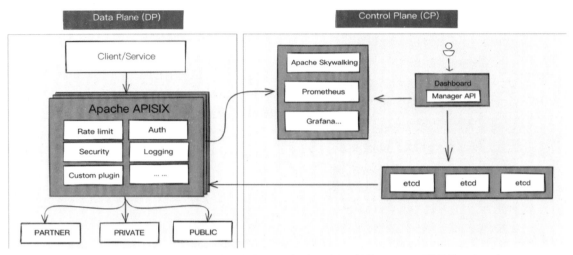

Apache APISIX is based on Nginx and etcd. Compared with traditional API gateways, APISIX has dynamic routing and hot-loading plugins

图5 Apache APISIX架构图

| 网关产品 | 优势 | 不足 | 二次开发难易度 |
|---|---|---|---|
| Nginx | 1 老牌应用<br>2 稳定可靠，久经考验<br>3 高性能、高并发、资源占用率低 | 修改配置需要Reload才能生效，跟不上云原生的发展 | 困难 |
| Kong | 1 开源 API 网关鼻祖，用户数众多<br>2 生态丰富<br>3 性能满足大部分用户需求<br>4 使用 Lua 开发插件，也支持 Go 开发插件 | 技术架构跟不上云原生的快速发展；虽然多语言支持，但性能方面略显不足 | 适中 |
| Apache APSIX | 1 Apache 基金会顶级项目，迭代速度快<br>2 技术架构更贴合云原生<br>3 性能表现优秀<br>4 生态丰富<br>5 除支持 Lua 开发插件外，还支持 Java、Go、Python、Node 等语言开发 | 暂未支持 WASM（正在开发中，即将推出） | 容易 |
| Envoy | 1 CNCF 毕业项目<br>2 更适合服务网格场景<br>3 多语言架构部署 | 使用 C++，二次开发难度大；除了 C++ 开发 Filter 外，还支持 WASM 和 Lua，但目前还处于试验阶段 | 困难 |

图6 网关产品对比

API网关等生产环境的管理能力，因此不作为对比项）。

## 云原生趋势下，API网关还应考虑哪些需求？

上文提到，API是数据传输、流通的关键角色，而在云原生技术变革推动全球互联互通速度加倍提升的背景下，API网关作为中坚力量，势必要考虑未来整体技术环境与社会发展的需求。

## 多语言环境开发，使用环境更灵活

如今，越来越多的产品被不同种类的编译语言所实现。为了满足今后日益丰富且庞大的计算机语言库需要、应对未来的技术发展，打造多语言环境的代码支持成为API网关的第一门槛。适应多语言环境的代码开发，不仅可以丰富用户的使用选择，也在为网关产品的扩展性打基础。

## 低代码开发模式，让所有人都可以操作API网关

低代码开发是一种可视化应用开发方法，可以满足不同层次的开发者通过图形用户界面，使用拖放式组件和模型驱动逻辑创建Web程序和移动应用程序的需要。低代码开发减轻了非技术开发人员的压力，帮其免去了代码编写工作，也为专业开发人员减少了应用开发过程中的烦琐底层架构与基础设施任务。

API网关作为一个连接内部与外部的关键组件，低代码开发模式会明显降低操作人员的学习成本与企业的开发成本，尤其是为IT研发资源不足的企业节省了人力成本。同时，低代码模式拥有配置简单、能力复用的优势，能够提升产品交付速度与协作效率，让企业真正轻松地配置网关，实现自家产品的互联生态。

## 南北与东西向的流量统一，降低运维成本

在上文提到的微服务与API网关之间，微服务主要负责东西向通信，即服务间的相互访问，其通信流量在服务间流转，流量都位于系统内部；API网关则是负责南北向通信，即提供服务对外部的访问，其通信流量是从系统外部进入系统内部。

为什么要统一流量转发？首先从运维角度看，使用相同的运维工具收集日志或指标时，流量的统一可以实现能力积累复用。也可以将应用扩展到LB、API Gateway、Ingress等不同产品线。其次从企业角度看，统一流量即统一技术栈，可以降低企业运营成本，降低企业数字化转型难度，更加轻松地从传统架构过渡到微服务架构、迁移上云或使用云原生技术。

## 适应多云产品生态，完美融入全球化趋势

云原生趋势下，各企业都在争相上云。为了更大程度地提高产品性能和控制成本，私有云与公有云协作的模式也日益流行。混合云平台为组织提供了许多优势，如更大的灵活性、更多的部署选项、更高的安全性等，应用程序和组件也可以跨边界、跨架构进行互相操作。

API网关作为云产品的连接与负载功能组件，支持更多种类的云产品生态，意味着可参与的场景更加丰富。当API网关适应多种类云产品时，不管企业产品在哪个云平台，都可以实现畅联。

## 加强数据隐私，让API不再是隐私泄露源

Open API的崛起，在提高效率的同时引发了人们对隐私泄漏问题的关注。

近年来，应用市场成为各大互联网平台企业的最爱，Facebook、Twitter、新浪微博、微信公众号、抖音等均使用了这种模式，即平台和第三方开发者之间建立一种合作共赢机制。平台方允许第三方调取数据开发应用并将其部署在平台上，从而丰富平台内容，增加用户黏性。第三方则通过提供优质内容或程序实现引流和变现。多产品互动虽然丰富了用户的使用场景和易用性，但也为隐私保护埋下了隐患。

因此，API网关作为内外输送点，对于隐私信息的数据把控、安全性与防护力度应该更强。这不仅是为了洗掉"API隐私泄露源"的标签，也是为加速"互联网纯净态势"贡献一份力量。可以说，锁住的不仅是信息安全，还是推动技术世界蓬勃发展的无数消费者的权益。

总而言之，希望API作为数字世界中重要的连接枢纽，不仅能使物理世界丰富与高效，更能使数字世界安全与进步。

**温铭**
API7.ai联合创始人兼CEO，Apache APISIX PMC主席，Apache软件基金会成员。

**扫码观看视频**
听温铭分享精彩观点

# 云原生时代，如何构建一款简单易用且安全的应用管理平台？

文｜司徒放

云原生时代，直接使用Kubernetes和云基础设施过于复杂。用户需要学习很多底层细节，应用管理的上手成本高，容易出错，导致故障。随着云计算的普及，不同云又有不同的细节，进一步加剧了上述问题。本文将介绍如何在Kubernetes上构建新的应用管理平台，以封装底层逻辑，只暴露用户关心的接口，使用户可以只关注自己的业务逻辑，管理应用更快更安全。

云原生时代是一个非常好的时代，我们面临的是整体技术颠覆性革新的局面，要全面地对应用做端到端重构。目前，云原生在演进过程中产生了三个关键技术：一是容器化，容器作为标准化交互的介质，在运维效率、部署密度和资源隔离性方面相比传统模式有很大改进。据CNCF最新调研报告，目前已有92%的企业生产系统在使用容器。二是Kubernetes，它对基础设施进行了抽象和管理，现已成为云原生的标配。三是Operator自动化运维，通过控制器和定制资源的机制，使Kubernetes不仅可以运维无状态应用，还可以执行由用户定义的运维能力，实现更复杂的自动化运维应用，进行自动化部署和交互。

这三项关键技术其实是逐渐演进的。另外，在应用交付领域，也有与之对应的理论在跟随上述技术不断地演进。云原生的崛起，带来了交付介质、基础设施管理、运维模型和持续交付理论的全面升级和突破，加速了云计算时代的到来。

从CNCF发布的云原生技术全景图中可以看到云原生的蓬勃生态，细数图中这900+Logo，其中不乏开源项目、创业公司，未来云原生的技术都会在这些地方诞生。

## 云原生"操作系统"Kubernetes带来的应用交付挑战

上文提到，Kubernetes已成为云原生的标配，其对下封装基础设施的差异，对上支持各种应用的运维部署，如无状态应用、微服务，再如有状态、批处理、大数据、AI、区块链等新技术的应用，在Kubernetes上都有办法部署。Kubernetes已经成为了现实意义的"操作系统"，它在云原生的地位正如移动设备中的Android。

为什么这样讲？Android不仅仅装在我们的手机上，它还进一步渗透到汽车、电视、天猫精灵等智能终端里，移动应用可以通过Android运行在这些设备上。而Kubernetes也有这样的潜力或发展趋势，当然它不是出现在智能家电中，而是出现在各家公有云、自建机房，以及边缘集群。可以预想，Kubernetes未来会像Android一样无处不在。

那么，有了Kubernetes这层交付后，容器+Kubernetes这层界面是不是就可以解决所有的交付问题了？答案毫无疑问，肯定不是。试想，如果我们的手机中只有Android，它能满足我们工作和生活需求吗？不能，Android必须有各种各样的软件应用才行。对应到云原生，除了Kubernetes这个"操作系统"外，也需要一套应用的交付能力。在手机中，软件应用可以通过类似"豌豆荚"这样的应用方便用户安装，同样在云原生时代，我们也需要将应用部署到不同的Kubernetes集群上。但由于Kubernetes海量琐碎的设施细节与复杂各异的操作语言，会导致部署过程中遇到各种各样的问题，这时就需要云原生的"豌豆荚"来解决这个问题，也就是使用应用管理平台去屏蔽交付的复杂性。

应用管理平台在业界有两种主流模式，第一种是传统平台模式，在Kubernetes上"盖一个大帽子"，将所有复杂度屏蔽，在此之上，再根据需求自己提供一层简化的应用抽象。通过这种方式，虽然应用平台变得易用了，但新的能力需由平台开发实现，也就带来了扩展难、迭代缓慢的问题，无法满足日益增长的应用管理诉求。

另一种主流模式是容器平台模式。这种模式更接近云原生，组件是开放的，扩展性强。但是，它缺乏应用层的抽象能力，导致了很多问题。比如，使开发者学习路线变得陡峭。举个例子，当一个业务开发者把自己的代码提交到应用平台时，他需要使用Deployment部署应用、使用Prometheus规则配置监控、使用HPA设置弹性伸缩，以及使用Istio规则控制路由等，这些都不是业务开发希望去做的。

所以，不论哪种解法都有优缺点，需要取舍。那么，到底怎么做才能既封装平台的复杂性，还能拥有良好的扩展性？这是我们一直在探索的。

# 通过应用管理平台，屏蔽云原生应用交付的复杂性

2012年，阿里巴巴已经开始做与容器化相关的调研，起初主要是为了提高资源利用率，探索自研容器虚拟化技术之路。随着应对大促的机器资源量不断增多，在2015年我们开始采用容器的混合云弹性架构，并使用阿里云的公有云计算资源支撑大促流量高峰。这也是阿里巴巴做云原生的早期阶段。

转折发生在2018年，在阿里巴巴的底层调度采用开源的Kubernetes后，我们从面对虚拟机的脚本化安装部署模式，转变为基于标准的容器调度系统部署应用，全面推进阿里巴巴基础设施的Kubernetes升级。但很快，新的问题就出现了：应用平台没有标准、不统一，大家"各自为政"。

因此，我们在2019年携手微软发布了开放应用模型——OAM (Open Application Model)，并开始做OAM平台化改造。2020年，OAM的实现引擎KubeVela正式开源，我们在内部推进多套应用管理平台基于OAM和KubeVela演进。同时推动"了三位一体"战略，不仅阿里内部的核心系统全面使用这套技术，而且在面向客户的商业化云产品开源时，都使用同样的技术。通过全面拥抱开源，让整个OAM和KubeVela社区参与共建。

在这段探索历程中，我们走了不少弯路，也累积了许多踩坑经验，接下来将作具体介绍，同时分享KubeVela的设计原理和使用方法，帮助开发者了解云原生应用管理平台的完整解决方案，提高应用开发者的使用体验和应用交付效率。

# 云原生应用管理平台的四大挑战及设计原则

在探索云原生应用管理平台解决方案的过程中，我们主要遇到4项重大挑战，并总结了4个核心设计原则，下文将一一介绍。

**挑战一：不同场景的应用平台接口不统一，重复建设。**

虽然云原生有了Kubernetes系统，但在不同场景会构建不一样的应用平台，且接口完全不统一，交付能力存在很大差异。比如AI、中间件、Serverless和电商在线业务都有各自不同的服务平台。因此，在构建应用管理平台时，难免重复开发和重复运维。最理想的状况当然是实现复用，但运维平台架构模式各有不同，无法做到互通。另外，业务开发者在不同场景对接应用交付时，对接的 API 完全不同，交付能力存在很大差异。这是我们遇到的第一个挑战。

## 挑战二："面向终态"无法满足过程式的交付方式。

在云原生时代，面向终态的设计很受欢迎，因为它能减少使用者对实现过程的关心。使用者只需要描述自己想要什么，不需要详细规划执行路径，系统就能自动把事情做好。但在实际使用过程中，交付过程通常需要审批、暂停观察、调整等人为干预。举个例子，我们的 Kubernetes 系统在交付过程中处于强管护的状态，要审批发布。《阿里集团变更管理规范》中明确声明"线上变更，前x个线上生产环境批次，每个批次变更后观察时间应大于y分钟。""必须先在安全生产环境（SPE）内进行发布，只有在SPE验证无问题后，才能在线上生产环境进行灰度发布。"因此，应用交付是一个面向过程而非面向终态的执行流程，我们必须考虑，怎样让它更好地适应面向过程的流程。

## 挑战三：平台能力扩展复杂度太高。

上文提到，传统模式下的应用平台扩展性差，那么在云原生时代，有哪些常见的扩展平台的机制？在 Kubernetes 系统中，可以直接用 Go Template 等模板语言做部署，但缺点是灵活性不够，整个模板结构复杂，难以做大规模的维护。有些高手可能会说"我可以自定义一套 Kubernetes Controller，扩展性一定很好！"没错，但是了解 Kubernetes 及 CRD 扩展机制的人比较少。即使高手把 Controller 写出来了，他还有后续的许多工作要做。比如需要编译并将其安装在 Kubernetes 上运行。另外，Controller 数量也不能一直膨胀。因此，做一个高可扩展的应用平台有很大挑战。

## 挑战四：不同环境不同场景，交付差异巨大。

在应用交付过程中，对于不同用途的环境，其运维能力差异特别大。比如开发测试环境，重视开发和联调效率，每次修改采用热加载，不重新打包、走镜像部署的一套流程，同时为开发人员部署按需创建的独立环境。再比如预发联调环境，有攻防演练、故障注入的日常运维诉求，以及在生产环境上，需要加入安全生产、服务高可用方面的运维能力。此外，同一个应用，组件依赖也有巨大差异，数据库、负载均衡、存储，在不同云上存在诸多差异。

针对以上四项重大挑战，我们总结了现代应用管理平台的四个核心设计原则：

- 统一的、与基础设施无关的开放应用模型。
- 围绕工作流做声明式交付。
- 高度可扩展、易编程。
- 面向混合环境。

## 原则一：统一的、与基础设施无关的开放应用模型。

怎样提炼统一的、与基础设施无关的开放应用模型？以开放应用模型，即OAM为例。首先，它的设计非常简单，且能够大幅简化我们对管理平台的使用：原来使用者要面对上百个API，OAM将其抽象成四类交付模型。其次，OAM从业务开发者视角描述要交付的组件，以及要用到的运维能力和交付策略，由平台开发者提供运维能力和交付策略的实现，从而对开发者屏蔽基础设施细节与差异性。通过组件模型，OAM可以用来描述容器、虚拟机、云服务、Terraform 组件、Helm等制品。

如图1所示，这是用OAM描述的一个KubeVela应用交付示例，里面包含上述四类交付模型。首先，要描述一个应用部署时包含的待交付组件（Component），一般采用镜像、制品包、云服务等形式；其次，要描述应用部署后用到的运维能力（Trait），比如路由规则、自动扩缩容规则等，运维能力都作用于组件上；再次，是交付策略（Policy），比如集群分发策略、健康检查策略、防火墙规则等，任何一个部署前需要遵守的规则都可以在这一步声明和执行；最后，是工作流（Workflow）的定义，比如蓝绿部署、带流量的渐进式部署、手动审批等任意的管道式持续交付策略。

## 原则二：围绕工作流做声明式交付。

上面四类交付模型中最核心的是工作流，应用交付本质上是一次编排，将组件、运维能力、交付策略、工作流步骤等按顺序定义在一个有向无环图"DAG"里

```
1    kind: Application
2    spec:
3      components:
4        - name: express-server
5          type: webservice
6          properties:
7            image: demo/hello-world
8            port: 8000
9          traits:
10            - type: ingress
11              properties:
12                domain: testsvc.example.com
13                http:
14                  "/": 8000
15      policies:
16        - type: security
17          properties:
18            audit: enabled
19            secretBackend: vault
20        - type: deployment-insights
21          properties:
22            provider: arms | promethues
23            leadTime: enabled
24            frequency: enabled
25            mttr: enabled
26      workflow:
27        - type: blue-green-rollout
28          stage: post-render
29          properties:
30            partition: "50%"
31        - type: traffic-shift
32          properties:
33            partition: "50%"
34        - type: rollout-promotion
35          propertie:
36            manualApproval: true
37            rollbackIfNotApproved: true
```

图1 用开放应用模型描述的一个应用交付示例

面,见图2。

举个例子,应用交付前的第一步,比如安装系统部署依赖、初始化检查等,通过交付策略描述并在交付最开始时执行;第二步是依赖的部署,比如应用依赖了数据库,我们可以通过组件创建相关的云资源,也可以引用一个已有的数据库资源,将数据库连接串作为环境参数注入应用环境中;第三步是用组件部署应用本身,包括镜像版本、开放端口等;第四步是应用的运维能力,比如设置监控方式、弹性伸缩策略、负载均衡等;第五步是在线上环境插入一个人工审核,检查应用启动是否有问题,人工确认没问题之后再继续让工作流往下走;第六步是将剩下的资源并行部署完,然后通过钉钉做回调,将部署完的消息告诉开发人员。这就是我们在真实场景中的交付流程。

这个工作流最大的价值在于,它把一个复杂的、面向不同环境的交付过程通过标准化的程序,较为规范地描述了出来。

**原则三: 高度可扩展、易编程。**

我们一直希望能够像搭建乐高积木一样构建应用模块,可以使用平台的业务轻松开发可扩展应用平台的能力。但前文提到,用模板语言这种方式,灵活性不够、扩展性不足,而编写Kubernetes Controller又太复杂,对开发者的专业能力要求极高。那怎么才能既有高度可扩展性,又有编程的灵活性? 我们最后借鉴了谷歌Borg的CUElang,这是一个适合做数据模板化、数据传递的配置语言。它天然适合调用Go语言,很容易与Kubernetes

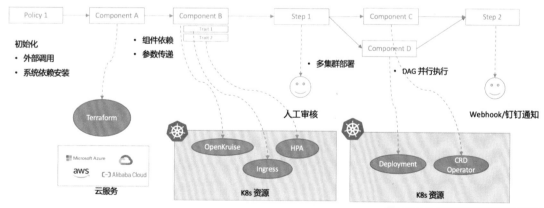

图2 KubeVela 通过工作流编排应用交付的示例

生态融合，具备高灵活性。而且CUElang是动态配置语言，不需要编译发布，响应速度快，只要将规则发布到Kubernetes就立马生效，见图3。

**原则四: 面向混合环境。**

在KubeVela设计之初，我们就考虑到未来可能是在混合环境 (混合云/多云/分布式云/边缘) 中做应用的交付，且不同环境、不同场景的交付差异较大。我们做了两件事: 第一，将KubeVela控制平面完全独立，不入侵业务集群。可以在业务集群中使用任何来自社区的Kubernetes插件运维和管理应用，由KubeVela负责控制平面管理和操作这些插件。第二，不使用KubeFed等会生成大量联邦对象的技术，而是直接向多集群进行交付，保持与单集群管理一致的体验。通过集成OCM/Karmada等多容器集群管理方案支持Push和Pull模式。在中央管控、异构网络等场景下，KubeVela可以实现安全集群治理、环境差异化配置、多集群灰度发布等能力。

以阿里云内部边缘计算产品的方案为例，开发人员只需将编写的镜像和KubeVela的文件直接发布到KubeVela控制平面，控制平面便会将应用组件分发到中心托管集群或边缘集群。边缘集群可以采用OpenYurt等边缘集群管理方案。因为KubeVela是多集群统一的控制平面，所以它可以实现应用组件的统一编排、云-边集群差异配置，以及汇聚所有底层的监控信息，实现统一可观测和

绘制跨集群资源拓扑等目的。

## 结语

总的来说，上述四个KubeVela核心设计原则可以简单概括为:

- 基于OAM抽象基础设施底层细节，用户只需要关心四个交付模型。

- 围绕工作流做声明式交付，工作流无需额外启动进程或容器，交付流程标准化。

- 高度可扩展、易编程，将运维逻辑用CUE语言代码化，比模板语言更灵活，比编写Controller简单一个量级。

- 面向混合环境，提供环境和集群等围绕应用的概念抽象，统一管控所有应用依赖的资源 (包含云服务等)。

目前，KubeVela已经成为阿里云原生基础设施的一部分。从图4可见，我们在Kubernetes之上做了很多扩展，包括资源池、节点、集群管理能力，在工作负载和自动化运维方面也做了很多支持。KubeVela在这些功能之上做了一层统一的应用交付和管理，以便集团业务能够适用不同场景。

未来云原生将如何演进呢? 回顾近十年的云原生发展，一个不可逆转的趋势是标准化界面不断上移。为什么? 从2010年左右云计算崭露头角到如今站稳脚跟，云的算力得到普及。2015年左右，容器大范围铺开，带来了交

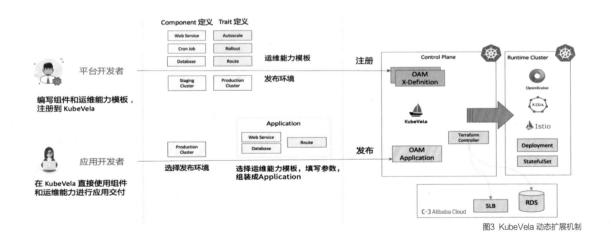

图3 KubeVela 动态扩展机制

| 阿里集团<br>(泛电商、搜索、计算应用) | 阿里云服务<br>(云产品管控、服务组件) | SAE<br>(Serverless 应用托管) | 更多 Serverless 云产品<br>(Serverless AI/ Bigdata/ Media/FaaS/IoT) ... | |

统一应用交付与管理层

| 应用生命周期管理 | 交付工作流 | 灰度发布 | 流量管理 | 应用多集群调度 | 可观测性 | 安全&审计 | AI/边缘等垂直场景支持 |

**工作负载与自动化运维**

| 实例自愈 | 有状态实例扩缩容 | 生命周期管理 | 实例拓扑与分区 | 工作负载扩展与增强 |

**容器服务公共基础设施**

| Kubernetes master<br>(apiserver、controller manager等) | 节点组件<br>(kubelet、containerd、vk等) | 多租安全隔离<br>(内核&网络) | 容器镜像服务<br>(ACR) | |
| 节点运维能力组件 | 存储组件 | etcd as Service | 容器运行时 | Serverless化能力增强 |

稳定性 SRE

统一调度器

**Serverless 资源池**

| 统一资源池 | 专属资源池 | 统一调度 | Serverless基础运营能力：额度、计量、计费、预算 |

**裸金属**

| 安全容器 | Linux 容器 | 混部&SLO保障 | 超售策略 | ECI弹性 |

神龙架构

图4 KubeVela 在阿里云原生基础设施的位置

付介质的标准化；2018年左右，Kubernetes通过对集群的调度和运维的抽象，实现了基础设施管理的标准化；近两年Prometheus和OpenTelemetry逐渐让监控走向统一，Envoy/Istio等Service Mesh技术让流量管理更加通用。从这些云原生发展历程中，我们看到了云原生领域技术碎片化和应用交付复杂性的问题，提出了开放应用模型OAM并开源KubeVela试图解决这个问题。我们相信，应用层标准化将是云原生时代的趋势。

**司徒放**

花名"姬风"，阿里云资深技术专家，阿里云应用PaaS与Serverless产品线负责人。2010年加入阿里巴巴后一直深度参与服务化和云原生架构的多次跨代演进，如链路跟踪、容器虚拟化、全链路压测、异地多活、中间件云产品化、云原生上云等。

扫码观看视频
听司徒放分享精彩观点

# Kubernetes生产实践下的可观测性及故障定位

文 | 黄久远

近些年来，Kubernetes渐渐成为了用户编排管理计算资源的主流选择。而随着云计算以及云原生技术的兴起，可观测性成为了一个更加热门的话题。本文作者结合自身实践经验以及当前的云原生大趋势，从几个维度阐述Kubernetes生产实践下的可观测性及故障定位。

## 什么是可观测性

在软件工程中，开发者维护程序时往往需要了解其内部的运行状态，如该程序使用了多少CPU或内存。系统从其外部输出判断其内在状态的程度，就是可观测性。一个程序的可观测性越强，开发者就越能快速且准确地找到引起该程序故障的根本原因。可观测性通常与用于监控、诊断、分析应用问题的工具和系统紧密相关。

云计算浪潮下，可观测性越来越被重视。因为服务提供商往往需要通过提高服务的可观测性来满足与客户之间的承诺，即SLA (Service Level Agreement, 服务级别协议)。承诺的服务指标包括质量、可用性、责任。而客户也需要根据一些可观测性数据，检验服务提供商的服务质量。

## 云原生可观测性的建设

### 云原生趋势下的数据格式标准化

可观测性体系的建设离不开监控数据，而让不同组件和业务的监控数据被有效管理，首要任务就是确定一个标准的数据格式。在单体应用时代，技术栈的复杂性相对较低，通过规范化基础工具和手段对系统的运行状况进行采集，我们就能确定统一的标准。但随着微服务的流行，一个应用使用的技术栈变得更加复杂，对这些应用

进行监控时也需要考虑更多维度。各种监控组件和方案层出不穷，这些组件对数据等存储和规范在早期并没有形成统一标准。在这样的背景下，部分互联网公司总结其内部稳定性保障的经验，推出不少用于评估系统稳定性的规范和方法，其中较为知名的就包括谷歌SRE团队提出的四个黄金指标。

■ 延迟: 处理服务请求所需时间。

■ 流量: 监控当前系统的流量，用于衡量服务的容量需求。

■ 错误: 监控当前系统发生的所有错误请求，用于衡量当前系统错误发生的速率。

■ 饱和度: 衡量当前服务的饱和度。

通过观测和分析这几个指标，我们可以比较全面地评估和监控一个分布式系统的运行情况。除了四个黄金指标外，业界还提出了许多可观测性领域的方法论，如分析系统性能的USE方法、监控微服务运行状况的RED方法等。在云原生背景下，越来越多的工程师意识到单靠仪表盘和一些指标数据保障系统的稳定性是不够的。为了弥补仪表盘和指标在云原生场景下的不足，云原生可观测性三大支柱的概念被提出。

■ 指标: 系统发生事件的统计学度量。

■ 日志: 系统行为的记录。

■ 分布式追踪: 一个请求在分布式系统中的路径信息。

通过可观测性三大支柱，我们可以更好地构建分布式系统的可观测性体系。随着云原生技术的发展，对于指标、日志以及分布式追踪的管理趋近标准化，目前最有代表性的是Prometheus体系。

## 生产中的可观测性维度

Prometheus是一个用于管理监控以及指标的开源项目。2018年Prometheus从CNCF（云原生计算基金会）正式毕业，标志着其已成为云原生可观测性领域的事实标准。越来越多的服务提供商围绕Prometheus的生态打造监控产品，并且慢慢衍生出了基于Prometheus数据格式的各种体系，如近几年比较流行的OpenTelemetry。在这样的趋势下，我所在的网易团队选择基于Prometheus打造监控系统，并且整套体系的演进尽量与社区标准保持一致。这样我们团队在开发、维护、扩展这套监控系统时，可以参考生态中的成熟案例和实践，并且在商业化层面，能够基于这套标准更好地集成其他厂商的产品。

Prometheus体系为构建云原生监控提供了标准，并且越来越多的开源项目以及商业化产品都是围绕这套体系设计的。那么在这套体系下，应该从哪些角度对集群进行观测？从服务提供商的角度出发，我们可以把监控分成两大类：基础设施监控和业务监控。

基础设施监控涵盖计算、存储、网络各个层面的指标，这类监控与服务提供商的SLA紧密相关，而业务用户通常不直接对这些指标进行关注。从四个黄金指标的角度看，基础设施监控主要包括下列维度：

- 延迟指标，包括网络延迟、磁盘IO等待时间等。

- 流量指标，包括网络流量、磁盘IO流量等。

- 错误指标，包括节点宕机、磁盘损坏、文件系统错误、网络丢包率等。

- 饱和度指标，包括CPU利用率、内存利用率、磁盘利用率、网络利用率、负载等。

业务监控通常是围绕业务应用的可用性和稳定性设计的。在业务应用微服务化潮流之下，如何对复杂的微服务进行观测已经成为业务监控领域的核心问题。RED方法是一种用于监控微服务的方法，它定义了三种表示微服务运行状况的指标。

- 速率：服务每秒处理请求的数量，包括服务的QPS等。

- 错误：请求出错的数量，包括业务接口返回的状态码、错误码等。

- 延迟：处理服务请求花费的时间以及分布，包括接口处理请求的平均耗时、请求延迟的P95值等。

## 如何更好地打造云原生监控体系

那么如何利用云原生技术打造基础设施监控和业务监控体系？首先，我们需要解决标准化问题，对此，云原生社区已经形成了成熟的标准化体系以及易用的工具集。

### 日志

我们通常采用Elasticsearch、Logstash和Kibana作为管理日志的方案。

Elasticsearch是一个搜索和分析引擎。Logstash是服务器端数据处理管道，能够同时从多个来源采集数据、转换数据，然后将数据发送到诸如Elasticsearch等存储库中。Kibana则可以让用户在Elasticsearch中使用图形和图表对数据进行可视化。对于日志的存储、收集和可视化还有许多其他可替代方案，例如，使用Filebeat在节点上对日志进行收集。

Kubernetes中的日志管理相比传统虚拟机或者物理机要更加复杂。作为服务提供商，我们不仅需要管理APIServer、Kubelet等基础组件的日志，还需要为在容器中运行的业务提供可落地的日志方案。Docker实现了管理容器日志的驱动，在规模较小的情况下，可以将容器的主进程日志输出到标准输出中，并由Logstash这样的组件进行收集。如果业务需求的日志场景比较复杂，我们可能需要提供一些定制化的方案。这时，一般建议用户将日志通过EmptyDir或HostPath等手段写入本地文件后再做处理。因为每个业务对日志的需求可能存在差异，所以在选择日志方案时需要从扩展性、灵活性和可运维性等角度综合分析。

## 指标

指标是Kubernetes可观测性体系中最重要的一个环节，集群中几乎所有的运维和诊断工作都需要基于指标数据展开。社区中基于Prometheus这一套标准构建监控体系已经形成了比较成熟的方案，通常采用Kube Prometheus Stack来管理和编排整套体系中的组件。Kube Prometheus Stack中默认部署了下列组件：

■ Prometheus Operato，用于管理Prometheus和Alertmanager的部署，以及在Kubernetes集群中发现需要被监控的服务。

■ Prometheu，通过Prometheus Operator部署，用于监控集群中的各种服务。

■ Alertmanager，通过Prometheus Operator部署，用于管理从Prometheus发出的报警信息。

■ Grafana，用于对各类监控仪表盘进行展示，用户可以根据自己的需求在Grafana上进行定制。

■ Node Exporter，用于采集节点资源相关的监控信息，主要包括CPU、内存、网络利用率等。

■ Kube State Metrics，用于采集Kubernetes集群中各类工作负载相关的元信息，如Pod的标签、Deployment的当前状态等。

当Kube Prometheus Stack部署完成后，我们在集群中就已经开始采集Master组件、Node组件、节点资源以及Kubernetes工作负载等指标数据。如果还需要增加其他服务的监控，可以通过创建ServiceMonitor等自定义资源的方式，将需要监控的服务注册到Prometheus中。这样我们的Prometheus中不仅存储了对Kubernetes集群进行观测的基础指标，还有了用于提升集群可观测性的扩展机制。作为服务提供商，这时根据业务场景可能需要将精力投入如下方面：

■ 增加更多对集群基础组件观测的维度，完善监控报警规则并定制更加易用的仪表盘。

■ 精细化管理将需要监控的服务注册到Prometheus的

入口，推动整套监控方案在业务中的平台化落地。

■ 引导中间件等基础软件团队在同一个平台中管理并完善服务的可观测性，实现监控数据的集中化管理。

## 分布式追踪

拥有集群的基础监控指标后，就需要考虑如何帮助业务更好地在云原生体系下管理应用的可观测性。分布式追踪是一种用于记录和观察一个请求在分布式系统中各个节点运行情况的方法，在请求从一个服务到另一个服务时采集数据。分布式追踪可以帮助我们在微服务体系下更好地理解当前业务的瓶颈。例如，某类请求从服务A到服务B的过程中，频繁出现失败或者高延迟现象，那我们就可以根据分布式追踪的数据，针对性地进行优化。

近些年来，云原生社区中涌现了大量优秀的分布式追踪项目，如Jaeger、SkyWalking等。社区的OpenTelemetry标准也渐渐让分布式追踪数据的管理走向了标准化，用户可以将分布式追采集的数据存储到Prometheus中，进一步提升指标管理的集中化程度。

综上所述，打造云原生监控体系主要分为四个阶段：

■ 确定监控数据格式标准。

■ 选择三大支柱的落地方案。

■ 提升平台的易用性和管理能力。

■ 引导更多的监控数据进入平台。

通过围绕Prometheus打造平台化的监控体系并基于标准将各类服务指标纳管进来，从而实现可观测性数据的集中化管理。当拥有各个维度的数据后，我们才能够推动整个运维保障体系向更高的自动化程度迈进。

# 云原生时代的故障定位
## 早期的故障应急处理

在云原生落地的初期阶段，集群中可能存在可观测性指标采集不够全面的问题。这时我们只能采用一些比较传统的手段对Kubernetes集群中遇到的故障进行定位，如查看各个组件的日志、观察节点状态等。在故障或报警发生时，通常需要一位有经验的研发或运维人员登录节点执行应急预案，进行故障恢复。在该阶段，我们对报警或者故障的处理可能会投入较大的人力成本，尤其是针对一些从未遇过的问题。但是这些踩坑经验对于一个团队来说是宝贵的，团队可以将其总结成方法论并归类，为后续的工作打好基础。

从网易内部早期业务容器化的经验以及社区用户的反馈来看，Kubernetes、Docker、操作系统层面的问题是普遍存在的。当时，我们主要使用的Kubernetes版本是1.11，Docker版本是18.06，该时期的相关问题至今仍然能在社区中找到。那时维护的操作系统是Debian 9和Debian 10，而一些较强势的业务对操作系统有硬性要求，集群中的节点使用CentOS 7的操作系统。CentOS 7使用的3.10版本中，其内核Cgroups和Systemd的相关问题在容器场景下非常容易触发。对此，我们通过内核调参以及为Kubernetes和Docker打补丁，以维护内部版本的方式来避免问题。以Kernel Memory Accounting泄漏这个经典问题为鉴，我们关闭了Kubelet和Docker中相关的逻辑，并且规定CentOS 7.7为最低支持版本且在启动参数中固化cgroup.memory=nokmem选项来规避该问题。

除了系统Bug引发的问题，用户使用方式不合理也导致了非常多的问题。早期用户对Kubernetes管理工作负载的设计思想不够了解，加上业务部门的成本压力，很多用户为了使应用快速容器化，将虚拟机的用法直接搬到容器上来。有些不规范的实践通过Kubernetes提供的机制可以被纠正，但严重时则会触发Docker和内核在某些特殊场景下的Bug，影响集群的稳定性。对此，我们通过为用户分析故障并给出解决方案，帮助用户容器化平滑落地。例如，使用HTTP探针而不是传统方法对应用进行健康检查，不会有大量执行Exec进入容器执行命令，避免引发容器终止时进程回收的问题。

随着业务容器化进入深水区，部分集群连接APIServer的客户端数量超过了5000个，其中不乏一些用户用脚本对Pod资源进行全量LIST来获取数据。这些集群的

APIServer消耗超过100GB内存以及50核的CPU算力，并且APIServer所在节点的网卡流量达到了20GB。针对这方面的问题，我们通过查看Prometheus监控来分析客户端的业务类型，找出了使用不合理的客户端并进行优化。例如，某个DaemonSet运行的组件一开始监听了全量的Node资源，但实际上只需要监听本节点Node的资源变化，对此我们重写了客户端并且只关注本节点Node的资源变化来规避容量问题，并且向业务和基础软件研发团队说明了APIServer客户端在实现时需要注意的事项，推进集群整体稳定性的提升。

## 高度集成化带来快速定位的能力

经历了一段时间的"踩坑"后，云原生监控体系的建设可能已经到了相对稳定的阶段，这时Prometheus中应该已经存储了集群中的基础指标数据。如何以更加直观易用的形态对指标进行展示，这是下一步需要考虑的问题。

目前，云原生社区中最流行、最成熟的指标可视化工具是Grafana，许多基础软件项目提供了Grafana的仪表盘配置文件，如etcd、Nginx Ingress Controller等。我们的监控平台也集成了Grafana并通过内部的文档和技术分享，来引导研发和运维人员通过Grafana配置文件交付软件指标数据的可视化能力。在这样的背景下，越来越多的运维以及开发人员通过Grafana帮助自己更好地展示和查看历史监控数据。有了这些数据，就可以轻易查看APIServer运行状况、节点资源利用率、Pod资源使用情况等图表，快速对问题进行定位。监控、报警、可视化展示通过Prometheus标准很轻易地被串联起来，也极大提升了Kubernetes集群中故障的定位能力。

但集群中还是有很多问题是工程师们无法通过仪表盘快速解决的，尤其当一个业务问题是由一系列基础软件行为引起时。对于这种问题，我们又很难以较低成本进行观测。因此，一个问题的排查需要多个横向团队进行参与和分析，如何高效地解决这类故障成为了下一阶段需要解决的问题。

## 迈向数据分析以及自动化诊断的阶段

随着云原生监控体系建设的成熟，我们接入的可观测性指标越来越多。如何更好地利用Prometheus中存储的这些指标数据来支撑稳定性保障和运维工作，并且让故障诊断朝着自动化的方向迈进？

在互联网公司，通常单个团队或个人对大型系统的认知是有限的，对复杂问题进行自动化诊断的主要难点，是打破各个团队之间指标数据的孤岛。通常当一个故障发生时，我们的技术支持或者运维人员总是会去联系发生报警组件的值班研发，但是在云原生的复杂情况下，发生报警的组件可能不是引起故障的直接原因，我们可能需要层层排查，最终找到根本原因所在的组件并联系相关人员进行修复。这样跨多个团队的调用链有时会非常冗长，故障诊断效率随着系统复杂性的增加变得越来越低，让更多团队负责组件的指标数据之间建立起联系，就是我们需要解决的实际问题。

由于Prometheus中指标管理的高度集中化，这种孤岛可以被轻易打破。我们可以通过代码实现控制逻辑对发生故障前一段时间内的所有数据进行分析，找出潜在异常并依次进行分析，如果某两个服务的异常指标确实存在必然联系，并能够帮助我们定位根本原因，那么这种关联性可以以代码的方式沉淀为故障诊断的经验。通过完善和积累我们的经验代码，能够逐步打造基于数据分析的根因分析系统。

有些故障并不是通过数据分析就能完全确定的，这时往往需要有经验的研发进行交互式排障，确定问题的根本原因，如执行TcpDump对网络问题进行交互式排障。通常，某一类问题的定位是有固定流程的，我们可以让有经验的研发将这个流程总结出来并通过代码的方式沉淀下来。当故障再次发生时，由控制器自动执行分析该类问题的代码并输出处理结果。通过在代码中增加扩展点，还可以让运维或者研发人员选择是否需要自动执行一些用于恢复故障的运维操作，避免不必要的风险。

## 自动化诊断实践

自定义资源是Kubernetes中对API进行扩展的机制，开发者可以撰写自定义资源的API对象并实现相对应的控制逻辑，对集群进行管理。以开源框架KubeDiag为例，其通过自定义资源对机制实现了下列API对象，来管理一次运维诊断的整个生命周期：

■ Operation，用于注册诊断运维操作。

■ OperationSet，用于将多个诊断运维操作编排成流水线，通常包含多个Operation。

■ Trigger，用于定义触发诊断的条件，用户需要声明触发诊断的Prometheus报警或者Kafka消息。

■ Diagnosis，用于记录诊断需要执行的详细信息以及执行产生的结果，可以通过Trigger自动创建。

KubeDiag由Master和Agent组成，并且从APIServer以及Prometheus等组件获取数据。KubeDiag Master负责管理Operation、OperationSet、Trigger和Diagnosis对象。当OperationSet创建后，KubeDiag Master会基于用户定义生成有向无环图，所有的诊断路径被更新至OperationSet的元数据中。KubeDiag Agent负责实际诊断工作的执行，并内置多个常用诊断操作。当Diagnosis创建后，KubeDiag Agent会根据Diagnosis引用的OperationSet执行诊断工作流，诊断工作流是包括多个诊断操作的集合。

Docker的Bug会导致Kubernetes的PLEG同步时间超时，在处理该类问题时我们需要获取对应版本Docker的Goroutine并分析可疑的栈信息进行判断。通过一次KubeletPlegDurationHigh报警触发Docker问题诊断的流程如下。

**第一步，**用户创建处理Docker问题的OperationSet，该OperationSet包含了采集Docker相关信息、采集Dockerd的Goroutine、采集Containerd的Goroutine、扫描Dockerd的Goroutine、将触发报警的节点置为不可调度的四个运维操作。

**第二步，**用户创建基于KubeletPlegDurationHigh报警触发诊断的Trigger。

**第三步，**KubeletPlegDurationHigh报警被发送至KubeDiag Master。

**第四步，**KubeDiag Master根据报警中的信息创建Diagnosis。

**第五步，**Diagnosis在触发报警的节点上被KubeDiag Agent执行。

　（1）采集Docker相关信息并将结果更新至Diagnosis的状态中。

　（2）采集Docker的Goroutine并将结果更新至Diagnosis的状态中。

　（3）采集Containerd的Goroutine并将结果更新至Diagnosis的状态中。

　（4）扫描Docker的Goroutine并发现阻塞的栈以确定问题。

　（5）将触发报警的节点设置为不可调度。

**第六步，**诊断执行结束。

用户有时需要对业务应用程序进行一次交互式诊断，一次典型的针对Java语言进行内存分析的流程如下。

**第一步，**用户创建执行MemoryAnalyzer的OperationSet，该OperationSet包含了采集HPROF文件、通过MemoryAnalyzer分析Java程序的运维操作。

**第二步，**用户通过平台触发针对某个运行Java程序Pod的内存分析。

**第三步，**Diagnosis在Pod所在节点上被KubeDiag Agent执行。

　（1）输出Java进程的HPROF文件并采集到KubeDiag管理的目录下。

　（2）对HPROF文件执行MemoryAnalyzer，展示结果的页面会通过NodePort暴露。

**第四步，**用户可以通过监控平台访问暴露的结果页面。

# 结语

围绕Kubernetes的可观测性技术一直在快速发展中，社区中也不停地孵化出优秀的开源项目，帮助我们打造云原生可观测性体系。当前也有越来越多的场景对服务的可观测性提出了更高要求，如边缘计算和函数计算等。解决更多复杂场景下的服务可观测性和故障诊断的相关问题可以进一步提升云原生技术的普及性，我们在这条道路上还可以走得更远。

**黄久远**

网易数帆技术专家，专注于云原生以及分布式系统等领域，参与了网易云音乐、网易新闻、网易严选、考拉海购等多个用户的大规模容器化落地以及网易轻舟容器平台的产品化工作。当前主要负责网易轻舟云原生监控和智能运维产品体系。

# 降本增效——美团集群调度系统的云原生实践

文｜谭霖

集群调度系统在企业数据中心有举足轻重的地位，但随着集群规模与应用数量的激增，使得开发者处理业务问题的复杂度也显著提升。如何解决大规模集群管理的难题，设计优秀且合理的集群调度系统，做到保稳定、降成本、提效率？可以参考美团集群调度系统落地实践。

集群调度系统，又称为数据中心资源调度系统，普遍用来解决数据中心的资源管理和任务调度问题。其目标是有效利用数据中心的资源，提升资源利用率，并为业务方提供自动化运维能力，降低服务的运维管理成本。工业界比较知名的集群调度系统，有开源的OpenStack、Yarn、Mesos和Kubernetes，以及知名互联网公司Google的Borg、微软的Apollo、百度的Matrix、阿里巴巴的Fuxi和Sigma。

集群调度系统作为各互联网公司的核心IaaS基础设施，在近十几年经历了多次架构演进。伴随着业务从单体架构向SOA（面向服务的架构）的演进和微服务的发展，底层的IaaS设施也从物理机/裸机时代逐步跨越到容器时代。虽然演进过程中没有改变我们要处理的核心问题，但由于集群规模和应用数量的急剧膨胀，问题的复杂度也呈指数增长。因此，我将在本文简述大规模集群管理的挑战和集群调度系统设计思路，并以美团集群调度系统落地实践为例，讲述如何通过打造多集群统一调度服务，持续提升资源利用率，使Kubernetes引擎服务赋能PaaS组件，为业务提供更好的计算服务体验等一系列云原生实践。

## 大规模集群管理的难题

众所周知，业务快速增长带来的是服务器规模和数据中心数量的暴增。对于开发者而言，此时面临的问题是：

■ 如何管理好数据中心大规模集群部署调度？特别是在跨数据中心场景下，如何实现资源的弹性和调度能力，如何在保障应用服务质量的前提下尽可能地提升资源利用率，充分降低数据中心成本？

■ 如何改造底层基础设施，为业务方打造云原生操作系统，提升计算服务体验，实现应用的自动化容灾响应和部署升级等？如何减少业务方对底层资源管理的心智负担，让业务方可以更专注于业务本身。

凡此种种，都是大规模集群调度系统的业务场景下必须解决的难题。

## 运营大规模集群的挑战

在真实的生产环境，运营管理大规模集群普遍面临四个挑战。

**挑战一：** 如何快速响应并解决用户多样化需求。

业务的调度需求和场景是丰富且动态多变的。像集群调度系统这样的平台型服务，一方面需要能够快速交付功能，及时满足业务需求；另一方面，还需要把平台打造得足够通用，将业务个性化需求抽象为可落地到平台的通用能力，并长期迭代。这非常考验平台服务团队的技术演进规划，一不小心团队就会陷入无休止的业务功能开发中，虽然这满足了业务需求，但也会造成团队工作低水平重复的现象。

### 挑战二：如何提高在线应用数据中心的资源利用率且同时保障应用服务质量。

资源调度一直是业界公认的难题，随着云计算市场快速发展，各云计算厂商不断加大对数据中心的投入。然而，数据中心的资源使用率却非常低，加剧了问题的严重性。Gartner调研发现，全球数据中心服务器CPU的利用率平均只有6%~12%，即使是亚马逊弹性计算云平台（EC2，Elastic Compute Cloud）也只有7%~17%，可见资源浪费有多严重。究其原因，是因为在线应用对于资源利用率非常敏感，业界不得不预留额外资源以保障重要应用的服务质量（QoS，Quality of Service）。集群调度系统需要在多应用混合运行时消除应用间干扰，实现不同应用之间的资源隔离。

### 挑战三：如何为应用，特别是有状态应用提供实例异常自动处理，屏蔽机房差异，降低用户对底层的感知。

随着服务应用规模的持续扩大，以及云计算市场的日趋成熟，分布式应用往往会配置在不同地域的数据中心，甚至是跨越不同的云环境，实现多云或混合云部署。而集群调度系统需要为业务方提供统一的基础设施，实现混合多云架构，屏蔽底层的异构环境。同时降低应用运维管理的复杂性，提升应用的自动化程度，为业务提供更好的运维体验。

### 挑战四：如何解决单集群过大或集群数量过多带来的与集群管理相关的性能风险和稳定性风险。

集群本身的生命周期管理复杂度会伴随集群规模和数量的增多而增大。以美团为例，其所采取的两地多中心多集群方案，虽然在一定程度上规避了集群规模过大的隐患，解决了业务隔离性、地域延迟等问题。但随着边缘集群场景和数据库等PaaS组件上云需求的出现，可以预见小集群数量将会有明显上涨趋势。随之带来的是集群管理复杂度、监控配置成本、运维成本的明显增加，这时集群调度系统需要提供更有效的操作规范，并保证操作安全、报警自愈和变更效率。

## 设计集群调度系统时的取舍

为了解决上述挑战，一个好的集群调度器将发挥关键作用，但在设计集群调度系统时，我们不可避免地需要根据实际场景在三个矛盾中作出取舍。

- 集群调度系统的系统吞吐量和调度质量。单次调度质量越高则需要考虑的计算约束条件越多，且调度性能越差，系统吞吐量越低；调度并发度越高，调度冲突概率越高或可调度范围越小。

- 集群调度系统的架构复杂度和可扩展性。系统在代码定制和配置方面越开放，系统的复杂度越高。想实现的功能越多，如应用资源抢占和资源回收，则各个子系统越容易冲突。

- 集群调度系统的可靠性和单集群规模。单集群规模越大，对集群的可靠性挑战越大，爆炸半径越大，出现故障的影响也越大。

目前，业内的集群调度系统按照架构区分，可以分为单体式调度器、两级调度器、共享状态调度器、分布式调度器和混合调度器这五种不同架构（见图1），都是根据各自的场景需求作了不同的选择，没有绝对的好与坏。

- 单体式调度器使用复杂的调度算法结合集群的全局信息，计算出高质量的放置点，但延迟较高。具有代表性的系统是谷歌的Borg系统、开源的Kubernetes系统。

- 两级调度器通过将资源调度和作业调度分离，解决单体式调度器的局限性问题。两级调度器允许根据特定的应用做不同的作业调度逻辑，且同时保持了不同作业之间共享集群资源的特性，但无法实现高优先级应用

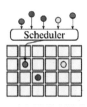

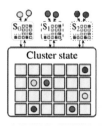
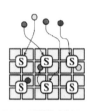
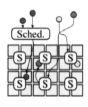

**(a) Monolithic scheduler.**　　**(b) Two-level scheduling.**　　**(c) Shared-state scheduling.**　　**(d) Distributed scheduling.**　　**(e) Hybrid scheduling.**

图1 集群调度系统架构分类（摘自*Malte Schwarzkopf – The evolution of cluster scheduler architectures*）

的抢占。具有代表性的系统是Apache Mesos和Hadoop Yarn。

■ 共享状态调度器通过半分布式的方式来解决两级调度器的局限性问题，共享状态下的每个调度器都拥有一份集群状态的副本，且调度器独立对集群状态副本进行更新。一旦本地的状态副本发生变化，整个集群的状态信息就会被更新，但持续争抢资源会导致调度器性能下降。具有代表性的系统是Google的Omega和微软的Apollo。

■ 分布式调度器使用较为简单的调度算法以实现针对大规模的高吞吐、低延迟并行任务放置，但由于调度算法较为简单并缺乏全局的资源使用视角，很难达到高质量的任务放置效果。具有代表性的系统是加州大学的Sparrow。

■ 混合调度器将工作负载分散到集中式和分布式组件上，对长时间运行的任务使用复杂算法，对短时间运行的任务则使用分布式布局。微软Mercury就采取了这种方案。

所以，对一个调度系统好坏的评价，主要取决于实际的调度场景。以业内使用最广泛的Yarn和Kubernetes为例，虽然两个系统都是通用资源调度器，但实际上Yarn专注于离线批处理短任务，Kubernetes专注于在线长时间运行的服务。除了架构设计和功能的不同（Kubernetes是单体式调度器，Yarn是两级调度器），两者的设计理念和视角也不同：Yarn更专注任务，关注资源复用，避免远程数据多次复制，目标是以更低成本、更高速度执行任务；Kubernetes更专注服务状态，关注错峰、服务画像、资源隔离，目标是保障服务质量。

## 美团集群调度系统演变之路

美团在落地容器化的过程中，根据业务场景需求，集群调度系统核心引擎由OpenStack转变为Kubernetes，并在2019年底完成了在线业务容器化覆盖率超过98%的既定目标。然而，美团的集群调度系统依然面临资源利用率低、运维成本高等问题。

■ 集群整体的资源利用率不高。例如，CPU资源平均利用率还处于业内平均水平，相较于其他一线互联网公司差距较大。

■ 有状态服务的容器化率程度不够，特别是MySQL、Elasticsearch等产品没有使用容器，业务运维成本和资源成本存在较大的优化空间。从业务需求考虑，VM产品会长期存在，但VM调度和容器调度是两套环境，导致团队虚拟化产品运维成本较高。

因此，我们决定开始对集群调度系统进行云原生改造，打造一个具有多集群管理能力和自动化运维能力、支持调度策略推荐和自助配置、提供云原生底层扩展能力，并在保障应用服务质量的前提下提升资源使用率的大规模、高可用调度系统。核心工作是围绕保稳定、降成本、提效率三大方向来构建集群调度系统。

■ 保稳定。具体措施是提升调度系统的健壮性、可观测性；降低系统各模块之间的耦合，减少复杂度；提升多集群管理平台的自动化运维能力；优化系统核心组件性能；确保大规模集群的可用性。

■ 降成本。具体措施是深度优化调度模型，打通集群调度和单机调度链路。从资源静态调度转向动态调度，引入离线业务容器，使自由竞争与强控结合，在保障高优业务应用服务质量的前提下，提升资源使用率，降低IT成本。

■ 提效率。具体措施是支持用户自助调整调度策略，满足业务个性化需求，积极拥抱云原生领域，为PaaS组件提供编排、调度、跨集群、高可用等核心能力，提升运维效率。

最终，美团集群调度系统架构按照领域划分为三层（见图2）：调度平台层、调度策略层、调度引擎层。调度平台层负责业务接入，打通美团基础设施，封装原生接口和逻辑，提供容器管理接口（扩容、更新、重启、缩容）等功能；调度策略层提供多集群统一调度能力，持续优化调度算法和策略，结合业务的服务等级和敏感资源等信息，通过服务分级提升CPU使用率和分配率；调度引擎层提供Kubernetes服务，保障多个PaaS组件的云原生集群稳定性，并把通用能力下沉到编排引擎，降低业务云原生落地的接入成本。

通过精细化运营和打磨产品功能，我们一方面统一纳管了美团近百万的容器/虚拟机实例，另一方面将资源利用率从业内平均水平提升到了一流水平，同时还支撑了

PaaS组件的容器化和云原生落地。

## 多集群统一调度：提升数据中心资源利用率

评估、考核集群调度系统，资源利用率是最重要的指标之一。虽然我们在2019年完成了容器化，但容器化不是目的，只是手段。我们的目标是通过从VM技术栈切换到容器技术栈，为用户带来更多收益，如全面降低用户的计算成本。

然而，提升资源利用率受限于集群的个别热点宿主。一旦扩容，业务容器就有可能扩容到热点宿主，业务的性能指标如TP95耗时会出现波动，以至于我们只能像业界其他公司一样，通过增加资源冗余来保障服务质量。究其原因，是Kubernetes调度引擎的分配方式仅简单考虑了Request/Limit Quota（Kubernetes为容器设定了请求值request和约束值limit，作为用户申请容器的资源配额），属于静态资源分配。导致不同宿主机虽然分配了同样多的资源，却因宿主机的服务差异性使得宿主机的资源利用率也存在较大差异。

在学术界和工业界中，常用两种方法解决资源使用效率

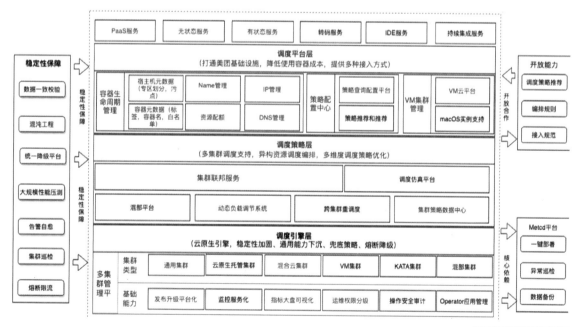

图2 美团集群调度系统架构图

和应用服务质量之间的矛盾：第一种方法是通过高效的任务调度器在全局范围内解决，第二种方法是通过单机资源管理手段来加强应用之间的资源隔离。但无论是哪一种方法，都意味着我们需要全面掌握集群状态，所以我们做了三件事。

■ 系统地建立了集群状态、宿主状态、服务状态的关联，并结合调度仿真平台，综合考虑了峰值利用率和平均利用率，实现了基于宿主历史负载和业务实时负载的预测和调度。

■ 通过自研的动态负载调节系统和跨集群调度系统，实现了集群调度和单机调度链路的联动，根据业务分级实现了不同资源池的服务质量保障策略。

■ 经过三版迭代，实现了自有集群联邦服务，较好地解决了资源预占和状态数据同步问题，提升了集群间的调度并发度，实现了计算分离、集群映射、负载均衡和跨集群编排控制（见图3）。

集群联邦服务第三版本架构（见图3）按照模块拆分为Proxy层和Worker层，独立部署。Proxy层会综合集群状态的因子及权重选择合适的集群进行调度，并选择合适的worker分发请求。Proxy模块使用etcd做服务注册、选主和发现，Leader节点负责调度时预占任务，所有节点都能负责查询任务。Worker层处理一部分cluster的查询请求，当某集群任务阻塞时，可以快速扩容一台对应的worker实例缓解问题。当单集群规模较大时会对应多个worker实例，Proxy将调度请求分发给多个worker实例处理，提升调度并发度，并减少每一个worker的负载。

通过多集群统一调度，最终我们实现了从静态资源调度模型转向动态资源调度模型，从而降低了热点宿主比例，减少了资源碎片比例，保障了高优业务应用的服

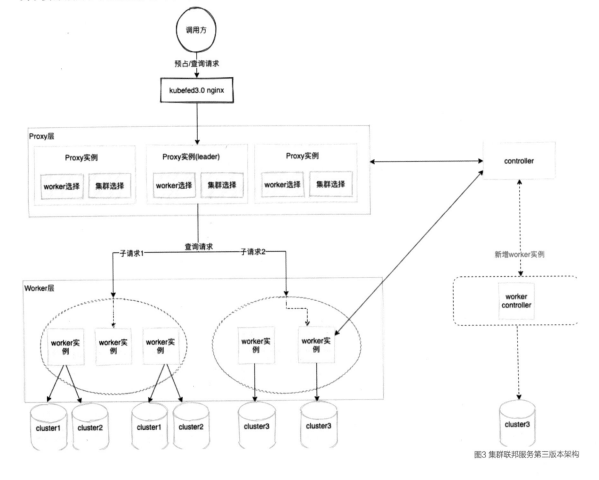

图3 集群联邦服务第三版本架构

务质量，将在线业务集群的服务器CPU利用率均值提升了10%[集群资源利用率均值计算方式: Sum(nodeA.cpu.当前使用核数 + nodeB.cpu.当前使用核数 + xxx) / Sum(nodeA.cpu.总核数 + nodeB.cpu.总核数 + xxx)，一分钟一个点，当天所有值取平均]。

## 调度引擎服务: 赋能PaaS服务云原生落地

集群调度系统除了解决资源调度的问题之外，还解决服务使用计算资源的问题。正如*Software Engineering at Google*一书中提到的，集群调度系统作为计算服务中关键组件之一，既要解决资源调度问题（从物理机拆解到CPU/Mem这样的资源维度）和资源竞争（解决"吵闹邻居"），还需要解决应用管理问题（实例自动化部署、环境监控、异常处理、保障服务实例数、确定业务需求资源量、不同服务种类等），而且某种程度上来说这个问题比资源调度更重要，因为这会直接影响业务的开发运维效率和服务容灾效果，互联网的人力成本比机器成本更高。

但复杂的有状态应用的容器化一直是业界难题，因为这些不同场景下的分布式系统通常维护了自己的状态机，当应用系统发生扩缩容或升级时，如何保证当前已有实例服务的可用性，以及如何保证它们之间的可连通性，是比无状态应用复杂许多的棘手问题。因此，虽然我们已经把无状态服务都容器化了，但我们还没有充分发挥出一个良好的集群调度系统的全部价值。要想管好计算资源，必须管理好服务的状态，做到资源和服务分离，提升服务韧性，而这也是Kubernetes引擎所擅长的。

基于美团优化定制的Kubernetes版本，我们打造了美团Kubernetes引擎服务MKE。

■ 加强集群运维能力，完善了集群的自动化运维能力建设，包括集群自愈、报警体系、Event日志分析等，持续提升集群的可观测性。

■ 树立重点业务标杆，与几个重要的PaaS组件深入合作，针对用户的痛点如sidecar升级管理、Operator灰度迭代、报警分离做快速优化，满足用户的诉求。

■ 持续改进产品体验，持续优化Kubernetes引擎，除了支持用户使用自定义Operator之外，也提供了通用的调度和编排框架（见图4），帮助用户以更低的成本接入MKE，获得技术红利。

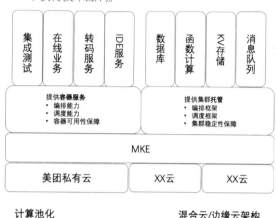

图4 美团Kubernetes引擎服务调度和编排框架

在我们推进云原生落地过程中，一个广泛被关注的问题是: 基于Kubernetes云原生方式来管理有状态应用，相比于之前自己打造管理平台有什么区别?

对于这个问题，需要从问题根源——可运维性考虑。基于Kubernetes意味着系统做到了闭环，不用担心两套系统经常出现的数据不一致问题；异常响应可以做到毫秒级别，降低了系统的RTO (Recovery Time Objective, 即恢复时间目标，主要指所能容忍的业务停止服务的最长时间，也是从灾难发生到业务系统恢复服务功能所需的最短时间周期)。同时，系统运维复杂度也降低了，服务做到了自动化容灾。除了服务本身之外，服务依赖的配置和状态数据都可以一起恢复。相比于之前各个PaaS组件烟囱式的管理平台，通用能力可以下沉到引擎服务，减少开发维护成本，而通过依托于引擎服务，可以屏蔽底层异构环境，实现跨数据中心和多云环境的服务管理。

## 未来展望: 构建云原生操作系统

我们认为，云原生时代的集群管理，会从之前的管理硬件、资源等职能全面转变为以应用为中心的云原生操作系统。以此为目标，我们的集群调度系统还会从以下四方面发力。

■ 资源池化。将集群调度系统作为统一资源基础设施，打通在线应用和PaaS应用的资源池，实现物理机资源在各个集群间的流动。从而既保证了各个集群物理隔离，避免干扰，又可以实现物理资源共享，避免资源闲置。因此，需要制定合理的计费规范和自动回收接口规范，提升各个业务对资源流动方案的认可。

■ 应用声明式配置交付。随着业务规模和链路复杂度的增大，业务所依赖的PaaS组件和底层基础设施的运维复杂度早已超过普遍认知，对于刚接手项目的新人更是难上加难。所以我们需要支持业务通过声明式配置交付服务并实现自运维，给业务提供更好的运维体验，提升应用的可用性和可观测性，减少业务对底层资源管理的负担。

■ 边缘计算管理。随着美团业务场景的不断丰富，业务对边缘计算节点的需求增长比预期快很多，我们需要尽快为有需求的服务提供边缘计算节点管理能力，实现云边端协同。

■ 在/离线混部。在线业务集群的资源利用率提升是有上限的，根据Google在论文 *Borg: the Next Generation* 中披露的2019年数据中心集群数据，刨去离线任务，在线任务的资源利用率仅为30%左右，这也说明了再往上提升资源利用率的风险较大，投入产出比不高。因此，后续美团集群调度系统将持续探索在/离线混部。不过由于美团的离线机房相对独立，我们的实施路径会与业界的普遍方案有所不同，会先从在线服务和近实时任务的混部开始，完成底层能力的构建，再探索在线任务和离线任务的混部。

## 结语

美团集群调度系统在设计时，整体遵循合适原则，在满足业务基本需求的情况下，保证系统稳定后再逐步完善架构，提升性能和丰富功能。因此，我们在系统吞吐量和调度质量中选择优先满足业务对系统的吞吐量需求，不过度追求单次调度质量，而是通过重调度调整完善架构；在架构复杂度和可扩展性中选择降低系统各模块之间的耦合，减少系统复杂度，扩展功能必须可降级；在可靠性和单集群规模中选择通过多集群统一调度来控制单集群规模，保障系统可靠性，减少爆炸半径。

**谭霖**
美团集群调度系统负责人，拥有近十年的集群调度系统设计开发经验。曾任OpenStack社区Core Member，参与撰写《OpenStack设计与实现》一书。曾在滴滴作为容器平台弹性云的技术负责人完成容器平台从0到1的落地，并拿到CNCF的End User Reward。

# 火山引擎张鑫："原生云"时代的四个改变

文 | 张鑫

自2018年Kubernetes（以下简称"K8s"）正式从云原生计算基金会（简称CNCF）毕业，以容器为代表的云原生技术便成为众多企业的共同选择，技术架构向云原生演进也已成为大势所趋。本文作者将分析业内对云原生的常见误区以及实际落地中的挑战，进而跳出常规的技术工具视角，从业务增长的角度定义"原生云"这一概念，并以此预判未来云原生的技术创新。

在云原生迅猛发展的时代，曾经"软件吞噬世界"的说法已更新，现在软件的最新形态通常基于开源，开源软件往往运行在云上，而云目前又是通过一整套云原生体系在管理，从而我们得出了一个有些骇人听闻的结论：云原生正在吞噬整个世界（见图1）。

图1 云原生吞噬世界

不过这一说法太过抽象宽泛，我们可将其更具体地解读为：云原生时代下，软件和业务都在被重新定义。在这之中，云原生在帮助企业实现业务增长方面起到了不容忽视的推动作用。

## 常见的云原生"误区"

以2020年春晚抢红包为例，从字节跳动统计的数据来看，当晚全国共有703亿次的红包互动，这庞大业务量的背后，云原生功不可没：利用融合线路与边缘计算，

解决接入带宽资源问题；通过云原生基础设施提供资源统一调度系统，快速响应资源诉求；由云原生服务框架与Service Mesh技术实现端到端服务治理等。总而言之，在帮助团队高效协同、加速业务上线速度、承载超大规模流量等背后都有云原生技术的沉淀（见图2）。

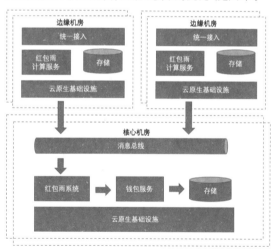

图2 "春晚抢红包"背后的技术架构

从这个案例中可以看到，云原生早已不是狭义上只等于容器和K8s的技术了。如今的云原生，概念更加广泛，它不仅可以渗入基础设施层面，还能支持服务治理（包括

解决容量规划、流量治理等问题）。但实际上，目前行业中仍有部分人对云原生还存在一些误区：

■ Cloud Hosting＝Cloud Native?

很多人将Cloud Hosting等同于Cloud Native，浅显地认为只要开了一个云账号、用云了就是云原生，还有人认为只要把应用搬到云上就是云原生。然而，很多情况下这些应用架构本身的生产方式并没有发生改变，仍然是过去传统的应用架构，只是生搬硬套到了云上，并没有真正发挥云原生的价值。

那么究竟什么才是云原生？我有一个非常简单的区分方法：看它所定义的这个主语是谁。云原生的主语不应该是平台或者工具，即不是用容器和K8s搭建一个平台就是云原生，最关键的主语应该是业务和应用，要看是否充分把底层技术业务的能力向上传递至业务和应用侧。

■ 云原生是IaaS还是PaaS?

传统的IaaS和PaaS在灵活性和管理性上总有一个不可调和的矛盾：IaaS产品可以提供极高的灵活性但管理难度很大，PaaS产品管理难度很小但灵活性较差。在这种局面下，云原生应运而生，它既不是IaaS也不是PaaS，却将两者做了很好的连接与融合，不仅自带了非常多的管理功能，还提供了丰富且底层的接口，使其具备极强的可扩展能力。

## 实际落地中的"水土不服"

在厘清云原生的概念后，下一步自然是落地。理论上来说这个过程很清晰，即DCMC：DevOps、Container（容器）、Microservices（微服务）和CI/CD（持续集成、持续交付）。但在实际落地过程中，我们发现会有很多"水土不服"的问题。

首先，目前云原生领域存在太多技术和工具，它们来自不同的开发者、不同的公司，甚至在不同技术的更新换代中还存在许多兼容性问题。这导致最终企业落地时，单用一个容器已不能解决问题，过程中还需要考虑如何

把多种技术甚至来自不同年代的技术体系进行融合，否则就会变成"俄罗斯套娃"，既不能体现出新技术和新便利，又增加了技术复杂度。其次，虽然K8s很强大，但目前很多企业并没有充分解锁它的能力。

这些现象主要源于云原生目前还未解决的四大挑战。

■ 环境和运维复杂。环境配置以及K8s运维对企业而言相对复杂。

■ 配置和参数复杂。配置和参数非常多，包括监控报警的阈值、用多少副本等。

■ 应用形态多样。起初企业可能有能力很好地支持无状态应用，但随之而来的还有状态应用、AI类应用甚至边缘应用。

■ 仍属于相对底层技术语言。K8s尚未完全面向应用，因此当要构建一个整体业务系统时，还要做很多相对底层的配置。

## "原生云"的精准定义

这些难点的存在，可能是在提醒我们需要作出一些尝试与改变。对此，我认为可以从技术视角转变为应用/业务视角，将不同的工具进行有机统一，打造一个更加面向应用增长的平台。为了方便与"云原生"进行区分，我们可将这个平台称为"原生云"。

不管是云原生还是原生云，要对"原生"一词理解透彻。原生主要体现在以下三个方面。

### 第一，原生面向"现代化"应用。

随着应用架构的不断变化，如今现代化应用具备三个新特点：移动化（随处可取，体验极致）、模块化（弹性的微服务架构，由容器和无服务器功能的协调发布组成）和敏态化（小步快跑，快速迭代和试错）。

### 第二，原生面向现代化"端-边-云"架构形态。

早期的应用普遍都跑在大型机、小型机、PC上，然后再上云。现在的最新趋势是应用"下云"，它们开始跑在

边缘侧和端侧。同样以春晚抢红包为例，如果超大规模的流量全在数据中心内处理，其压力会很大，所以当时很多任务都在边缘结点上运行；一些短视频App中的AI视觉特效也是在端侧完成的。因此，如今再谈微服务架构时，仅想云上的微服务架构显然不够，更多地要思考这个架构能否扩展到边缘、扩展到端。

### 第三，原生面向多云化基础设施形态。

现在越来越多的企业开始拥抱多云，所以云厂商在构建相关系统或平台时，最初就应当具备支持多云的能力。业内近来也有一个新态势，即多云本身正在从纯粹的资源多云或管理层多云转变为应用层的多云。一个应用可能需要在不同云之间"弹来弹去"，或者要在不同的云上发布，也可能要根据用户的地理分布、应用性能延迟等要求，按需在不同的云上进行服务。

基于以上三点，我们可以得出原生云的定义：原生是指面向现代化应用、现代化架构和多云基础设施的一个体系或平台。在原生云落地过程中，要做到四个"改变"。

- 主语要发生改变：从平台变成应用/业务。

- 管理的对象要发生改变：从管理容器、编排容器，变为管理上层应用。

- 要从自动化变成自制化：自动化如同K8s，在设置好规则后所有任务便会自动执行，这很便捷，但问题在于配置那一步过于烦琐；自制化则是将这一过程变得更为动态，可以自适应地找到当前系统的最优值。

- 从技术到最佳实践：目前很多技术都是标准化的，但是面对不同的应用场景，我们需要正确的打开方式和最佳实践。

## 最佳实践背后的秘密

理论概述总归有些抽象，落地实践才能见真章。在字节跳动最佳实践中，我总结了一些构建新一代原生云平台的"干货"。整个原生云平台的构建过程可分为三大部分："云原生Kernel"、"开发态"和"运行态"。

**云原生Kernel——极致高效的基础设施。关键词有：全栈云原生、存储计算分离、性能极致、弹性裸金属。**

如上文所说，很多人对云原生的理解较为狭隘，只是将它等同于容器和K8s或等同于PaaS，但云原生远远不止如此，它还涉及底层设施、硬件，甚至涉及流程和安全，因此第一步最好从上到下地实现全栈云原生。

在此基础上，需要在云原生的基础实施层做一些工作，例如，首先修改或优化K8s以实现海量服务支持，包括如何做海量配置管理、网络测试管理，怎样用更好、更安全的容器运行时等。其次，要解决大规模和多形态的应用。除了集群规模大以外，还有很多场景运行在边缘侧，而边缘侧很多情况下都是弱网环境，业务形态也有很多是基于GPU的AI类场景，这些都需要优化。同时，当业务体量达到一定规模后，成本和效率之间的矛盾也开始显现，此时可借助在线业务和离线业务的混合部署平衡二者之间的关系，提高全局资源利用率。具体落地离线/在线业务的大规模混合部署时，主要按照以下六个步骤：

第一步，健全的监控指标获取机制。一般情况下，业内监控容器层面用cAdvisor，监控机器层面用atop，但这些工具有一定局限性。例如，cAdvisor的数据源很多都来自cgroups，atop读取系统中Slash等数据，它们对disk IO、网络带宽的指标监控性都较差。因此，可以利用eBPF（Extended Berkeley Packet Filter，扩展的伯克利数据包过滤器）实现内核的动态追踪，获取更加全面的监控指标，从而进行精准调控。

第二步，业务分级。离线/在线业务的混合部署中，在线业务的优先级比离线业务更高，但在线业务不可一概而论，其中还有很多需要细分的情况：它属于微服务类型吗？微服务中它是有状态应用还是无状态应用？有状态应用中它到底需不需要本地的持久化存储？如果需要，是本地挂硬盘管理还是用临时文件去管理？只有把这些应用特性详细区分，才能针对业务类型有的放矢。

第三步，对应用进行性能评估。先通过压测工具对每个应用进行摸底，了解各自的性能极限，再通过仿真测试验证系统中各个应用的性能情况。最后，通过混沌工程注入故障，查看每个应用的韧性和容错程度。

具备以上三个基础后，才可以进行最后三步：资源管理、合理期望设定，以及构建一个调度框架。

在通过离线/在线业务混合部署提升资源利用率后，下一步就是针对不同的业务形态进行调度。除了能对CPU做调整外，GPU也有很多值得优化的点，如任务的亲和性、利用RDMA（Remote Direct Memory Access，远程直接数据存取）做性能调优、优先级动态调整和支持调度插队等。除此之外，全栈云原生还可以下沉至硬件层，利用弹性裸金属实现计算和存储分离。

**开发态——多体验敏捷构建。关键词有：移动化、多体验、aPaaS低代码。**

当前企业在利用工具构建平台时，一定要面向现代化的应用，其特点就是走向移动化和多体验化。为应对这一趋势，字节跳动内部梳理了一个面向移动化和多体验的开发范式（见图3）。

可以看出，相较于传统开发流程，这10个阶段将整个开发过程拆分得非常细。只有将开发过程拆得非常细，才方便之后逐个击破、精细优化。今日头条极速版的插件化改造，很大程度上就受益于这一开发思路。

谷歌曾在2016年做过一个调研，调研结果显示：应用安装包每增加6MB，用户新增率会下降1%，当安装包体积达到100MB时，用户的新增量和下载量就会呈现

断崖式下跌，而标准版今日头条App的安装包竟高达120MB。为了缩减安装包大小，我们通过以上开发流程，利用插件化方法，将整个App拆分成40个不同的插件，并对此进行分类：

- 核心功能插件。这类插件不能删减，依旧随着安装包被用户下载。

- 增强功能插件。例如，自研网络库、自研播放器等可采用静默加载的方式，即不随安装包下载，待应用启动后再加载。

- 低频功能插件。例如，投屏等这类不常用功能，可采取使用时按需加载的方式。

开发流程具备后，多体验、多端的应用开发对程序员来说同样是个不小的挑战，此时可以考虑运用低代码或者aPaaS来减少写代码的量，甚至可以让业务人员也借此快速构造出一些应用。

**运行态——架构与治理。关键词有：海量微服务、服务治理、应用体验。**

开发者应该都有这样的体会：应用的交付并不是结束，而是"运行"这场持久战的开始。为了确保业务系统的稳定运行，完整的架构和治理必不可少，微服务的热度也因此爆发。

在越来越多的企业从传统单体架构转向微服务时，不仅要关注其灵活、可扩展的优点，还要关注微服务带来的挑战：管理复杂度增加、更加碎片化的语言、不同服务之间如何通信、怎样确保安全等。为解决这类难题，我们从技术组件、治理平台和可观测性平台三个方面，总

图3 面向移动化和多体验的开发范式

结了一套端对端微服务的落地方案（见图4）。

| 技术组件 | Golang | 服务网格 | API网关 | |
| --- | --- | --- | --- | --- |
| 治理平台 | 容量治理平台 | 流量治理平台 | 多环境治理平台 | |
| 可观测性平台 | 监控指标 | 链路监控 | 日志 | 智能告警 |

图4 端对端微服务的落地方案

用微服务架构时，不可避免地会用到服务协议。仍以字节跳动为例：对外服务均采用HTTP，内部服务则基于RPC协议，为此字节跳动对底层技术组件优化、沉淀出了一套开源方案"Kitex"，这是一个基于Golang的微服务RPC框架，具有高性能、支持多协议等特点。在服务网格方面，目前业内普遍用的是Istio，它可以掌控流量数据层并制定相关的路由策略、流量控制策略等，总体而言表现优秀。但根据业务需要，我们仍可以针对特定场景从网络内核、基础库、组件架构和编译环节实现进一步的性能优化，此外还可以基于共享内存的IPC多做一些尝试。

最后，云原生时代下应用复杂度呈指数级上升，企业对系统的可观测能力也提出了更高的要求。"可观测"不同于简单的"监控"，它可以做到技术栈的全链路覆盖，即全栈覆盖。例如，从了解应用层的函数调用是否有问题，到了解中间件层的数据库是否有问题，再到了解网络基础设施是否有问题，对技术栈进行全方位观测。但相对地，可观测性平台的难点也正在于这些维度的关联，在此我分享一下字节跳动内部的解决方案以供参考：首先利用Tracing把业务层和应用层的指标相关联，然后通过K8s中的元数据将应用层和容器层的指标进行关联，再通过CMDB的元数据把底层机器、网络、物理层和容器全部关联起来。当这一整套指标都关联以后，可观测性平台实现的就不仅是观测和存储，还可以实现性能优化、架构数据等更深度的工作。

张鑫

火山引擎副总经理，原才云科技CEO（连续入选杭州准独角兽企业），曾是美国谷歌资深软件工程师，最早参与了谷歌公有云的产品设计与研发，6次获得谷歌副总裁和总监颁发的即时奖励。曾获"海归科技创业者100人""清华大学优秀毕业生"等称号，并入选清华五道口金融学院学员。

扫码观看视频
听张鑫分享精彩观点

# 大规模服务治理的云原生实践

文｜曹福祥

**云原生概念诞生至今，仅数年便引领技术潮流，成为众多企业认可、追随的未来发展方向。或许，云原生是一个思想武器。而实践云原生需要的是理念正确，而非盲目跟随、简单套用已有方案。本文作者从大规模服务治理的视角分享其在云原生方向的探索和技术实践，以及由实践总结而来的经验与思考。**

大约15年前，云计算（Cloud Computing）的概念开始兴起，从最初的备受质疑，到SaaS、PaaS、IaaS等云计算产品遍地开花，现如今云计算技术已经建立起成熟的生态和市场环境，成为现代软件行业不可或缺的基础设施。2013年，Matt Stine首次提出了云原生（Cloud Native）的定义，描述了基于云而不是传统数据中心设计部署的应用程序，并在之后逐步将其扩展为应用架构的一系列方法和理念。2015年，云原生计算基金会（CNCF）成立，对云原生的内涵和外延做了进一步扩展，并推动和培育了云原生生态的进一步发展。

虽然行业内关于云原生的定义和理解仍然比较模糊并存在分歧，但普遍比较认可其发展方向和未来价值。云原生难于理解，是因为它面向的技术问题本身是高度复杂的。云原生尝试将广泛而复杂的软件架构问题进行抽象和总结，并加以符号化和标志化，起到了指引和团结的作用。这也是我认为各大厂商和团体愿意汇聚到云原生大旗下的最重要的原因之一，云原生首先是一个思想武器。

快手一直是云原生技术的积极参与者，在本文，我将以服务治理的视角分享快手在云原生方向的探索和实践，以及我在这些实践中得出的个人经验与思考。

## 云原生的核心问题

2017年，我加入快手，从事服务治理能力的建设和落地

工作。在此之前，快手使用的算是一种单体与微服务混合的架构方式。早期基于ZooKeeper做服务发现和一些动态配置变更，不同部门、不同语言开发的服务各自管理，不能互通，协议也不一样。2017年，我们自研了统一的服务治理平台和框架KESS，使用gRPC作为公司统一的RPC通信协议，同时支持Java、C++两大主流开发语言，开始逐步收敛公司各业务线的服务治理技术栈。到2021年，KESS技术栈的功能被不断完善和加强，可支持Java、C++、Node.js、Python、Go等多种语言栈，提供了动态配置、服务发现、流量治理、故障注入、流量录制、全链路压测等丰富的服务治理能力，支撑了公司后台百万级实例的互调互通和日均十万亿级的调用。

在做服务治理工作的这些年，我认为最主要的挑战有两个：一是不断增长的服务规模对系统伸缩性和性能的挑战；二是业务开发者各种各样的功能需求对平台和组件功能以及易用性的挑战。

应对挑战最好的办法，就是了解它们背后的驱动因素，从根源出发寻找解决思路。简单溯源可以发现，这些挑战实际上体现了业务对于快速扩张的诉求。为此，服务架构需要解决三大痛点。

■ 高可用问题。稳定压倒一切，服务不可用，会严重影响用户体验。

■ 迭代效率问题。能否快速完成功能的迭代、快速部

署上线、快速发现和修复问题，足以影响产品的生死。

■ 硬件成本问题。新产品早期都是快、糙、猛、抢占先机，等产品取得一定成功，用户规模一上来，只靠猛堆机器，早晚会跟不上流量的增长，更不用说卡顿延迟带来的用户体验上的损害。

在一定程度上可以认为，这三大痛点正是互联网服务架构从单体架构变迁到SOA，再到微服务架构的核心动力（见图1），也恰恰是企业实践云原生技术要解决的问题。

## 实践云原生：理念比方案重要

根据CNCF对于云原生的定义：Cloud native technologies empower organizations to build and run scalable applications in modern, dynamic environments such as public, private, and hybrid clouds. Containers, service meshes, microservices, immutable infrastructure, and declarative APIs exemplify this approach.（云原生技术赋能各组织在公有云、私有云和混合云等新型动态环境中，构建和运行可伸缩的应用。云原生的代表技术包括容器、服务网格、微服务、不可变基础设施和声明式API），作为一种现代软件架构，云原生技术有两大关键点，分别是云计算技术和应用可伸缩。为什么这两点非常重要？

首先，在云计算技术深入人心且市场成熟的今天，云计算基础设施提供了按需（存储和算力）调配资源的能力，并且调配过程可以是自动的。基于云计算基础设施，更容易实现业务架构的可伸缩性，同时降低了业务从（早期的）公有云提供商迁移到其他提供商或私有云的采购和技术成本。其次，通过应用服务的弹性伸缩可以抵御突发流量或局部故障，保障可用性；也可以按模块伸缩，基于资源池"削峰填谷"，提升资源利用率，降低成本。另外，可以通过模块间解耦和自动化运维能力提升开发运营效率，等等。

云原生看起来如此美好，甚至不少人将它看作一颗银弹，容器化、微服务、服务网格（Service Mesh）、IaC（infrastructure as Code）等技术受到热烈追捧，由知名厂商牵头的社区方案得到行业各个公司的极大关注，影响了很多技术团队的方案选型，最终留下了或好或坏的不同结果。关于云原生，至今我已接触了四年。我的感触是：理念比方案更重要。先学习理念，再借鉴社区项目和方案，千万不要觉得某个方案能解决对应领域的所有问题。特别是对于一个已经具备一定服务规模的技术团队来说，社区方案是值得学习借鉴的对象，却未必能简单套用。

## 案例一：NPC框架和数据面

举个例子，gRPC是CNCF旗下知名的开源项目。我们很早就开始使用gRPC，论使用规模，可能是gRPC在全球范围内最大的用户之一。gRPC的跨语言能力帮助我们在2017年完成了公司RPC协议和框架的统一，并使用至今。但gRPC也暴露出一些问题，逐渐显得不太适应我们公司后续的发展。提两个典型的问题。

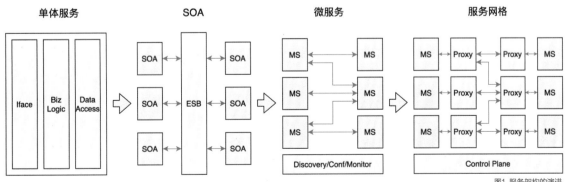

图1 服务架构的演进

第一个问题，gRPC基于HTTP2协议，该协议有很强的扩展能力，支持多路复用和流控，覆盖后端、移动端、Web端等多种业务场景。我们早期遇到的问题是，基于TCPCopy的流量回放测试机制失效了，因为TCPCopy是传输层工具，不理解应用层的流控协议，导致接收回放流量服务的流控窗口不能准确更新，最终无法发出数据包。事实上，在IDC内网和专线网络环境下的RPC调用场景，流控机制的作用并不大。即使出现因网络或端点故障导致的消费能力下降情形，流控带来的背压（Back Pressure）能力也可能导致问题的蔓延，对问题定位也会造成干扰。业内更通行的实践是快速失败（Fail-Fast），从而有损降级，而不是让整个请求链路完全失效。

第二个问题，gRPC C++在某些极端工况下会超时失效。该问题最早在2018年发现于1.1x版本。社区早期曾经提供了一个patch，不幸的是该patch导致了其他问题而被revert，替代的方案是使用KeepAlive并设置TCP_USER_TIMEOUT，以降低问题发生的概率。而受限于gRPC的底层设计，该问题直到较新的1.3x/1.4x版本上仍未完全修复，即使我们还在持续向社区提issue。客观来说，该问题在社区确实不太普遍，可能只有到我们这种量级的使用场景才会出现，而且通常这种规模的技术团队往往有较强的攻关能力，可以进行二次开发乃至回馈社区。

然而，以我的个人经验，gRPC并不是一个适合较大规模技术团队进行二次开发的项目，虽然gRPC确实被设计成了面向二次开发的RPC框架。为什么会有这样的分歧呢？gRPC暴露了很多RPC框架的中间层接口，如事件循环机制，甚至提供了一套面向RPC的Proactor风格（类似于Boost.Asio）的接口。我们几乎可以把它看作RPC层的Boost.Asio，或者说它的自我定位，就是隐藏RPC底层IO机制的复杂性，方便开发者基于它开发上层的RPC框架，正如Boost.Asio隐藏了传输层IO机制的复杂性一样。

这恰好与较大规模（或发展中）技术团队的需求相反。原因在于RPC框架本身具备很高的业务复杂性。在产品早期的技术选型时，我们关注开箱即用以及未来的可扩展性。所谓可扩展性，通常体现在：未来能在协议和应用层接口保持不变的情况下，通过底层引擎的改进或替换实现性能和功能的提升而不引入太多的业务改造成本。比如国内有一些企业使用基于Thrift或ProtoBuf service的RPC框架。它们的应用层接口简单清晰，开箱即用，当发展到一定规模后又可以通过替换底层引擎突破原生实现的瓶颈。

与之相反，gRPC提供的接口在开箱即用方面并不算太好，特别是其异步接口具有较高的理解使用成本。为此，我们设计实现了自己的应用层接口和代码生成器。在业务规模扩大后，gRPC本身的性能和稳定性不占优势，所以我们开发了自己的底层RPC引擎——kRPC，支持gRPC协议和自有协议。在同样的工况下，根据不同的协议，kRPC的性能可达到gRPC性能的50倍到数百倍。如此，无论是早期还是中后期，gRPC在我们的使用场景中都不太有优势，目前留给我们的只有协议了。而该协议也存在一些问题，如上文提到的流控，应该在协议层支持关闭。

如果说gRPC还是CNCF孵化级项目，那我再举个例子——Envoy。Envoy已经从CNCF毕业，成熟度较高，是一个通用的高性能代理，支持多种协议，以开箱即用和方便二次开发著称。我认为，在一些没有历史包袱的小团队中，Envoy完全可以取代过去各种细分场景中的多种Proxy，收敛运维和二次开发成本。在较大规模的团队中，它仍然可以有自己的一席之地，比如服务网格中的数据面，有些企业基于Envoy搭建了非常大规模的服务网格集群。但在我们的服务网格实践中，Envoy还是暴露了一些问题：一是xDS协议的支持不够完善，以至于不能很好地支持我们现有的服务治理能力；二是其IO线程模型具有自己的特点和约束，二次开发的门槛较高。其实，Envoy更像是依据特定业务场景统一抽象而来的Proxy底座，对简单的业务场景可以手到擒来，一旦到差异性较大的其他复杂场景中，就未必是最佳方案了。

## 案例二：服务网格解决方案

上文提到的服务网格实践也给我留下了非常深刻的印象。在实践过程中，我们屡次面对关于云原生理念的思考和选择。

在2018年我们开始基于服务网格领域影响最大的开源项目Istio探索服务网格之路。经过两年的尝试和摸索，演化出了自己的一套方案。我认为Istio中最值得借鉴之处是xDS协议，几乎可以认为是业内所受认可较高的数据面接口协议。一旦实现了该协议，不论你的控制面是什么，数据面是什么，都能以相对较小的代价得到一个能用甚至好用的方案组合。

一个比较有争议的点在于数据面与应用的交互方式。Istio推动了基于传输层协议的透明的流量转发方式。这种方式比较适用于规模较小的团队，因为对应用层协议无侵入，就可以基于现有的各类开源软件快速搭建业务。但对于较大规模的技术团队来说，基于传输层的方案不利于应用层的额外信息传输，让能力扩展变得困难，同时也带来了一些额外的性能开销。以Dapr为代表的多运行时（Mecha）网格路线则提出了另一种解法，将数据面定义为分布式基础能力的抽象层，数据面变成了提供不同能力的单机运行时，隔离了背后复杂的分布式架构。运行时与应用之间通过统一的应用层协议通信。

Mecha的方案对我触动很大，不光是因为其做法恰好解决了上述问题，更是因为他们的思路非常匹配中大规模技术团队的实践经验，更能触及我们多年服务治理工作中的真实痛点。数年前，我在另一家国内知名互联网公司工作时跟同事聊过一个想法。我们当时负责消息系统的架构工作，该系统主要由C++实现的接入层和Java实现的业务逻辑层组成。使用两种语言实现是为了互相取长补短。

- C++内存管理更灵活且没有GC卡顿的问题，适合处理海量连接、高并发的场景。开发者承担的内存管理负担高，影响开发效率，所以把这一层尽量做薄，只负责变化不太大的用户协议层逻辑。

- 与C++互补，Java层主要负责变更相对频繁的业务上层逻辑。

非常朴实无华的方案，就好比在服务网格中把微服务实例划分为底层的数据面和业务逻辑层。然而，问题并没有解决：

- 随着业务发展，Java层与C++层之间的通信协议以及规模变大后引入的服务发现和治理逻辑变得越来越复杂，而这套底层逻辑还需要用Java和C++语言分别实现和维护，成本较高。

- 为了支持各类新的上层能力，接入层仍会持续地进行迭代，其中的逻辑也越来越复杂，维护成本和上手难度越来越高，毕竟C++工程师的招聘和培养成本本身就不低。

于是就有了一个想法，把业务逻辑和底层通信逻辑分开，底层逻辑用C++实现，实现一个应用框架，使用JNI等技术暴露一些底层接口，支持嵌入Java的业务逻辑代码。就像端游行业经常使用C++做游戏框架、嵌入Lua脚本来实现玩法逻辑一样。

现在看来，上述C++的应用框架相当于Mecha中的运行时。不过，显然Mecha想得要更进一步，也是当时的我们没有考虑到的，那就是运行时本身的能力扩展和维护问题。所以运行时变成了多运行时，从而使用最适合功能领域的语言栈来开发特定的底层功能，而无须强迫所有基础能力的维护者都要熟悉C++。

这还不够，如果不同语言实现的多个运行时中依赖于某些通用能力，这些能力也是会频繁迭代的。怎么避免需要用多种语言各实现一套（如熔断限流、路由调度、链路追踪这类服务治理能力）？一种可能的解法是使用某种高性能的嵌入式解释器或虚拟机。

当前在云原生领域恰好有这样一个热门方案WebAssembly（Wasm）。我甚至觉得在一个已经比较成熟（或者说有历史包袱）的中大规模的多语言栈技术团队中，WebAssembly这样的技术也许比服务网格更实用。当团队的多语言技术栈已经成形时，类似服务治理能力的多语言迭代成本完全可以通过引入WebAssembly来降低，而不用承受独立数据面引入的相对复杂的运维和稳定性成本，这是否也可以看作是单进程的Mecha，值得我们考虑。

## 时代潮流：务实的创新

云原生就像时代的潮流，正在对互联网技术架构领域产生多重影响，从技术、生态、理念等各方面影响着我们的技术思维和实践方法。云原生是一套体系，在这个体系中，最基础也最核心的还是理念，而且与我们过去

的实践思路并无不同，是一种务实的创新。在云原生理念的启发下，很多极富未来价值的技术和项目或脱颖而出，或焕发新生，像WebAssembly、GraalVM这样的项目极有可能对未来的技术架构产生重大影响。我也憧憬着在这些新理念和新技术的加持下，服务治理领域迎来更加深刻的变革，达到更加可靠、高效的新境界。

**曹福祥**

快手系统架构师，微服务平台负责人。曾在网易、微软、小米从事搜索引擎、广告系统、消息系统等的技术研发工作。专注于分布式系统、微服务架构等技术领域。

# Dubbo在云原生时代的进化之道

文 | 赵新

**作为国内影响力最大的开源服务治理框架之一，Dubbo曾在2017年受到了云原生技术的冲击。本文作者将讲述Dubbo在云原生时代面临的挑战，以及它如何通过与众多异构微服务体系之间的互联互通，构建多语言生态，一跃成为跨多语言、多平台的云原生微服务基础设施的实践经验。**

## 云原生时代，Dubbo面临的挑战

Dubbo作为一个诞生于2008年，并于2011年开源的项目，得益于其强大的服务治理能力，随微服务架构的爆火而迅速蹿红。后来由于Dubbo的所属公司阿里巴巴集团内部调整合并，暂停了对Dubbo的维护。当阿里巴巴中间件团队于2017年重启运营Dubbo时，容器技术与Kubernetes平台的崛起带来了云原生时代，使Dubbo的重新出发遭遇了诸多难题。

首先，国内很多Java微服务框架使用者已经从Dubbo技术栈切换到Spring Cloud技术体系；其次，Java生态圈之外的微服务生态，许多项目已经流行开来，如gRPC；再次，云原生时代已经来临，中间件微服务基础设施的底层平台已经从OpenStack切换至Kubernetes，而Dubbo用户无法做到零成本迁移其服务；最后，在云原生时代，中间件服务技术层面出现了具有强大多语言支持能力的服务网格（Service Mesh）技术，Dubbo自身的服务治理能力与之差别很大。

面对这些挑战，Dubbo的选择不是进化出新的技术方向，而是考虑与之融合，共同成为云原生时代的微服务基础设施。具体技术目标包括：

■ 融入gRPC、Spring Cloud、Kubernetes技术体系，和它们互联互通，在让开发者有更多选择的同时使Dubbo变得更加标准。

■ 在保持兼容以往版本的同时，尽可能少改动编程接口，对Dubbo底层的服务治理技术进行扩展增强，以对接Kubernetes平台及Service Mesh控制面。

■ Dubbo用户从原平台向云原生平台迁移过程中，在保证其迁移成本最低的同时，提升底层平台的资源利用率与用户的开发效率。

更进一步到技术细节，Dubbo需要改进的技术要点有：

■ Dubbo特有的接口级服务注册粒度，当服务规模达到万级以上时，极易使注册中心存储及服务调用方的通信和计算压力过大，与Spring Cloud的应用级别服务注册粒度迥异。

■ Dubbo 2基于TCP自定义了一套二进制通信协议，保证了其通信的高效性，但扩展性很差，云原生基础设施普遍使用了HTTP/2作为底层通信协议。

■ Dubbo 2的主要序列化协议是Hessian v2.0，这套协议按照Java的各种基础概念定义了基础数据类型，其他主流语言无法100%实现这套协议，这也是Dubbo多语言生态发展的主要障碍之一。

■ Dubbo的多语言生态亟须发展，云原生时代Kubernetes平台各大主流应用的交付运维框架大都是用Go语言实现的，Dubbo的Go语言版本发展水平决定了其是否能对接这些平台，以及复用平台的能力。

■ Dubbo自身的服务治理能力与Kubernetes的Service

服务治理模型冲突，Dubbo需要结合Service Mesh技术改进其服务治理能力，特别是Router、自适应限流以及熔断等能力，需要同时保障应用稳定运行与高效利用底层资源。

# 进入云原生时代的先声：Dubbo v2.7

Dubbo重启维护时，官方团队对其面临的问题以及调整方式非常明确。为了Dubbo下一个十年的发展，官方在2018年初启动了一个包含全新特性的v3.0规划与研发计划[1]。如果将它与2021年发布的Dubbo 3.0[2]作一番对比，可能有"李鬼见李逵"之感。这一点，官方团队在2018年已有所预料，因为当时的规划只针对阿里巴巴内部的核心诉求，外部用户能否接受是未知的。

为了逐步摸清用户对Dubbo云原生形态的真实需求，以及让用户顺利接受改动，官方曾在2019年初发布了一个带有"过渡"性质的Dubbo 2.7。其首要解决的问题是，把接口注册粒度改为应用注册粒度。v2.7.0初始发布时就从注册中心拆出了配置中心和元数据中心，并在v2.7.5发布时正式将应用粒度服务注册命名为"服务自省"[3]。关于服务自省机制的技术细节可以参阅Java布道师小马哥的《Apache Dubbo服务自省架构设计》[4]一文。

Dubbo三大中心是应用注册粒度改造后推出的组件（见图1），三个中心化组件的作用如下。

■ 注册中心：Consumer与Provider之间应用地址的注册与发现，采用了"应用→实例服务地址列表"的KV形式存储数据，有别于以往的"接口→服务实例metadata"数据组织形式。

■ 元数据中心：存储Provider服务接口的元数据，可对接Dubbo的控制台Dubbo-Admin。

■ 配置中心：存储Dubbo服务的一些全局配置及路由等服务治理规则。

这三个组件并非都是必需的，可根据业务自身状况进行定制。一般情况下认为注册中心是必需的，而元数据中心是非必需的。但也有例外，如一些第三方Dubbo Mesh方案中，就只部署了元数据中心，Consumer与Provider之间采用了直连的形式进行通信（见图2）。

服务自省机制发布后，Dubbo用户群体反映良好，Dubbo最大的用户之一工商银行提供了一组可信数字[5]：应用级服务注册模型可以让注册中心上的数据量变成原来的1.68%，新模型可以让Zookeeper轻松支撑10万级别的服务量和节点量。

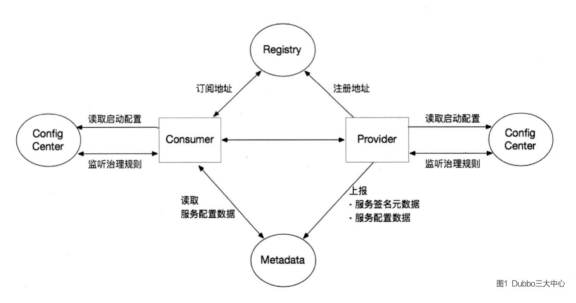

图1 Dubbo三大中心

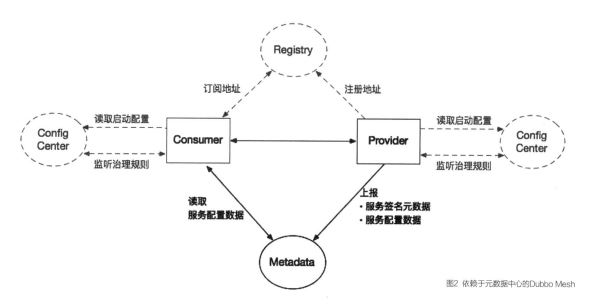

图2 依赖于元数据中心的Dubbo Mesh

## 与云原生握手：Triple协议

在微服务框架领域，Dubbo素以通信高效知名，究其根本原因，通信协议使用了TCP协议，而序列化协议采用了二进制通信协议——Dubbo协议。

在云原生时代，无论是进行路由还是进行各种过滤，都需要在数据面对协议进行劫持，获取各种必要信息。但与HTTP协议相比，Dubbo协议扩展性不强。虽然attachment部分可以添加自定义的信息，但需要对其进行hessian反序列化，会造成一定的性能问题。此外用户友好度也不够，很多开发者在进行RPC协议开发以及联调抓包时应该对HTTP协议的可观测性深有体会，即诸多开发包以及抓包工具都内置了对HTTP协议的支持。

Dubbo 3.0为了解决扩展性问题，在通信层支持了HTTP/2协议：

■ 将Dubbo的调用信息和路由规则控制信息，如service、interface、method、version等放到HTTP/2协议的header中。

■ 将原来的Dubbo包放到HTTP/2协议的body中。

Dubbo协议与HTTP/2协议的技术细节可参阅敖小剑的《SOFAMesh中的多协议通用解决方案x-protocol介绍系列(2)—快速解码转发》[6]一文。

除了扩展性因素外，Dubbo 3.0采用HTTP/2协议还有如下考虑：

■ HTTP/2协议支持server push和client与server之间双向stream通信，而Dubbo协议做不到。

■ 主流语言都支持HTTP/2协议。

■ Linkerd、Envoy、MOSN等Service Mesh主流数据面都支持HTTP/2协议。

基于HTTP/2协议这些优点，在Dubbo 3.0自身功能得到增强的同时，还可以复用很多云原生主流技术栈。除了通信协议使用HTTP/2协议外，Dubbo 3.0在序列化协议层采用了protobuf 3.0协议：对HTTP/2协议body使用protobuf 3.0协议进行序列化。官方把这套协议整体命名为Triple协议。

相比服务自省仅改变了配置方式，Triple协议则彻底改变了用户的编程方式。为了减轻用户迁移成本，Dubbo 2.7并未启用Triple协议。

## "上云"：Proxyless Service Mesh

可能有人狭隘地把Service Mesh技术具象化为"Istio+

Envoy"。其实Service Mesh的技术范围很庞大，其本质是"The term service mesh is often used to describe the network of microservices that make up such applications and the interactions between them"[7]（术语服务网格通常用于描述构成此类应用程序的微服务网络以及它们之间的交互）。简单地说，即微服务在云原生时代的新形态，包括了服务发现、负载均衡、故障恢复、可观测、监控、A/B 测试、金丝雀发布、速率限制、访问控制等诸多技术，其大体并未脱离微服务技术范畴。

整个Dubbo 3.0的进化过程是"摸着石头过河"，经过2019年和2020年的Dubbo 2.7过渡期，Dubbo 3.0的整体路线图逐渐清晰起来。其根本原因是，Dubbo的服务治理能力需要与Kubernetes的服务治理方案适配，官方需要时间，才能给出经得起考验的方案。

在Dubbo官方团队没有给出解决方案前，一些有实力的Dubbo使用方可能就采用了激进方案，比如，离Dubbo而去，直接基于gRPC或者其他通信框架构建属于自己的一套利用Kubernetes service的云原生基础设施。

直接使用Kubernetes service构建服务平台其实是一种短视行为，当业务规模发展起来后，service数量必然膨胀，此时Kubernetes service依赖的iptables技术会成为性能提升的瓶颈。况且Kubernetes service自身并没有提供动态路由、限流、熔断、服务降级等常规服务治理功能，更不具备Dubbo等服务框架所拥有的与SpringCloud、gRPC等生态兼容的能力。

再比如抛弃Dubbo的服务治理能力，基于Kubernetes 的服务治理能力，接入Istio，构建一套Dubbo Mesh平台（代表性方案如Dubbo to Mesh[8]），这两种方案的差别并不大，只是后者使用了Dubbo的通信协议。

2021年初，官方终于在其Dubbo 3.0 Roadmap[9]中给出了Proxyless形态的Mesh解决方案，称为Proxyless Mesh，作为Dubbo3.1版本最主要的特点。这其实是gRPC团队云原生解决方案的滥觞[10]。

Mesh形态有两种，除却眼下流行的基于sidecar的Proxy

based Service Mesh，还有一种是无sidecar的Proxyless Mesh，一言以蔽之，不需要部署一个sidecar形态的proxy，在原始微服务设施之上直接对接xDS与Istio之类的控制面进行交互。当然，前提是原来的微服务基础设施有类似于sidecar一样强大的服务治理能力，如gRPC和Dubbo。

Dubbo官方团队在考察了各种形态的Service Mesh解决方案后，决定采用gRPC团队提出的"Proxyless RPC Mesh"技术方案[11]，优点是：其一，有别于眼下大行其道的Proxy based Service Mesh，Dubbo 3.0 Proxyless Mesh无须再部署一个sidecar，在保持原有高性能的同时，极大地降低了中小公司的部署成本；其二，基本保留了原有微服务基础设施的服务治理能力，上层业务以最小改造成本"上云"。

## 补足Dubbo多语言短板

Dubbo 3.1的Proxyless Mesh解决方案虽然可以满足大部分中小厂家的"上云"需求，但Dubbo与gRPC相比有一个显著的短板：Dubbo多语言生态目前主要集中在Java、Go以及JavaScript三个语言平台，gRPC则支持大部分主流语言。

对于采用了Dubbo的大型互联网企业来说，如阿里巴巴集团，其语言形态显然不可能局限在上述三种语言范围之内，Dubbo这项短板会影响其服务"上云"的能力。

如图3所示，阿里巴巴集团的解决方案是：集团内部各个公司之间通过可以透传Dubbo3.0协议（内部称之为Triple协议）的各种网关，进行跨zone服务调用[12]。这套解决方案虽然没有开源，但Dubbo-go社区有一个与之相似且更强大的开源产品Pixiu[13]，目前已具备大部分通用网关能力，如接收HTTP 1.1协议请求、调用后端HTTP、Dubbo、gRPC、Spring Cloud服务。Pixiu计划在即将发布的0.5.0版本中支持接收gRPC协议请求，通过HTTP、gRPC两种形式在网关层面补齐Dubbo的多语言劣势。

Pixiu的使命是作为一种新的Dubbo多语言解决方案，

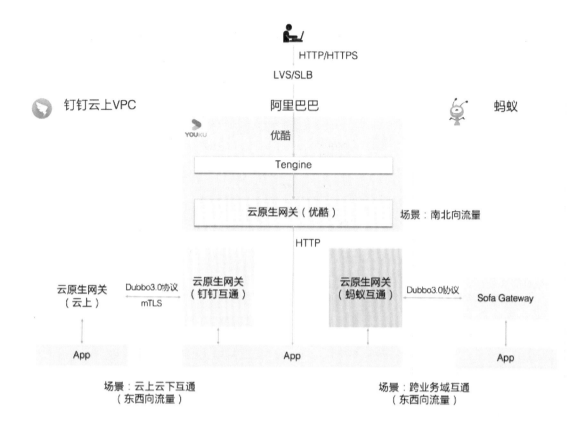

图3 阿里巴巴内部云原生网关架构

其未来的进化形态是sidecar，实现基于Pixiu的Dubbo Proxy Mesh，统一Dubbo Mesh中东西向和南北向数据面流量[14]。

Dubbo官方团队的成员也曾规划过Thin SDK、对齐Kubernetes生命周期这两种云原生方案（见图4）。

Thin SDK方案借鉴了Dapr的Application Runtime概念，让Dubbo仅保留通信能力，服务发现和服务治理通过xDS体系接入Istio，数据面则借助于Envoy，据说好处是"原生的Dubbo服务能够和基于Thin SDK的Dubbo+Mesh完美互通和进行服务治理"[15]。但该方案实际是在实现一种异化的Dubbo Mesh，用户使用成本及迁移成本巨大，Dubbo社区以及官方团队预计还需要花费很大精力对其进行评估。

与Thin SDK相比，对齐Kubernetes生命周期方案则

是一种新的部署形态。将Kubernetes当作一种提供Pod的IaaS底座，Dubbo服务实例与Kubernetes Pod生命周期一致，保留了Dubbo的服务治理能力。可以把Kubernetes APIServer当作Dubbo注册中心使用，当然也可以使用Zookeeper、Nacos等其他注册中心，用户原有系统升级时代码改动量极小。使用该方案的用户接受度较高，最早由Dubbo-go社区于2020年初在Dubbo-go v1.4中发布[16]。

## 增强控制面能力：柔性服务

随着Dubbo、Dubbo-go v3.0的发布，上文提到的前三个数据面问题已被逐一解决，未来的重点将是Dubbo控制面能力的增强。

Dubbo 2具备独有的路由能力，其控制后台是Dubbo-

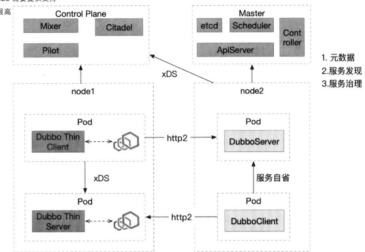

1. K8s基本已经成为云原生容器和调度的事实标准，Dubbo 需要提供支持
2. 企业上云趋势明显，社区对Dubbo的云原生方案呼声很高
3. 基础设施下沉成为趋势，Service Mesh大行其道

1. 对齐 K8s 生命周期
2. 服务治理规则 yaml 化，取消对 IP 的依赖
3. 支持 DNS、API server 和 xDS 服务注册发现
4. 原生 Dubbo 能够和 thin Client + Mesh 并存

图4 一种Dubbo云原生解决方案

admin。无论是路由规则还是服务配置，对Dubbo 3.0来说都是配置数据，Dubbo、Dubbo-go数据面获取这些数据都需要借助其配置中心。

为了更好地与Istio结合，目前Dubbo、Dubbo-go v3.0借鉴Istio的VirtualService和DestinationRule概念实现了一套新的路由规则，路由规则的下发路径可借助于Dubbo-admin通过其配置中心Zookeeper、Nacos、Istio

下发到数据面Dubbo、Dubbo-go。其规则的下发路径是Dubbo-go-admin→Nacos/zk→Dubbo、Dubbo-go。

除了路由规则，Dubbo还会在柔性服务能力层面借助Istio的控制面能力，如熔断、限流、故障注入、外部检测、负载均衡、健康检查。

Dubbo 3.0柔性服务能力见图5，其核心技术点与Istio控

# Dubbo3.0-柔性增强

1. 大规模分布式集群成为现在时，节点异常是常态
2. 服务容量会受到多种客观因素影响导致不同 Server 服务能力不均
3. 始终保证处于较优服务能力是云原生时代微服务的核心诉求
4. 从构建"压不垮的服务"到构建分布式负载均衡是必然趋势

1. 面向失败设计
2. 分布式负载均衡
3. Bottom-up 构建大规模稳定可靠的系统
4. Runtime Strategy 优于静态配置

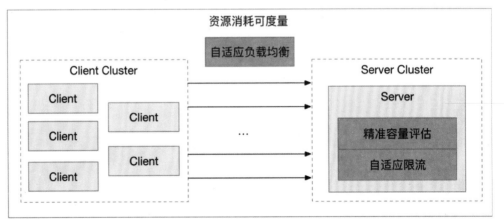

图5 Dubbo3.0 柔性服务

制面能力是重合的。Dubbo 3.0的柔性服务能力类似于TCP协议：在节点发生异常常态化的云原生分布式系统这个"IP层"上，不仅要构建出稳定可靠的服务通信能力，还需要提升系统的吞吐，降低集群层面的延时，保证系统以最佳状态运行。

## 基于Kubernetes平台，打通南北向流量与东西向流量

当前微服务总体技术形态可谓百花齐放，主流的框架有Dubbo、SpringCloud、gRPC等，国内头部公司基本都是自建微服务平台。2019年，Dubbo成为Apache顶级项目后，在Apache指导下，只要社区能够健康发展，项目就没有中断维护的顾虑。

无论是Dubbo还是Dubbo-go，现在均与Spring Cloud和gRPC互联互通。起初Dubbo的Go语言版本Dubbo-go，现已达成其2016年立下的使命："bridging the gap between Java and Go"，让Java生态享受云原生时代的技术红利。

未来，Dubbo社区的目标是拓展Dubbo生态的能力，与各种异构的微服务平台互通。其代表项目Dubbo-go的使命已经变成"bridging the gap between Java and X"，X代表整体微服务基础设施的能力，如RPC、分库分表及分布式事务等。在云原生时代，Dubbo官方希望其成为基于Kubernetes平台且打通南北向流量与东西向流量的统一服务治理框架。

**赵新（于雨）**

Dubbo-go社区负责人。从业十余年一直处在服务端基础架构研发一线，目前在蚂蚁金服可信原生部从事容器编排与Service Mesh工作。陆续参与和改进了Redis、Pika、Muduo、Dubbo、Dubbo-go、Sentinel-golang、Seata-golang、etcd等知名项目。

**参考资料**

[1] https://zhuanlan.zhihu.com/p/32779071

[2] https://www.kubernetes.org.cn/9041.html

[3] https://dubbo.apache.org/zh/docs/v2.7/user/new-features-in-a-glance/

[4]https://mercyblitz.github.io/2020/05/11/Apache-Dubbo-%E6%9C%8D%E5%8A%A1%E8%87%AA%E7%9C%81%E6%9E%B6%E6%9E%84%E8%AE%BE%E8%AE%A1/

[5] https://www.kubernetes.org.cn/8695.html

[6] https://skyao.io/post/201809-xprotocol-rapid-decode-forward/

[7]https://medium.com/@doh_88292/what-is-service-mesh-and-why-we-need-it-9131fe8e80a9

[8] https://mp.weixin.qq.com/s/_JDah-PefH8LiLspABGlAw

[9] https://www.kubernetes.org.cn/9041.html

[10] https://alexstocks.github.io/html/service_mesh.html

[11] https://cloudnative.to/blog/grpc-proxyless-service-mesh/

[12] https://developer.aliyun.com/article/792458

[13] https://github.com/apache/dubbo-go-pixiu

[14] https://mp.weixin.qq.com/s/C7TxU0Zbee7EZ_6SJOLK8w

[15] https://www.kubernetes.org.cn/8291.html

[16] https://blog.csdn.net/weixin_45583158/article/details/105132322

# 网易轻舟服务网格落地实践

文 | 王佰平

服务网格是一种新兴的后端软件架构。随着云原生概念的普及，越来越多的开发者与组织将目光聚焦于此，而落地服务网格的过程中存在一系列难题有待解决。本文作者将分享网易轻舟落地服务网格的踩坑经历与解决方案，希望给所有关注服务网格的开发者提供参考、借鉴的思路。

## 在服务网格之前

正如单体服务、微服务架构及诸多微服务RPC框架在当时掀起的技术热潮，服务网格同样在今天开始了新一轮的变革。

在最早的单体应用架构中，软件开发便捷，测试和部署简单。但随着业务的不断发展，使其可扩展性差、整体复杂度高等缺陷逐渐暴露，因此把单体应用拆分为各个内聚的独立单元并通过网络调用（如RESTful API）来完成数据的交互和协作成为了自然而然的选择。这就是最早的微服务架构。

相比于单体应用，微服务架构更易于多团队协作开发和维护，降低了业务扩展和开发的难度，各个组件伸缩性强，还可以选择最合适的技术栈。但微服务的拆分又带来了服务间相互发现、排障困难（因此衍生出了服务间流量观察需求）等新问题。与此同时，为了保障服务稳定，各种服务间流量治理的需求也应运而生。

服务发现、流量观察、流量治理等新问题、新需求，显然与业务逻辑无关，但其对业务具有重要的支撑作用，将其下沉到各种SDK和支撑组件中，与业务逻辑隔离，就衍生出了各种各样的微服务框架，如Dubbo、Spring Cloud等。直到现在，它们仍旧是微服务架构的主流选择。

基于SDK的微服务框架同样不够十全十美。框架提供的SDK往往存在编程语言限制，会进一步限制业务技术栈的选择。同时，框架SDK本身对业务有较高的侵入性，框架与业务耦合，升级与演进困难，这些问题催生了服务网格。

服务网格将自身定位为服务间通信的基础设施，将服务发现、流量观察、流量治理等功能全部剥离到轻量的sidecar网络代理进程中，与业务进程完全解耦。业务进程的进出口流量都通过流量劫持的方式由sidecar代理，业务进程本身对sidecar无感知。如此，便可以实现业务逻辑和服务治理的完全解耦，为不同技术栈业务提供完全统一的治理体系，且业务进程对代理完全无感知，可扩展性和可升级性也更好。

目前，开源社区中已经涌现了如Istio、Open Service Mesh、Linkerd等优秀的服务网格软件。但此类的开源软件要在生产中落地，仍旧有一段曲折的路要走。

## 服务网格落地挑战与解决方案

在服务网格领域，Istio（见图1）可谓领头羊，它提供了一整套服务网格解决方案：

■ 在服务发现方面，Istio提供了基于Kubernetes注册中心的服务发现、基于MCP的多注册中心对接。

■ 在流量治理方面，Istio使用开源网络代理Envoy作为sidecar，利用Envoy丰富且强大的治理能力为其提供支持，包括限流熔断、错误注入、连接池、版本分流、流量镜像、TLS等。

■ 在流量观察方面，Istio社区提供了Mixer（V2）扩展，同时Envoy sidecar也拥有丰富的指标、灵活的日志和全面的Tracing支持。

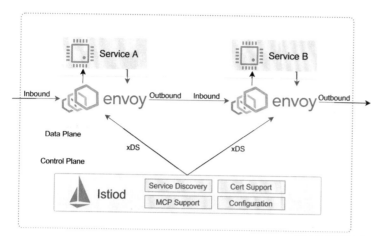

图1 Istio服务网格架构

根据职能划分，Istio服务网格可分为控制面和数据面。控制面主要涵盖Istiod组件，负责服务发现（对接多注册中心）、流量治理规则管理、证书管理等，并将相关配置通过xDS协议（Envoy提供的一种用于动态分发各种配置及资源的协议/方案）推送至数据面。数据面是由多个Envoy sidecar构成的网格状结构。在数据面中，业务进程的进出口流量会通过IpTables透明劫持到Envoy。Envoy根据Istiod分发的各种配置项和规则，实现具体的路由转发（基于Istiod服务发现结果和具体路由规则）、流量治理（基于Istiod流量治理配置）、监控上报。

通常，Istio服务网格都运行在基于Kubernetes的微服务集群中，在服务Pod（Kubernetes中容器编排的基本单元，由一组关联的容器组成，同一Pod的多个容器共享网络栈）创建时，Istio会通过Hook向Pod注入一个额外的容器，该容器会启动并执行sidecar进程。同时，Istio也会在Pod启动时修改Pod中IpTables来将业务容器的进出流量劫持到sidecar进程。

目前国内各家企业的服务网格几乎都是基于Istio做二次开发，如百度、腾讯、阿里巴巴、蚂蚁集团、网易等。其中，网易的轻舟团队选择了当下最成熟的Istio方案。即便Istio已经很成熟了，但在落地过程中，也依然面临重大挑战，即前文所说的"曲折的路"。

### 挑战一：服务网格多协议支持的问题。

Istio只对HTTP和gRPC协议提供了良好支持，对于如今在微服务集群中广泛存在的Dubbo、Thrift等RPC协议，以及大量私有协议，几乎没有支持。要在生产中落地服务网格，协议支持障碍必须解决。

### 挑战二：流量平滑接入服务网格的问题。

相比于已有的微服务架构，服务网格无疑是一次巨大革新。如何保证现有的微服务流量平滑接入服务网格中，保证业务流量的稳定性，是开源Istio没有充分考虑到的。

### 挑战三：服务网格资源开销的问题。

服务网格架构中，sidecar进程和业务进程一一对应，即使单个sidecar进程消耗的资源不多，但算上业务进程（在Kubernetes集群中，即Pod数）就是巨大的开销。因此，如何控制sidecar带来的资源开销也是关键。

### 挑战四：服务网格额外延迟的问题。

sidecar的引入导致服务间调用增加了额外的两跳，导致了性能延迟。如何尽可能地减少sidecar带来的性能劣化，也是服务网格更好地落地于生产环境必须要解决的问题。

### 挑战五：服务网格的易用性问题。

服务网格无疑是复杂的，包括服务发现与服务管理、权限管理、sidecar管理、流量治理规则管理、网络规则管理等一系列功能。如何将相关功能进行抽象，将复杂留给网格，把简单留给业务，是一个成熟基础设施软件必须考虑的问题。

针对上述问题，网易轻舟团队在实践过程中，摸索出了解决方案并总结了踩坑经验。

## 解决服务网格多协议支持的问题

针对Istio服务网格多协议治理能力薄弱的问题，网易轻舟全面增强了Istio的协议治理能力。在数据面，增强Envoy中Dubbo、Thrift等协议代理能力，以强化Envoy对Dubbo协议和Thrift协议的路由能力、流量治理能力、可观测性等。此处的"增强"也逐渐贡献给了Envoy社区。在控制面，网易轻舟扩展了Istio自动识别协议的类型，可以自动识别Dubbo、Thrift类型的服务并下发对应配置。此外，考虑到浩瀚如繁星的各种私有协议，网易轻舟也实现了一个通用的L7协议治理框架（见图2，该方案参考了MOSN、bRPC以及腾讯Aeraki等方案，感谢它们），尽可能复用七层的相关能力如限流、熔断、认证等，以及对可观测性的支持。如此，针对每种私有协议，只需要完成基础的消息抽象和对应的编解码器，就可以轻易将私有协议纳入服务网格的管理中。

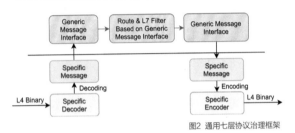

图2 通用七层协议治理框架

## 解决流量平滑接入服务网格的问题

在服务网格落地过程中，存量的传统微服务流量如何平滑地接入服务网格？网易轻舟设计了SVM系统（见图3），实现了动态IpTables功能。具体而言，SVM系统使用Agent进程来实现动态的IpTables，进而实现按需流量劫持。对于每个服务，SVM系统会维护独立的IpTables网络规则，并以注解的形式添加到服务Pod中。当业务方需要变更自身接入状况时，可通过一行简单的命令或由控制台简单点击就能完成操作。例如，业务起初可以对端口2000的流量进行劫持和网格治理，而对于更为重要的80端口，可以在整个网格稳定之后，再缓步接入。类似地，网易轻舟也通过SVM系统来实现sidecar的版本管理，进而实现业务无感知的sidecar升级，进一

步降低服务网格对业务流量带来的冲击。

## 解决服务网格资源开销的问题

当一个微服务集群较小时，资源开销问题尚不明显，但随着微服务集群的膨胀，这个问题就会被急剧放大。在服务网格中，sidecar承担着服务间流量代理的职责。当服务A调用服务B时，服务A中sidecar必须了解服务B的相关端点（各个实例），服务B的相关标记（服务VIP/域名等）才能正确完成转发。同时，服务A到服务B可能存在一些流量治理规则，sidecar也应当了解。此类配置都由Istio通过xDS下发到sidecar中，并转化为内存。但是，对于服务A，Istio控制面并不知道它会访问服务B还是服务C甚至是服务D。因此，为了保证流量的正确转发，控制面会将集群所有服务的相关配置都推送到sidecar中，这会带来以下负面影响：

- 单个sidecar内存开销大大增加，导致整个微服务集群开销增加。
- sidecar启动速度慢（sidecar需要较长时间加载初始配置）。
- 新的治理规则（配置）生效缓慢。
- 庞大的治理规则也会影响到sidecar流量转发效率，导致网格性能劣化。

这些负面影响会随着微服务集群的扩展而不断加重。据常识推断，一个微服务依赖的其他服务应该只有固定几个，也就是说Istio推送至sidecar的大部分配置其实都是冗余的无效配置。针对该问题，Istio社区设计并提供了名为Sidecar的 CRD（注意区分Sidecar和sidecar，前者为Kubernetes CRD名称，后者为服务网格数据面代理）。该CRD可以用于指定服务间依赖关系，这样就可以让Istio根据服务间依赖关系下发配置，而不需要无限制地推送全量配置。但在一个具有成百上千的微服务集群中，手动管理Sidecar CRD是沉重、低效且极易出错的任务。为此，网易轻舟设计并实现了名为Slime（见图4）的智能服务网格方

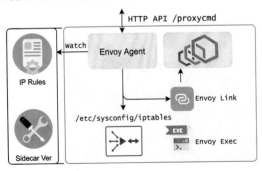

图3 SVM系统简略架构

案，自动发现和管理集群中服务间依赖关系并生成及管理Sidecar CRD，最终实现服务网格中治理规则和配置的懒加载，Slime也被用于实现智能限流策略。

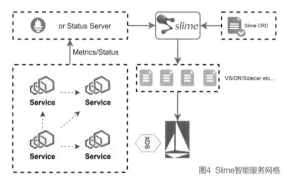

图4 Slime智能服务网格

具体来说，Slime初始化会给所有sidecar下发默认配置，只有一条默认路由，直接将流量透明代理出去。而在请求过程中，服务间关系会被上报至Prometheus或其他监控组件，Slime则从Prometheus获取依赖关系并动态生成Sidecar CRD。类似地，Slime也可以根据Prometheus指标检查当前业务或sidecar状态，进而控制其他的CRD资源，实现各种服务网格的智能管理。

通过Slime管理服务网格之后，在一个拥有2000服务的微服务集群中，sidecar启动时间减少80%，内存占用降低80%以上，调用时延降低10%，新配置生效时延降低50%。目前，Slime已经在社区开源（https://github.com/slime-io/slime）。

## 解决服务网格额外延迟的问题

引入服务网格之后，sidecar带来的额外延迟同样是一个大问题，关于这一点的踩坑记录，多到需要用系列文章来详细介绍。限于篇幅，本文仅作简要介绍。

在一个开启了双向流量劫持（客户端出口流量劫持和服务端入口流量劫持）的服务网格中，每一次服务间调用都会额外增加四次内存网络栈调用，极大增加了调用延迟。考虑到大部分网格治理能力都集中在流量出口方向，所以最简单快捷的网络加速方案就是关闭入口流量拦截。得益于上文提到的SVM系统和动态IpTables能力，网易轻舟可以对流量劫持做更精细化的管理，按需开启和关闭入口流量拦截。此外，IpTables透明劫持流

量本身也会引入一些开销，可考虑一些直接指向性的流量转发方案，即客户端直接请求sidecar进程的特定端口，并通过额外的元数据指定实际目标服务。不过该方案需要业务做出修改或者对服务注册中心进行篡改，让业务能够正确地将流量指向sidecar的指定监听端口。

此外，网易轻舟也尝试从基础网络的角度优化延迟，包括使用基于SR-IOV的容器网络，利用硬件来提升网络基础性能；使用基于eBPF技术的内核网络栈劫持，在业务进程和sidecar进程之间通信时，避免额外的网络栈开销；使用基于VPP+VCL的用户态协议栈，完全绕过内核网络栈等方式。

## 解决服务网格的易用性问题

一个功能齐全、数据丰富、易于使用的控制台是上上之选。可以使用该控制台来实现服务网格配置、服务管理、监控审计的可视化。一方面，控制台可以通过封装，简化网格的操作流程和配置过程，隐藏或减少底层技术的复杂性，降低服务网格的使用门槛；另一方面，控制台也可以实现约束，通过产品封装和合理提示，降低用户使用服务网格时犯错的风险。

# 在服务网格之后

服务网格是不是后端软件结构的终态？显然不是，仍旧有很多问题是服务网格解决不了的。例如，函数方法级别的治理；如果Tracing需要业务集成一些轻量SDK，则SDK + sidecar的双重架构会不会是更好的选择，仍需探索。另外，服务网格生产落地仍处于早期阶段，Dapr的多运行时方案又异军突起，这会给后端软件架构带来什么冲击和变化？让我们拭目以待。

**王佰平**

网易杭州研究院轻舟云原生团队工程师，负责轻舟网关与轻舟服务网格产品Envoy数据面开发、功能增强、性能优化等工作，对数据面Envoy实践、服务网格落地具有丰富经验。

# 混沌工程在中国工商银行的应用实践

文｜马曙晖

**混沌工程作为一门新兴技术学科，其行业认知和实践积累较少，但少数大型互联网公司已在混沌工程领域投入了较多实践。它也逐渐成为金融行业解决其分布式系统不确定性、保证系统高可用性的上佳之选。本文作者针对金融行业IT架构转型过程中暴露的痛点，分享混沌工程在工商银行IT架构转型背景下的技术实践和具体案例、应用场景。**

## 针对金融行业IT架构转型痛点的混沌工程

金融产品和服务模式不断创新发展，金融行业的日均交易量也在飞速增长，传统的单体IT架构的缺陷逐渐暴露。业界正在广泛应用云计算、分布式等新技术，构建分布式架构和运维体系，以支撑金融业务的快速发展。中国工商银行2015年开始尝试IT架构转型，并基于分布式、云计算初步构建了开放平台核心银行系统，目前其分布式体系累计部署容器超过23万套，日均服务调用量达120亿，交易峰值逾20万TPS。与此同时，分布式体系的基础设施、底层架构、平台系统日趋复杂，不可预见的用户行为和事件交织在一起，导致生产运行的不确定因素相较于主机明显增多，对系统、应用架构的可靠性提出了更高要求。

以上金融行业IT架构转型过程中暴露的痛点，经分析主要与如下三个因素相关：

■ 金融行业的业务架构一直以来都比较复杂，尤其在银行业务中，交易链路长，对交易可靠性、幂等性要求比一般非账务类的业务系统要高出很多。

■ 业务系统底层部署架构复杂，涉及诸如IBM大型机、PC、虚拟机、物理机、容器及其他非标准设施等多种类型，随着主机下平台的推进，将大幅增加平台侧系统的运维复杂度，导致应用运行中的不确定性增加。

■ 由于银行传统业务运行在主机之上，测试人员侧重于业务功能的测试，在分布式高可用领域的测试能力还在培养和发展阶段，这也是一个薄弱点。

综上所述，金融行业亟须探索出一种既可以解决分布式系统的不确定性，又能在架构转型过程中，确保所有业务可持续稳定提供服务的机制，混沌工程应需而至。

混沌工程是在分布式系统上进行实验的学科，目的是建立系统抵御生产环境中湍流条件的能力。一般来说它会通过对分布式系统中的服务器随机注入不同类型的故障，发现并修复系统中的潜在问题，从而提升整个分布式系统的高可用能力，也可以让业务系统更好地适应复杂多变的运行环境。

## 混沌工程的发展历程

谈及混沌工程的发展（见图1），就不得不提到Netflix公司。早在2008年，Netflix便开始对其云上数据中心开展了一系列系统弹性测试，后来这种通过随机对系统进行故障注入，以验证系统弹性的实践被称为"混沌工程"，因而Netflix也被称为混沌工程的鼻祖。2012年

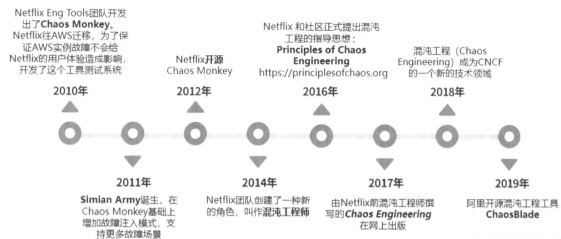

Netflix Eng Tools团队开发
出了**Chaos Monkey**。
Netflix往AWS迁移，为了保
证AWS实例故障不会给
Netflix的用户体验造成影响，
开发了这个工具测试系统

Netflix开源
Chaos Monkey

Netflix 和社区正式提出混沌
工程的指导思想：
**Principles of Chaos
Engineering**
https://principlesofchaos.org

混沌工程（Chaos
Engineering）成为CNCF
的一个新的技术领域

**2010年**　　**2012年**　　**2016年**　　**2018年**

**2011年**
**Simian Army**诞生，在
Chaos Monkey基础上
增加故障注入模式，支
持更多故障场景

**2014年**
Netflix团队创建了一种新
的角色，叫作**混沌工程师**

**2017年**
由Netflix前混沌工程师撰
写的*Chaos Engineering*
在网上出版

**2019年**
阿里开源混沌工程工具
**ChaosBlade**

图1 混沌工程业界发展历程

Netflix公司开源了首个混沌工程故障注入框架Chaos Monkey，2017年由前Netflix混沌工程师撰写的*Chaos Engineering*（《混沌工程》）一书在网上公开，该书阐述了混沌工程的指导思想和实施原则。Chaos Toolkit是Netflix公司最新的混沌工程产品，该工具通过JSON/YAML格式为混沌实验定义了一套Open API。任何商业、私有和开源混沌工程产品只要遵循这套Open API规范，都可以与之集成。

从国内混沌工程发展情况看，如阿里巴巴、京东、字节跳动等少数大型互联网公司均在混沌工程领域投入了较多实践：

■ 阿里巴巴从2012年开始通过字节码增强的方式，模拟RPC故障，并于2019年开源了其积累多年的混沌工程工具ChaosBlade。

■ 京东将混沌工程作为京东云每季度的例行工作，以推动应急预案的升级和技术架构的改进。

■ 字节跳动则为混沌工程平台添加了自动化指标观察能力，通过引入机器学习，实现了基于指标历史规律的无阈值异常检测。

目前业界的混沌工程产品整体还处在探索阶段，但各领域已经涌现出了各种故障注入工具。业界主流的开源故障注入工具有Chaos Monkey、Chaos Toolkit、Litmus、Toxiproxy、Pumba、Chaos-monkey-spring-boot、

ChaosBlade等，这些工具仅提供了基本的故障注入能力，还需进一步扩展完善，实现企业级的平台能力。目前大多数中小型互联网公司根据不同业务场景，借助故障注入工具实施多种混沌实验，只有少数知名大型互联网公司具备混沌实验的自动化编排部署能力。

# 中国工商银行的混沌工程应用实践

## 混沌工程演练平台架构能力体系

中国工商银行在混沌工程核心能力规划过程中主要有三大宗旨：

■ 要屏蔽应用架构和底层部署架构的差异，针对诸多底层设施，实现统一封装，对用户而言只需关注故障实施内容，无须关注底层差异。

■ 在故障注入工具之上，提供故障编排、任务调度、演练场景配置等核心能力，实现企业级的平台能力。

■ 通过应用自身架构自动匹配高可用专家库的方式，实现一键生成多类故障的能力，混沌平台需要具备通用、便捷甚至智能的特性。

基于以上三大宗旨，我们将混沌工程体系大致分为五层（见图2），分别是基础设施、底层能力、任务调度、系统集成、上层业务。其中，基础设施代表故障实施的目标资源；底层能力指的是混沌故障注入介质，将所有故

图2 工行混沌工程故障演练平台架构

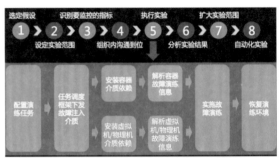

图4 工行混沌故障演练流程示意图

障调用能力封装成REST API集成到该介质中;任务调度负责混沌实验任务的批量下发和调度;系统集成则代表混沌工程故障演练平台,集成了演练编排、监控、专家库等多个核心功能;而最上面的上层业务,代表各业务系统根据需求对平台进行特色化应用的场景,如进行红蓝攻防、日常演练和应用评级等。

目前中国工商银行混沌工程演练平台已经支持物理机、虚拟机、容器等多类型基础设施,覆盖3大类100余种系统、应用、容器层面的故障类型(见图3),同时支持场景化、自动化的故障编排演练。

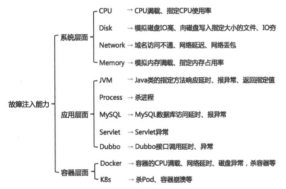

图3 工行混沌工程故障能力

## 混沌工程演练流程与典型案例

根据近两年的实践,我们总结了在混沌工程故障演练(见图4)实施过程中的基本步骤,分别是选定假设、设定实验范围、识别要监控的指标、组织内沟通到位、执行实验、分析实验结果、扩大实验范围、自动化实验这8个步骤,其中执行实验的具体流程又可分为配置演练任

务、任务调度框架下发故障注入介质、安装容器介质依赖和安装虚拟机/物理机介质依赖、解析容器故障演练信息和解析虚拟机故障演练信息、实施故障演练、恢复演练环境。

在混沌实验实施场景发掘方面,我们借鉴互联网公司的实践经验,同时结合自身在分布式技术体系生产环境运行中的"痛点",率先将电票业务(电子商业汇票,类似支票的作用,主要用于商业结算)、快捷支付等一些重点业务线作为试点进行落地。下面,我将以电票业务的故障演练场景为例,说明上述整个流程。

### 选定假设

首先明确我们要对什么场景进行故障注入,如在系统层面可对应用服务器、容器、数据库、WAS、操作系统、网络等进行故障注入;在应用层面则可以对应用软件的线程、连接池、事务、异步、队列等场景进行故障注入。假设本次计划对应用层和系统层进行故障注入。

### 设定实验范围

在确定对哪些节点实施故障注入之前,需要评估出现故障时可能受影响的应用范围,确保不会造成灾难性结果,因为银行业务系统的一个应用一般不止一种类型的节点。例如,电票业务(见图5)北向和人行的票交所相连,南向则是自身的数据库节点,电票应用内部又分为电票服务、电票前置、票据服务。所以我们可以在电票业务、电票前置、票据服务、数据库这四个子节点内部以及节点之间的联系共九处实施故障注入。

在初期，我们可以选择其中的一处或者几处实施故障注入，如对主数据库设置网络不可访问，看看系统能不能自动切换到备用数据库中。然后明确要监控的指标，必须清楚地知道各监控指标的正常范围，这样可以在系统波动的第一时间发现异常。当主库不可访问时，交易的成功率、TPS、平均耗时是必须要监控的指标，有时流量可能会突然切换到备库上，因此我们还需监控备用数据库的CPU、内存、磁盘IO，以及网络的变化情况。如果涉及多个应用之间的调用，还需关注上下游应用的流量控制情况，如限流、降级熔断等措施是否生效。

### 识别要监控的指标

在混沌演练过程中要对各个维度的指标进行全方位的监控。以下四点指标是需要重点关注的：

■ 系统自身的健康检查。故障注入之后，系统自身健康检查程序能否在第一时间发现异常，这是系统的第一道防线。比较理想的情况是在业务感知异常之前，应用内部已经发现并解决了相关问题。

■ 平台层面的健康检查。我们的很多业务都运行在容器上，因此当平台的容器层面感知到异常时，能不能触发自动隔离和自愈重启也是衡量应用高可用非常重要的指标。

■ 能否实现优雅停机。当应用自身或者平台侧感知到异常之后，能否立即停止接收新的请求，并且能够把正在处理的请求都正常处理完，再停止相关故障进程。

■ 业务指标。判断在故障注入之后是否发生交易异常。

### 组织内沟通到位

监控指标明确之后，当涉及上下游应用时，需要协调爆炸半径内应用的相关人员支持，确保及时发现和恢复问题，所以必须做好事前的沟通，避免演练过程产生不必要的影响。

### 执行实验

当所有准备工作就绪后，就可以执行演练了。演练结束后，还需要对整个演练进行复盘并分析实验结果。首先总结分析是否达到预期的演练效果，根据实验过程中

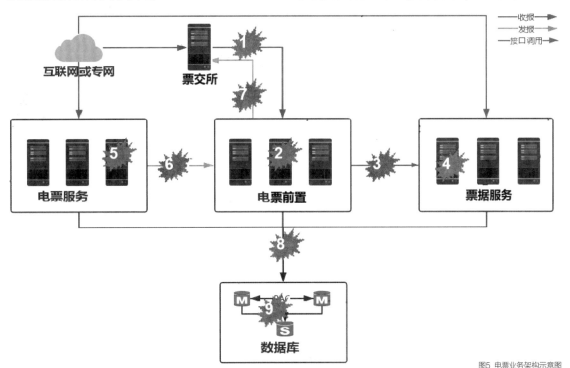

图5 电票业务架构示意图

收集的监控指标，分析前面的假设是否成立、系统是否弹性，是否出现了预期之外的问题。其次针对故障演练中暴露的问题，进行架构优化和漏洞修复。例如，在电票业务实际演练过程中，发现了系统个别业务模块未设定进程数上限、存在隐患，个别业务超时机制没有达到预期效果，部分接口限流机制还需进一步完善等问题，需要对其进行改进，再反复演练，直到问题解决。

当在小范围的实验中获得信心之后，就可以逐步扩大实验范围，如增加链路应用数目等，并加入自动化实验案例。

## 混沌工程应用反思及未来探索

随着混沌工程在工商银行的实践和推广，我们已经培养了700余名混沌测试人员，落地250多个业务系统，积累了超1万条演练案例。通过主动制造故障，帮助落地应用，发现了500个以上高可用问题，极大地提高了业务系统的容错能力和高可用水平，也提升了开发运维人员的应急效率。

混沌工程在实践中体现出了其应有的目标价值，但在银行体系落地和推广中仍要注意几个关键点：

■ 要做好整体布道，牵头做好该方面知识体系的普及工作。

■ 混沌工程作为一门学科，注重的是底层能力，金融

系统要尝试落地，必须考虑构建统一的混沌演练平台，方能事半功倍；加之银行业务系统的复杂性，实施故障演练之前，要确保组织内沟通到位，以免产生不必要的影响。

■ 多系统间的底层故障往往难以发现，因此在实际操作过程中，需要重点考虑混沌测试案例的编写。

■ 银行系统的核心在于稳定性，在生产环境中实施故障演练，需要有完备的应急方案。

后续，我们将持续全面推广混沌工程文化，建立常态化的攻防演练机制，并根据各应用的测试结果，制定应用高可用水平量化评估体系。此外，随着混沌工程故障演练在测试环境的不断推进，平台的应用可靠性不断增强，我们除了不断扩大演练半径外，下一步计划将混沌工程故障演练逐步从测试环境向生产环境推移，对重要产品线编排实施各种类型的演练，全面提升应用系统服务水平，为整体架构的持续优化、产品的快速创新提供坚实的支撑。

**马曙晖**

分布式领域研究员，目前在中国工商银行主要从事混沌工程、API开放平台等领域的研发落地工作，擅长各类混沌实践，熟悉消息中间件、数据处理、OpenAPI等技术。

# 开源云原生大潮下的消息和流系统演进

文｜李鹏辉

云原生的诞生是为了解决传统应用在架构、故障处理、系统迭代等方面的问题，而开源则为企业打造云原生的架构贡献了中坚力量。本文作者在全身心投入开源以及每日参与云原生的过程中，对开源行业和云原生流系统解决方案有了不一样的思考与实践。

## 云原生成为基础战略

随着业务与环境的变化，云原生的趋势越来越明显。现在正是企业从云计算向云原生转型的时代，云原生理念经过几年落地实践的打磨已经得到了企业的广泛认可，云上应用管理更是成为企业数字化转型的必选项。可以说，现在的开发者，或正在使用基于云原生技术架构衍生的产品和工具，或正是这些产品和工具的开发者。

那么，什么是云原生？每个人都有不同的解释。我认为，首先，云原生就是为了在云上运行而开发的应用，是对于企业持续快速、可靠、规模化地交付业务的解决方案。云原生的几个关键词，如容器化、持续交付、DevOps、微服务等无一不是在诠释其作为解决方案的特性与能力，而Kubernetes更以其开创性的声明式API和调节器模式，奠定了云原生的基础。

其次，云原生是一种战略。云原生的诞生是为了解决传统应用在架构、故障处理、系统迭代等方面存在的问题。从传统应用到云，与其说是一次技术升级，不如说将其视为战略转型。企业上云面临应用开发、系统架构、企业组织架构，甚至商业产品的全面整合，是否加入云原生大潮一次是将从方方面面影响企业长期发展的战略性决策。

## 搭配开源底色的云原生

近几年诞生的与架构相关的开源项目大部分采用云原生架构设计，开源为企业打造云原生的架构贡献了中坚力量。

开源技术与生态值得信任，云可以给用户带来好的伸缩性，降低资源浪费。云原生和开源的关系也可以从以CNCF为主的开源基金会持续推进云原生的发展中略窥一二。许多开源项目本身就是为云原生架构而生的，这是用户上云会优先考虑的基础软件特点。

以Apache软件基金会为例，它是一个中立的开源软件孵化和治理平台。Apache软件基金会在长期的开源治理中，总结出的Apache之道（Apache Way）被大家奉为圭臬，其中"社区大于代码"广为流传，即没有社区的项目是难以长久的。一个社区和代码保持高活跃度的开源项目，经过全世界开发者在多种场景的打磨，可以不断完善、频繁地升级迭代，并诞生丰富的生态以满足不同的用户需求。云原生大潮与当前开源大环境两种因素叠加，就会使那些伴随技术环境不断升级的优秀技术推陈出新、脱颖而出，不适应时代的技术会渐渐落后，甚至被淘汰。正如我之前所说，云原生是战略性决策，企业的战略性决策必定会首选最先进、最可靠的技术。

103

# 为云而生的消息流数据系统

前文讲述了云原生环境下开源的重要性，那么一个云原生的开源项目需要如何去设计、规划和演进？云原生时代的企业数字化转型应如何选择消息和流系统？在本文中，我将以自己全身心投入的开源云原生消息和流数据系统Apache Pulsar的设计和规划为例进行剖析。希望能够为大家提供参考思路，并为寻求消息和流数据系统解决方案带来启发。

## 回顾历史：消息与流的双轨制

消息队列通常用于构建核心业务应用程序服务，流则通常用于构建包括数据管道等在内的实时数据服务。消息队列拥有比流更长的历史，也就是开发者们所熟悉的消息中间件，它侧重在通信行业，常见的系统有RabbitMQ和ActiveMQ。相对来说，流系统是一个新概念，多用于移动和处理大量数据的场景，如日志数据、点击事件等运营数据就是以流的形式展示的，常见的流系统有Apache Kafka和AWS Kinesis。

由于之前的技术原因，人们把消息和流分为两种模型分别对待。企业需要搭建多种不同的系统来支持这两种业务场景（见图1），由此造成基础架构存在大量"双轨制"现象，导致数据隔离、数据孤岛，数据无法形成顺畅流转，治理难度大大提升，架构复杂度和运维成本也都居高不下。

基于此，我们亟须一个集成消息队列和流语义的统一实时数据基础设施，Apache Pulsar由此而生。消息在Apache Pulsar主题上存储一次，但可以通过不同订阅模型，以不同的方式进行消费（见图2），这样就解决了传统消息和流"双轨制"造成的大量问题。

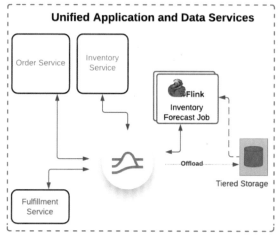

图2 Apache Pulsar集成消息队列与流语义

## 实现天然云原生的关键要素

上文提到，云原生时代带给开发者的是能够快速扩缩容、降低资源浪费，加速业务推进落地。有了类似Apache Pulsar这种天然云原生的消息和流数据基础设施，开发者可以更好地聚焦在应用程序和微服务开发，而不是把时间浪费在维护复杂的基础系统上。

为什么说Apache Puslar是"天然云原生"？这与在当初

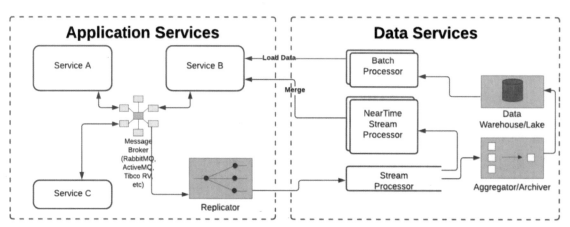

图1 企业搭建不同的系统支持业务场景导致的"双轨制"

设计原型的底层架构有关。存储计算分离、分层分片的云原生架构，极大地减轻了用户在消息系统中遇到的扩展和运维困难，能在云平台以更低成本给用户提供优质服务，能够很好地满足云原生时代消息系统和流数据系统的需求。

生物学有一个结论，叫"结构与功能相适应"。从单细胞原生生物到哺乳动物，其生命结构越来越复杂，具备的功能也越来越高级。基础系统同理，"架构与功能相适用"体现在Apache Pulsar上有这样几点：

■ 存储计算分离架构可保障高可扩展性，可以充分发挥云的弹性优势。

■ 跨地域复制，可以满足跨云数据多备的需求。

■ 分层存储，可充分利用如AWS S3等的云原生存储，有效降低数据存储成本。

■ 轻量化函数计算框架Pulsar Functions，类似于AWS Lambda平台，将FaaS引入Pulsar。而Function Mesh是一种Kubernetes Operator，助力用户在Kubernetes中原生使用Pulsar Functions和连接器，充分发挥Kubernetes资源分配、弹性伸缩、灵活调度等特性。

## 基础架构：存储计算分离、分层分片

上文说到，Pulsar在诞生之初就采用了云原生的设计，即存储计算分离的架构，存储层基于Apache软件基金会开源项目BookKeeper。BookKeeper是一个高一致性、分布式只追加（Append-only）的日志抽象，与消息系统和流数据场景类似，新的消息不断追加，刚好应用于消息和流数据领域。

Pulsar架构中数据服务和数据存储是单独的两层（见图3），数据服务层由无状态的Broker节点组成，数据存储层则由Bookie节点组成，服务层和存储层的每个节点对等。Broker仅负责消息的服务支持，不存储数据，这为服务层和存储层提供了独立的扩缩容能力和高可用能力，大幅减少了服务不可用时间。BookKeeper中的对等存储节点，可以保证多个备份被并发访问，也保证了即使存储中只有一份数据可用，也可以对外提供服务。

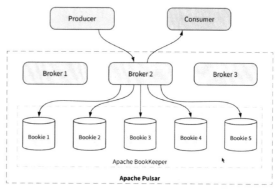

图3 Pulsar架构

在这种分层架构中，服务层和存储层都能够独立扩展，提供灵活的弹性扩容，特别是在弹性环境（如云和容器）中能自动扩缩容，动态适应流量峰值。同时，显著降低集群扩展和升级的复杂性，提高系统的可用性和可管理性。此外，这种设计对容器也非常友好。

Pulsar将主题分区按照更小的分片粒度来存储（见图4）。这些分片被均匀打散，将会分布在存储层的Bookie节点上。这种以分片为中心的数据存储方式，将主题分区作为一个逻辑概念，分为多个较小的分片，并均匀分布和存储在存储层中。这样的设计可以带来更好的性能、更灵活的扩展性和更高的可用性。

从图5可见，相比大多数消息队列或流系统（包括Apache

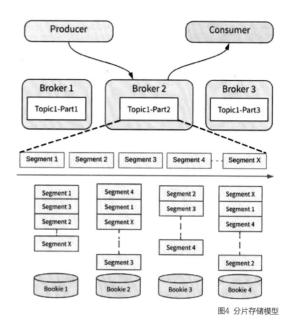

图4 分片存储模型

Kafka）均采用单体架构，其消息处理和消息持久化（如果提供了的话）都在集群内的同一个节点上。此类架构设计适合在小型环境部署，当大规模使用时，传统消息队列或流系统就会面临性能、可伸缩性和灵活性方面的问题。随着网络带宽的提升、存储延迟的显著降低，存储计算分离的架构优势变得更加明显。

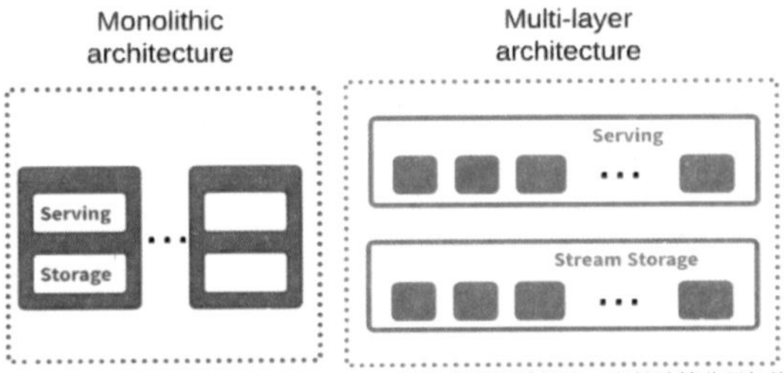

单机系统中落在leader上的topic会有延迟，而在分层架构中受到延迟影响较小。

在实时数据处理中，实时读取占据了90%的场景（见图7）。在分层架构中，实时读取可以直接通过Broker的topic尾部缓存进行，不需要接触存储节点，能够在很大程度上提升数据读取的效率和实时性。

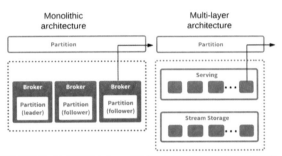

图5 传统单体架构vs存储计算分层架构

图7 单体架构与分层架构读取实时数据对比

## 读写区别

接着上述内容，我们来看一下消息的写入、读取等方面的区别体现在哪里。

首先看写入。图6左侧是单体架构的应用，数据写入leader，leader将数据复制到其他follower，这是典型的存储计算不分离的架构设计。在图6右侧则是存储计算分离的应用，数据写入Broker，Broker并行地往多个存储节点上写。假如要求3个副本，在选择强一致性、低延迟时两个副本返回才算成功。如果Broker有leader的角色，就会受限于leader所在机器的资源情况，因为leader返回，我们才能确认消息成功写入。

在右侧对等的分层架构中，三个中任意两个节点在写入后返回即为成功写入。我们在AWS上进行性能测试时发现，两种结构在刷盘时的延迟也会有几毫秒的差距：在

架构也导致了读取历史数据时的区别。从图8可见，在单体架构中，回放消息时直接找到leader，从磁盘上读取消息。在存储计算分离的架构上，需要将数据加载到Broker再返回客户端，以此保证数据读取的顺序性。当读取数据对顺序性没有严格要求时，Apache Pulsar支持同时并行从多个存储节点读取数据段，即使是读取一个topic的数据也可以利用多台存储节点的资源提升读取的吞吐量，Pulsar SQL也是利用这种方式来读取的。

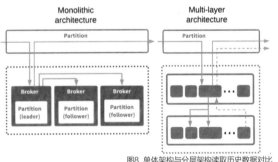

图8 单体架构与分层架构读取历史数据对比

## IO隔离

BookKeeper内部做了很好的数据写入和读取的IO隔离。BookKeeper可以指定两类存储设备，图9左侧是Journal盘存放writeheadlog，右侧才是真正存储数据的地方。即使在读取历史数据时，也会尽可能地保证写入的延迟不会受到影响。

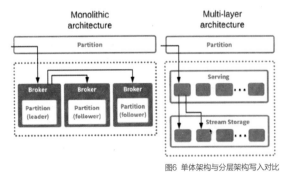

图6 单体架构与分层架构写入对比

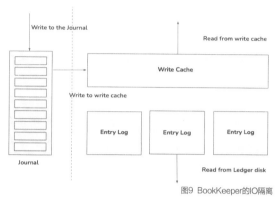

図9 BookKeeperのIO隔離

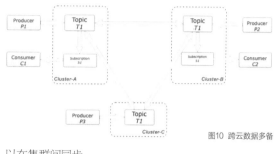

図10 跨云数据多备

以在集群间同步。

如果利用云平台的资源，Pulsar的IO隔离可以让用户选择不同的资源类型。由于Journal盘并不需要存放大量的数据，很多云用户会根据自己的需求配置来达到低成本、高服务质量的目的，如Journal盘使用低存储空间、高吞吐低延迟的资源，数据盘选择对应吞吐可以存放大量数据的设备。

## 扩缩容

存储计算分离允许Broker和BookKeeper分别进行扩缩容，下面为大家介绍扩缩容topic的过程。假设n个topic分布在不同的Broker上，新的Broker加入能够在1s内进行topic ownership的转移，可视为无状态的topic组的转移。这样，部分topic可以快速地转移至新的Broker。

对于存储节点来说，多个数据分片散布在不同的BookKeeper节点上，扩容时即新加入一个BookKeeper，并且这种行为不会导致历史数据的复制。每一个topic在经历一段时间的数据写入后，会进行分片切换，即切换到下一个数据分片。在切换时会重新选择Bookies放置数据，由此达到逐渐平衡。如果有BookKeeper节点挂掉，BookKeeper会自动补齐副本数，在此过程中，topic不会受到影响。

## 跨云数据多备

Pulsar支持跨云数据多备（见图10），允许组成跨机房集群来进行数据的双向同步。很多国外用户在不同的云厂商部署跨云集群，当有一个集群出现问题时，可以快速切换到另外的集群。异步复制只会产生细微的数据同步缺口，但可以获得更高的服务质量，同时订阅的状态也可

# 进入无服务器架构时代

Pulsar Functions与Function Mesh让Pulsar跨入了无服务器架构时代。Pulsar Functions是一个轻量级的计算框架，主要是为了提供一个部署和运维都能非常简单的平台。Pulsar Functions主打轻量、简单，可用于处理简单的ETL作业（提取、转换、加载）、实时聚合、事件路由等，基本可以覆盖90%以上的流处理场景。Pulsar Functions借鉴了无服务器架构（Serverless）和函数即服务（FaaS）理念，可以让数据得到"就近"处理，让价值得到即时挖掘（见图11）。

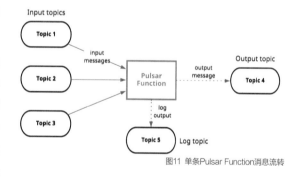

图11 单条Pulsar Function消息流转

Pulsar Functions只是单个应用函数，为了让多个函数关联在一起，组合完成数据处理目标，诞生了Function Mesh（已开源）。Function Mesh同样采用无服务器架构，它也是一种Kubernetes Operator，有了它，开发者就可以在Kubernetes上原生使用Pulsar Functions和各种Pulsar连接器，充分发挥Kubernetes资源分配、弹性伸缩、灵活调度等特性。例如，Function Mesh依赖Kubernetes的调度能力，确保Functions的故障恢复能

力，并且可以在任意时间适当调度 Functions。

Function Mesh主要由Kubernetes Operator和Function Runner两个组件组成。Kubernetes Operator监测 Function Mesh CRD、创建Kubernetes资源（即 StatefulSet），从而在Kubernetes运行Function、连接器 和Mesh。Function Runner负责调用Function和连接器 逻辑，处理从输入流中接收的事件，并将处理结果发送 到输出流。目前，Function Runner基于Pulsar Functions Runner实现。

当用户创建Function Mesh CRD时（见图12），Function Mesh控制器从Kubernetes API服务器接收已提交的 CRD，然后处理CRD并生成相应的Kubernetes资源。例 如，Function Mesh控制器在处理Function CRD时，会创 建StatefulSet，它的每个Pod都会启动一个Runner来调 用对应的Function。

Kubernetes集群，而无须使用pulsar-admin CLI工具 向Pulsar集群发送Function请求。Function Mesh控 制器监测CRD并创建Kubernetes资源，运行自定义的 Function、Source、Sink或Mesh。这种方法的优势在于 Kubernetes直接存储并管理Function元数据和运行状 态，从而避免在Pulsar现有方案中可能存在的元数据与 运行状态不一致的问题。

## 结语

在本文中，我分享了自己在云原生环境下，对于开源行 业的思考和云原生流平台解决方案的技术实践。作为一 名全身心投入的开源人，我很高兴看到近几年有越来越 多的人认可开源理念并成为开源开发者与贡献者，开源 行业正在蓬勃发展。我希望能和无数的开发者一样，在 开源道路上一往无前，助力更多企业加速云原生和数字 化进程。

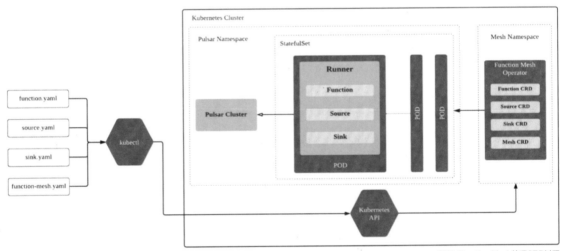

图12 Function Mesh处理CRD过程

Function Mesh API基于现有Kubernetes API实现，因此 Function Mesh资源与其他Kubernetes原生资源兼容， 集群管理员可以使用现有Kubernetes工具管理Function Mesh资源。Function Mesh采用Kubernetes Custom Resource Definition（CRD），集群管理员可以通过CRD 自定义资源，开发事件流应用程序。

用户可以使用kubectl CLI工具将CRD直接提交到

**李鹏辉**
Apache软件基金会顶级项目Apache Pulsar PMC成员和Committer，目前在 StreamNative公司担任首席架构师。

# Network Service Mesh：让电信网络虚拟化迈向云原生时代

文 | 赵化冰

第一次看到Network Service Mesh这一名词时，你很可能好奇它到底是什么？和微服务架构中流行的Service Mesh（服务网格）有什么关系？Network Service Mesh是云原生领域中一个新的热点，是CNCF（云原生基金会）的一个沙箱项目。本文将介绍Network Service Mesh的起源和架构，并探讨其与Service Mesh、SDN、NFV等相关技术的区别与联系，及其将对电信网络虚拟化带来的深远影响。

## 云原生应用面临的网络问题

### Kubernetes网络模型

Kubernetes已经成为云原生应用编排（即应用程序资源分配、部署和运行管理）的事实标准，几乎所有的公有和私有云解决方案都提供了Kuberetes的管理服务。由于采用了微服务架构，云原生应用系统中存在大量服务间的东西向网络流量。为了满足集群内部应用之间的东西向流量需求，Kubernetes采用了一个扁平的三层网络模型。该模型可以有多种实现方式，但所有实现都必须满足两项基本要求：

■ 每个Pod有一个独立的IP地址。

■ 每个Pod可以和集群中任意一个Pod直接进行通信（不经过NAT）。

如果忽略掉底层的实现细节，我们可以看到如图1的Kubernetes网络模型。Kubernetes集群中的所有Pod之间都可以通过一个"扁平"的三层网络相互访问，这里"扁平"的含义指的是从任何一个Pod的角度来看，它可以只通过三层路由访问集群中任何其他Pod，中间不需要经过NAT，即在发送端和目的端看到的数据包源地址和目的地址是一样的。该"扁平"的三层网络是从Pod角度而言的，在实际部署时，该L3网络的实现可以是underlay的，直接通过底层网络的物理设备进行路由；也可以采用overlay的隧道技术实现。

### Kubernetes网络的局限性

Kubernetes网络的目的是处理同一个集群中Pod之间的东西向流量，因此结构设计非常简单清晰。对于普通的IT和企业应用场景，该模型完全够用。但对于电信、ISP和一些高级的企业网络需求来说，Kubernetes的网络存

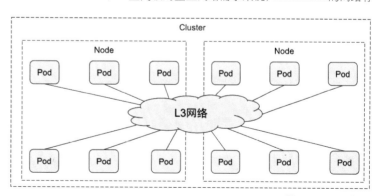

图1 Kubernetes网络模型

在一些局限性：

■ Kubernetes网络不能提供集群内三层之外高级的L2/L3网络服务。

■ Kubernetes网络不能满足应用的动态网络需求，比如临时将一个Pod连接到企业内网。

■ Kubernetes网络缺乏对跨集群/跨云连通性的支持。

也不能说上述局限是Kubernetes网络的缺陷，因为Kubernetes设计的初衷是为企业/IT的服务化应用提供一个云原生的部署和运行环境，而该网络模型已经很好地支撑了集群中部署应用之间的东西向流量，达到了设计目的。

电信行业也逐渐认识到云原生带来的好处，并开始将云原生的思想和技术（如微服务、容器化等）运用到电信领域中。但当其试图将Kubernetes强大的容器编排能力运用到电信的NFV（网络功能虚拟化）时中，发现Kubernetes的网络能力和其编排能力相比，显得非常弱小。NFV中涉及很多复杂的L2/L3网络功能，而静态的、功能相对固定的Kubernetes网络则难以支撑NFV对网络的需求。对于NFV来说，Kubernetes有限的网络能力成为了它的"阿喀琉斯之踵"。

# Network Service Mesh的解决方案

Network Service Mesh（以下简称NSM）是CNCF下的一个开源项目，为Kubernetes中部署的应用提供了一些高级L2/L3网络功能，补齐了Kubernetes对云原生应用网络支持的这一块短板。NSM并没有对Kubernetes的CNI模型进行扩展或修改，而是采用了一套与CNI完全独立的新机制来实现这些高级的网络需求。除了Kubernetes之外，NSM还支持虚拟机和服务器，是一个跨云平台的云原生网络解决方案。

## 什么是Network Service?

在Kubernetes中有Service对象，用于对外提供某种服务，一般来说Service对外提供的是应用层的服务，例如HTTP/gRPC服务，这些服务又一起组成大系统对用户提供服务，例如淘宝、亚马逊等网上商店。NSM正是参考了Kubernetes中Service的概念，Network Service也是一种服务，与Kubernetes Service不同，Network Service对外提供的是L2/L3网络服务，即对数据包进行处理和转发，而不会终结数据包。Service 和 Network Service的关系见图2。

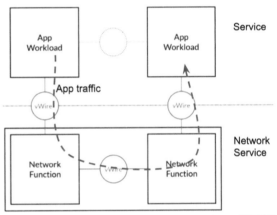

图2 Service和Network Service之间的关系

■ Service属于应用工作负载，对外提供的是应用层（L7）的服务，例如Web服务。

■ Network Service属于网络功能，对外提供的是L2/L3网络服务，对数据包进行处理和转发，一般不会终结数据包。例如Firewall、DPI、VPN Gateway等。

一个Kubernetes Service后端可以有多个服务实例对外提供服务（见图3），Kubernetes采用Endpoint对象表示一个Service实例。和Kubernetes Service类似，一个Network Service也可以对应多个实例，并根据需要进行水平伸缩，以满足不同的客户端处理压力，一个Network Service实例用Network Service Endpoint对象表示。

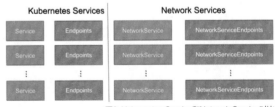

图3 Kubernetes Service和Network Service对比

# Network Service Mesh架构

从Network Service Mesh的架构图（见图4）中可以看到，Network Service Mesh主要包含了以下组件：

■ **Network Service Endpoint（NSE）**。对外提供网络服务，可以是容器、POD、虚拟机或者物理设备。NSE接收来自一个或多个client请求，向client提供请求的网络服务。

■ **Network Service Client（NSC）**。使用Network Service的客户端。

■ **Network Service Registry（NSR）**。NSM中相关对象和组件的注册表，包含NS和NSE、NSMgr的实例信息。

■ **Network Service Manager（NSMgr）**。是NSM的控制组件，以daemon set形式部署在每个节点上，NSMgr之间可以相互通信，形成了一个分布式控制面。NSMgr会做两件事情。一是处理来自客户端的Network Service使用请求，为请求匹配符合要求的Network Service Endpoint，并为客户端创建Network Service Endpoint的虚拟链接。二是将其所在节点上的NSE注册到NSR。

■ **Network Service Mesh Forwarder**。提供客户端和Network Service之间的端到端链接的数据面组件，可以直接配置Linux内核的转发规则，也可以是一个第三方的网络控制面，如FD.io（VPP）、OvS、Kernel Networking、SRIOV等。

NSM会在每个Node上部署一个NSMgr，不同Node的NSMgr之间会进行通信和协商，为客户端选择符合要求的NSE，并创建客户端和NSE之间的连接。这些相互通信的NSMgr类似于Service Mesh中的Envoy Sidecar（见图5），组成了连接NSE和NSC的网格，这也是Network Service Mesh项目名称的来源。

# Network Service Mesh示例

接下来通过一个示例说明NSM的运行机制，见图6，用

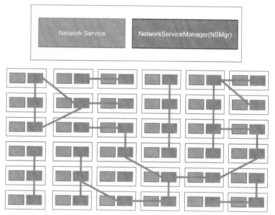

图5 多个NSMgr组成的网格

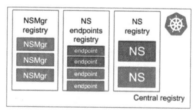

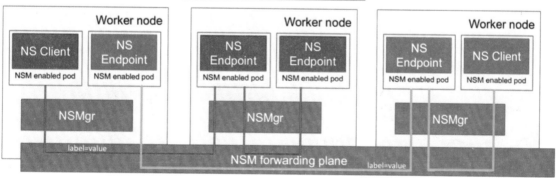

图4 Network Service Mesh架构图

户需要将Pod中的应用通过VPN连接到公司内网，以访问公司内网的服务。

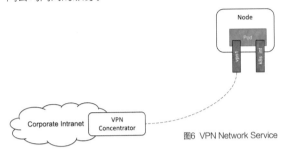

图6 VPN Network Service

如果采用"传统"的方式，用户需要在应用程序中配置VPN网关的地址以及到企业内网的子网路由，还需要部署和设置VPN网关。而在该场景中，客户端只需要一个"连接到企业内网的VPN"而已，完全没有必要将网络中的各种概念和细节暴露给用户。

NSM提供了一种声明式的方式为客户端提供该VPN服务（见图7），NSM通过一个Network Service CRD来创建vpn-gateway网络服务，在该网络服务的spec中声明其接受的负载为IP数据包，并通过app:vpng标签选择提供服务的Pod为vpng-pod。客户端通过Ns.networkservicemesh.io注解声明需要使用vpn-gateway网络服务。

NSM会通过admission webhook在使用网络服务的客户端Pod中注入一个Init Container，由该Container负责根据YAML注解向NSMgr请求对应的网络服务。因此，应用程序不需要关注网络服务的请求和连接创建过程。

客户端与Vpn-Gateway网络服务建立连接的过程见图8。

1. 启动vpng-pod，对外提供Vpn-Gateway网络服务。

2. NSMgr将vpng-pod作为NSE注册到API Server（Service Registry）中。

3. 客户端应用Pod中的NSM Init Container根据YAML注解向同一Node上的NSMgr发起使用网络服务的请求。

4. NSMgr向API Server（Service Registry）查询可用的NSE。

5. NSE可能位于和客户端相同的Node上，也可能在不同的Node上。如果在不同的Node上，NSMgr会和NSE所在Node上的NSMgr进行通信，转发请求。

6. NSMgr向NSE请求连接。

7. NSE根据自己的业务逻辑进行判断，如果可以接受该客户端的服务请求，则接受该连接请求。

8. NSE所在Node的NSMgr调用数据面组件创建一个网

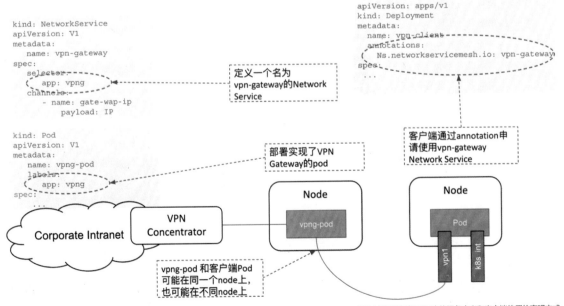

图7 VPN服务在NSM中的服务定义和客户端使用的声明方式

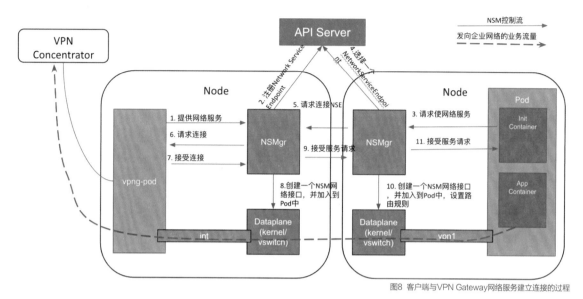

图8 客户端与VPN Gateway网络服务建立连接的过程

络接口，加入NES的Pod中。

9. 如果NSE和NSC在不同的Node上，NSE所在Node的NSMgr通知NSC所在Node的NSMgr，接受该服务请求。

10. NSE所在Node的NSMgr调用数据面组件创建一个网络接口，加入应用Pod中，并进行相应的网络配置，例如设置到企业网络的子网路由。

NSM的数据面组件在NSE和NSC新创建的网络接口之间搭建了一条虚拟点对点链路，该链路可以看作这两个网络接口之间的一条虚拟网线，从一端进入的数据，会从另一端出来。链路有多种实现方式，如果NSE和NSC处于同一个节点，这可能是一个vpp memif共享内存通道，如果在不同节点上，则可能是一个VXLAN隧道。

通过NSM提供VPN服务的例子，可以看到NSM有诸多优点。

**简单**

■ VPN客户端只需通过YAML声明使用VPN-Gateway服务。

■ 不需要手动配置VPN客户端到VPN-Gateway之间的连接、IP地址、子网、路由，这些业务逻辑细节被Network Service的Provider和NSM框架处理，客户端无感知。

■ 和Kubernetes自身的网络机制是独立的，不影响Kubernetes自身的CNI网络模型。

**灵活**

■ 可以根据需求向NSM中添加新的Network Service类型，这些网络服务可以由第三方实现和提供。

■ 应用Pod可以通过YAML配置需要使用的服务。

■ Network Service Endpoint的数量可以根据工作负载进行水平扩展。

# Network Service Mesh与Kubernetes CNI的关系

从上文能够了解到，NSM与Kubernetes CNI是两套相互独立的机制。

Kubernetes CNI的作用范围在Kubernetes的生命周期中，其初始化、调用时机以及支持的接口都是相对固定的。只提供Cluster内Pod之间基本的三层网络连接，不能动态添加其他类型的网络服务。

Kubernetes会在创建Pod时调用CNI plugin，为Pod创建网络接口，当Pod创建完成后，就不能再对Pod使用的网络进行更改了。

NSM独立于Kubernetes的生命周期之外，自成体系。除了可以采用Kubernetes YAML文件提供声明式的网络服务外，NSM还提供了gRPC接口，因此还可以用于虚机和服务器环境。

NSM是Kubernetes CNI网络模型的强有力补充，NSM为Pod提供了动态的、高级的网络服务，采用NSM，可以在不影响CNI和Pod中应用的情况下为Kubernetes动态添加新的网络服务。

## Network Service Mesh与Service Mesh的关系

NSM采用了和Service Mesh类似的理念，但所处网络层次不同，提供的网络功能也不同。

Service Mesh对网络数据的处理位于L4/L7（主要为L7），提供了应用层流量管理（服务发现、负载均衡、七层路由）、可见性（分布式调用跟踪、HTTP调用metrics指标）、应用层安全（TLS认证及加密、JToken身份认证）服务。

NSM提供的是L2/L3层的网络服务，提供虚拟点对点链路、虚拟L2网络、虚拟L3网络、VPN，防火墙，DPI等网络服务。

由于两者处于不同的网络层次，Service Mesh和NSM可以协同工作。例如可以通过NSM创建一个跨云的三层网络，在该三层网络上搭建一个Istio Service Mesh。

## Network Service Mesh与SDN的关系

SDN（软定义网络）采用软件化的集中控制面和标准接口对网络设备进行设置，一方面可以通过硬件白盒化降低网络建设和运维成本，另一方面还可以通过软件的方式快速推出新的网络业务。

NSM与SDN作用的网络层次是有所重叠的，SDN作用于L1/L2/L3，而NSM作用于L2/L3，但两者的关注点不同。NSM主要为Kubernetes和混合云环境中的云原生应用提供高级的L2/L3网络服务，SDN则主要用于对网络设备的配置和管理。

我们可以将NSM和SDN结合使用，通过NSM中的Network Service接入SDN提供的强大的网络服务。如在NSM中利用SDN为应用提供QoE（Quality of Experience）服务（见图9）。

在此示例中，NSM在Kubernetes中提供了QoE网络服务以及客户端和QoE网络服务之间的虚拟点对点链接；SDN Gontroller则设置相关的网络设备，提供QoE服务的实现机制。NSM以云原生的方式将SDN的网络能力提

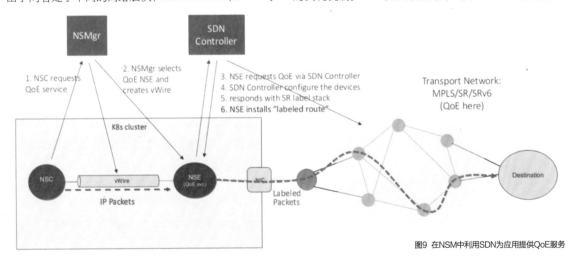

图9 在NSM中利用SDN为应用提供QoE服务

供给Kubernetes中的应用。

# Network Service Mesh与NFV的关系

NFV（网络功能虚拟化）就是将传统的电信业务以软件的形式部署到云平台上，从而实现软硬件解耦合。VNF（Virtual Network Function）是采用软件实现的网络设备功能。目前VNF主要是VM在NFV基础设施之上实现的。采用Container在CaaS平台上实现NFV是一个资源占用更少、更为敏捷的方式。该方式的主要问题是CaaS网络架构是为IT应用设计的，缺少电信所需的高级网络功能。而NSM可以在标准CaaS平台上实现VNF所需的高级网络功能，提供了一种云原生的NFV解决方案。采用CaaS和NSM来实现NFV，有四点好处：

- NSM可以实现云原生的VNF（CNF）。

- NSM可以采用抽象和声明式表述对网络功能的需求。

- NSM可以串联CNF实现Service Function Chaining。

- 通过Kubernetes和NSM，很容易实现VNF的水平伸缩。

目前NFV主要由电信标准驱动（如ETSI NFV系列标准）。电信标准用在各种系统之间的接口上很有意义，可以确保不同厂家系统之间的互联互通，但如果在系统内部的实现机制上也采用那一套流程，就显得过于笨重和缓慢。NSM以开源代码的方式推动NFV向云原生时代迈进，有潜力为NFV带来革命性的变革。

## 结语

Network Service Mesh是CNCF的一个沙箱项目，其架构借鉴了Service Mesh的理念，可以为Kubernetes中部署的应用提供高级的L2/L3网络服务。Network Service Mesh补齐了Kubernetes在网络能力方面的短板，并且可以用于虚拟机、服务器等混合云以及跨云场景。相信随着Network Service Mesh项目的发展和逐渐成熟，将使电信、ISP（Internet Service Provider，互联网服务提供商）、高级企业应用等对网络功能有更高要求的行业，加速向云原生转型。

**赵化冰**
腾讯云技术专家，二十年电信及IT行业从业经验，ONAP开源项目前项目leader，Istio Member，Aeaki开源项目创建者。

# 云原生运行时的下一个五年

文 | 宋顺

近两年，许多企业拥抱云原生，开始了大规模的Service Mesh落地实践，其带来的不仅是研发与运维效率的提升，更在技术层面初步实现了基础设施和业务应用的解耦。适逢其时，Dapr横空出世，提出了分布式应用运行时的概念，将各种基础设施服务抽象为标准化的接口来实现解耦，这会给微服务的云原生演进带来怎样的变化？除了演进中的微服务，未来敏捷业务的一个重要方向——函数计算是否能结合云原生运行时实现更好地落地？

## 从Service Mesh到应用运行时

传统微服务体系的玩法一般是由基础架构团队为业务应用提供一个SDK，在SDK中会实现各种服务治理的能力。这种方式在一定程度上实现了团队间职责的解耦，然而，由于SDK和业务应用的代码仍在一个进程中运行，所以耦合度依旧很高，这就带来了一系列的问题，如升级成本高、版本碎片化严重、异构语言治理能力弱等。

在此背景下，Service Mesh技术在2018年崭露头角，引起了社区的广泛关注。通过Service Mesh（见图1），可以把SDK中的大部分能力从应用中剥离出来，拆解为独立进程，以sidecar的模式运行，从而让业务更加专注于业务逻辑，基础架构团队则更加专注于各种通用能力建设，实现独立演进、透明升级，提升整体效率。

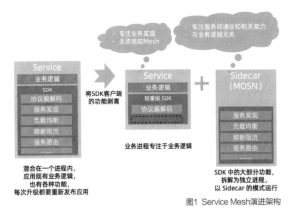

图1 Service Mesh演进架构

我所在的蚂蚁集团曾经深受业务逻辑和基础设施耦合之痛，每年因中间件版本升级就需要投入数千人，因此，我们很快意识到了Service Mesh的价值，在2018年全力投入Mesh化改进。

十多年微服务体系的平滑迁移需要大量的研发支持，考虑到我们的技术人员储备，因此，用Go语言开发了MOSN作为数据面，全权负责服务路由、负载均衡、熔断限流等能力的建设，大大加快了Service Mesh的落地进度，在半年内实现了生产上线，两年完成了核心链路的全面迁移。

目前Service Mesh支撑了生产环境数十万容器的日常运行，我们也初步实现了基础设施和业务应用的解耦，服务基础设施的升级能力也从1~2次/年提升为1~2次/月，不仅大大加快了迭代速度，还节省了全站每年数千人的升级成本。

在泛Mesh化的大趋势下，我们在很短时间内也完成了Cache、MQ、Config等能力的下沉，从而实现了业务应用和基础设施的进一步解耦，享受到了快速迭代、异构治理等红利。

然而，新的挑战出现了。

由于应用仍然依赖各个基础设施的轻量SDK，而每种

SDK又往往通过私有协议和sidecar交互（见图2），因此SDK中仍然保留了私有的通信和编解码逻辑。本质而言，应用和基础设施仍然有较强绑定，比如将缓存从Redis迁移到Memcache，仍旧需要业务方升级SDK。如何让应用和基础设施彻底解绑，能够无感知跨平台部署是我们面临的一个挑战。

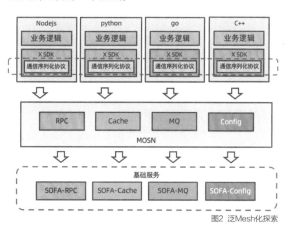

图2 泛Mesh化探索

另一个挑战是，虽然大部分SDK能力已经下沉至sidecar，但我们仍然需要为每种语言开发一套SDK并实现私有的通信和编解码协议，因此异构语言接入成本依旧较高。如何进一步降低异构语言的接入门槛？

## 重新定义基础设施边界

上述挑战的根源其实还是业务应用和基础设施的边界没有定义清楚。

适逢其时，微软牵头的Dapr（见图3）横空出世，它提出了分布式应用运行时的概念，将各种基础服务抽象为标准化的接口来实现解耦，我们也非常认同这个方向，所以首先对Dapr进行了调研。向上，Dapr对应用暴露的是一套基于能力设计的API，应用无须感知底层基础服务的具体实现，通信层面采用了HTTP和gRPC两种主流协议，避免了烦琐的通信序列化协议的开发。向下，Dapr对接了多款主流的中间件产品，基本覆盖了应用的日常需求，同时开发自定义的插件也比较容易。

然而，当我们考虑如何在公司内部落地Dapr时，发现

图3 Dapr 架构（来源：https://docs.dapr.io/concepts/overview/）

Dapr在产品设计上并不具备Service Mesh丰富的流量管控能力（见图4），而这恰恰是我们在生产时重度依赖的核心能力，因此，无法简单地将MOSN替换为Dapr。另一种方案是使Dapr和MOSN共存，也就是业务Pod中存在两个sidecar。但这会带来运维成本的飙升，可用性也会有所降低。

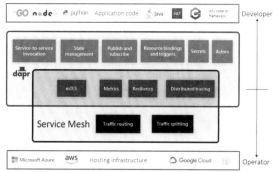

图4 Dapr和Service Mesh的能力异同（来源：https://docs.dapr.io/concepts/service-mesh/）

权衡再三，我们决定还是把应用运行时和Service Mesh结合起来，通过一个完整的sidecar进行部署，在确保稳定性、运维成本不变的前提下，最大程度复用现有的各种Mesh能力。在此背景下，Layotto诞生了。

Layotto（见图5）构建在MOSN之上，其下层对接了各种基础服务，并向上层应用提供了统一的、具备各种分布式能力的标准API。对于接入Layotto的应用来说，开发者不需要再关心底层各种组件的实现差异，只需要关注应用需要什么样的能力，然后通过gRPC调用对应能力的API即可，这样可以彻底和底层基础服务解绑。

除了Layotto以外，项目还涉及两块标准化建设。首先，

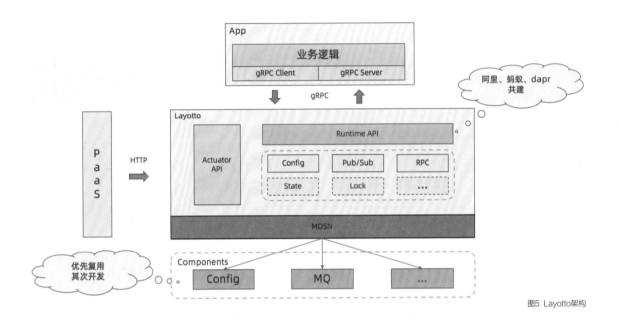

图5 Layotto架构

想要制定一套语义明确、适用场景广泛的API并不是一件容易的事情，为此我们跟阿里巴巴、Dapr社区进行了合作，希望能够推进Runtime API标准化的建设。其次，对于Dapr社区已经实现各种能力的组件而言，我们的原则是优先复用、而后开发，尽量不把精力浪费在已有的组件上面，重复造轮子。

一旦完成了Runtime API的标准化建设，接入Layotto的应用就天然具备了可移植性（见图6），应用可以实现同一份代码在私有云和各种公有云上的部署，同时，由于使用了标准API，应用也可以在Layotto和Dapr之间自由切换。

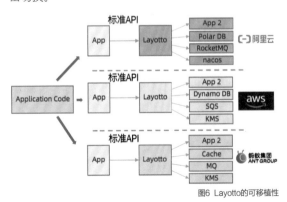

图6 Layotto的可移植性

## 统一的边界

除了基础服务之外，系统资源（如网络、磁盘等）、资源限制（如CPU、堆、栈等）也是应用正常运行必不可少的。

以当前sidecar思路的落地情况来看（见图7），无论是Dapr，MOSN还是Envoy，都在解决应用到基础服务的问题，而对于系统调用、资源限制等方面都没有涉及，意味着这些方面无法实现很好的管控，会带来较大的安全隐患。如果能拦截这部分操作，让应用必须通过一个运行时去执行系统调用，那么，就可以对执行操作的权限进行二次验证，更好地避免安全问题，这也是安全

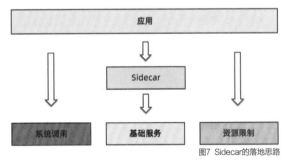

图7 Sidecar的落地思路

容器如Kata给我们带来的启示。

Layotto目前是以应用运行时的形态存在，但我们的目标是重新定义应用和所依赖的资源之间的边界，包括安全、服务、资源三大边界，未来也希望可以演进到应用的"真"运行时这一形态（见图8），从而使应用除了业务逻辑之外无须关注任何其他资源。

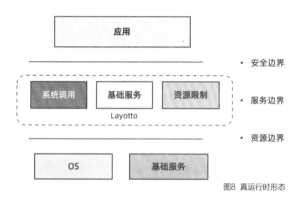

图8 真运行时形态

目标虽然已经明确，但以怎样的形式来完成目标？仍旧以sidecar模型，还是其他形式？在Service Mesh的带动下，大家已经逐渐接受应用和基础设施之间借助sidecar交互带来的收益，但要想继续通过sidecar对应用和操作系统之间的交互以及可使用的最大资源进行限制恐怕就没那么简单了，经过反复讨论以后，函数的模型进入了我们的视野。

# 未来五年：函数是不是下一站？

## 函数能不能成为云原生世界的一等公民？

虚拟机可以看作对硬件进行了虚拟化，当红的容器则采用了对操作系统进行虚拟化改造的手法，按照这个趋势发展下去，未来可能会演进到更精细粒度的虚拟化，例如多个应用跑在一个进程中（nanoprocess，见图9）。

我们预期在nanoprocess技术成熟后，FaaS（Function as a Service，函数即服务）会是一个很有价值的方向。例如，多个函数运行在一个运行时基座上面（见图10），

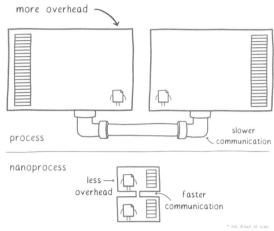

图9 process vs nanoprocess（来源: https://hacks.mozilla.org/2019/11/
announcing-the-bytecode-alliance/）

归属于一个进程，在这种模型下，函数之间的隔离性是关键因素，使用哪种技术作为函数实现的载体，让它们之间具有良好的隔离性、移植性、安全性是首要解决的问题，而这些又和当下很火的WebAssembly（简称WASM，二进制指令集）技术非常契合。WebAssembly的以下特性使之非常适合实现nanoprocess的场景：

■ 沙箱机制。WebAssembly模块以沙箱形式运行，无法直接发起系统调用，例如访问文件系统、发起网络请求等，只有WebAssembly运行时明确给予权限后才能经由ABI（如WASI）实现对外访问。

■ 内存模型。WebAssembly模块访问内存也是受限的，只能访问WebAssembly运行时分配给它的内存

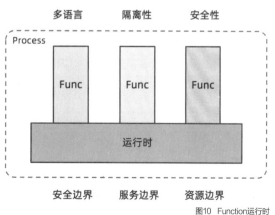

图10 Function运行时

块，所以不会对同一进程中其他的WebAssembly模块产生影响。

不过目前离大规模推广WebAssembly仍有一定距离，例如多语言方面，虽然对C、C++、Rust、AssemblyScript支持较好，但对于Java、Go、JavaScript等语言的支持还很有限。再例如生态方面，优雅的打印错误堆栈和Debug能力还处于早期阶段。不过，考虑到WebAssembly的标准化和厂商支持，相信随着社区的发展，上述问题都会逐步得到解决。

## Layotto与函数化应用的探索

如果未来把函数作为和当下微服务架构同等地位的另一种基础研发模型，我们就需要考虑整个函数模型的生态建设问题，而整个生态的建设，其实就是围绕极致的迭代效率来打造，包括但不限于：基础框架、开发调试、编译打包、调度部署。

基础框架方面，我们知道通过WASI，WebAssembly提供了一套访问系统资源的接口。然而，实际情况是，一个应用往往还需要依赖许多其他资源才能正常工作，如调用服务，读取、写入缓存，发送、消费消息等。由于Layotto已经抽象了一套标准的API，并且提供了API实现，因此，何不直接将这套API暴露为ABI，使WebAssembly模块借此实现对外部基础设施的访问？

运行在Layotto上的WebAssembly模块（见图13）可以通过Runtime ABI轻松实现访问Layotto封装的各种能力，如调用服务、读取配置等，为Function提供所需的基础设施访问能力。

到此，基础设施接口访问的问题就解决了，接下来需要探索生命周期管理和资源调度方面的实践。

目前，Kubernetes已经成为容器管理调度的事实标准，所以我们优先探索如何将函数调度融入Kubernetes生态。然而，由于Kubernetes的调度单位是Pod，如何优雅地把调度Pod桥接到调度WebAssembly上面也是一个棘手的问题。

我们在调研后发现，社区已经有一些将Kubernetes和WebAssembly整合的探索，即开发一个containerd shim插件，这样当它收到创建容器的请求时，可以启动一个WebAssembly运行时来加载WebAssembly模块。

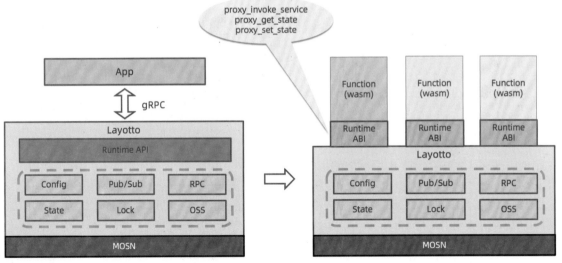

图13 Layotto WebAssembly ABI

因为我们希望实现nanoprocess的架构，所以做了一些改造（见图14）。首先在node上启动一个Layotto运行时，然后自定义一个containerd shim layotto的插件，当它收到创建容器的请求时，会从镜像中提取WebAssembly模块，交给Layotto运行。

有了这个解决方案，我们可以复用大部分Kubernetes的能力，同时也能实现在Layotto中以nanoprocess形式运行多个WebAssembly模块的效果。

最终的使用过程见图15（开源地址：https://mosn.io/layotto/#/zh/start/faas/start)），对于一个函数来说，首先把它编译成WebAssembly模块，然后再构建成镜像，部署过程中只需要指定runtimeClassName为layotto即可，后续如创建容器、查看容器状态、删除容器等操作都完全兼容Kubernetes的原生语义。

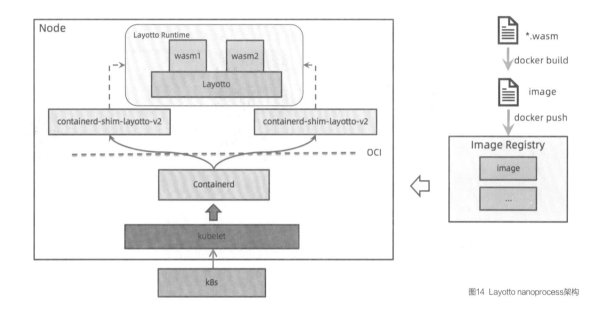

图14 Layotto nanoprocess架构

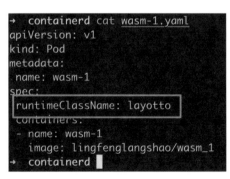

图15 Layotto function调度方式

## 结语

我们坚信随着基础设施边界的统一和函数化场景的广泛应用，业务研发将变得越来越简单。

在未来的研发模式中（见图16），开发人员可以打开Cloud IDE，使用自己擅长的语言编写函数，快速完成编译、部署和测试验证，一键发布到多云环境。开发人员不再关心各个云环境之间的差异、也不用关心容量的问题，真正实现弹性、免运维、按需计费。当然，也不是所有场景都能够函数化，一些复杂的有状态服务仍然会以独立进程的形式存在，这些应用可以通过sidecar形式访问Layotto，实现对基础服务的统一访问，而安全性、资源限制等方面特性可以借助安全容器等技术来实现。

目前看来，这一切可能还有些遥远，不过技术的发展总会出乎我们所料，相信随着社区的发展和技术的演进，上述愿景很快就能实现，让我们拭目以待！

图16 未来研发模式

**宋顺**

蚂蚁集团高级技术专家，Apollo Config PMC。在微服务架构、分布式计算等领域有着丰富的经验，2019年加入蚂蚁集团，目前专注于云原生和微服务方向，如Service Mesh、Serverless、Application Runtime等。毕业于复旦大学软件工程系，曾就职于大众点评、携程，负责后台系统、中间件等研发工作。

# 云原生时代的异地多活架构畅想

文｜李运华

**异地多活架构向来以重要、复杂、高投入闻名，没有普适的标准或模式，因此多见于大型企业或大型业务。在云原生时代，云原生技术的成熟将极大地降低异地多活架构设计的复杂度，帮助异地多活架构在更多企业和业务中落地。**

站在技术角度，异地多活架构可以说是架构设计中的技术高峰。无论开发者是否亲自做过异地多活架构设计，都会对异地多活架构设计的重要性和复杂性有所了解。

为了让不同的业务能够快速落地异地多活架构，很多团队和业务都希望有一套比较标准的异地多活架构模式，这样也能够避免因异地多活架构而对已有系统进行大规模的改造，还要将成本控制在可接受的范围内。

在云原生技术到来之前，要达到上述目标确实很难，因此我们几乎只看到大公司或大业务落地异地多活架构。而随着云原生技术的成熟和普及，异地多活架构的设计复杂度将大大降低。那么，云原生时代，如何做异地多活架构设计？我将结合自己对异地多活架构的理解以及对云原生技术的未来展望进行讲述。

## 异地多活架构的现状和挑战

当我们的业务量级达到一定规模后，团队自然就会开始考虑异地多活架构的设计，但是当我们真正开始进行异地多活架构设计思考时，会发现异地多活架构设计远比我们预想的要复杂，体现在三个方面。

第一，很难保证所有业务都实现异地多活。比如强一致性的库存、余额，再比如数据冲突不好处理的用户注册或游戏中的唯一道具购买等。

第二，很难实现完美的异地多活。由于FLP定理和CAP定理的约束，以及目前远距离网络传输固有的网络时延，如广州到北京网络传输的最好数据是时延30ms，我们在设计架构时会发现，总会有一些异常场景，无法做到完美。

第三，存储系统的能力很难满足异地多活的要求。比如MySQL的同步可能出现较长时延，再比如Redis可能丢失1s的数据。

另外，异地多活对基础设施（机房、网络、硬件等）要求高，成本自然增加。因此目前真正落地异地多活架构并且取得成效的企业或业务，其规模都比较大，如淘宝、微信、美团等。即使一个公司的不同业务，其异地多活架构方案也有差异，每条业务线可能要做自己的异地多活架构设计。

## 云原生时代的异地多活架构设计

如何降低异地多活架构设计的复杂度和成本？云原生技术可能是一个答案。我们提炼一下云原生技术的关键点，可以得到一个基本的等式：

云原生=微服务化+容器化+Service Mesh+云产品

其中微服务化、容器化、Service Mesh都很好理解，云产品主要是指云厂商提供的各种中间件和存储产品，如阿里云消息队列RocketMQ、云原生关系数据库

PolarDB、对象存储OSS等。这些云产品有一个共同的特点：云厂商在实现之初就设计了分布式的弹性架构，无需我们再去考虑架构设计。

当下，云原生技术已经成为未来的技术方向，那么，云原生对异地多活意味着什么？在云原生时代，又该如何落地异地多活架构？我们可以将异地多活架构设计拆分为三个关键点：网络设计、计算设计、存储设计，逐一击破。

## 异地多活架构网络设计

由于异地多活架构的主要应用场景是应对机房级别的灾难（如机房断电、机房火灾等）和城市级别的灾难事件（如城市大面积停电、水灾、地震、龙卷风等），因此，异地多活架构网络设计的核心就是当灾难事件发生后，能够将用户的访问流量快速切换到正常的机房。如果仅依赖传统的DNS，则无法做到这一点。因为DNS的缓存不可控，浏览器、JVM、操作系统等都可能缓存DNS解析结果，而且缓存的时长各不相同。

在没有云计算的年代，如果要自己实现流量快速切换，通常有两种方式。

其一，中小型公司一般会自己实现HTTPDNS，也就是基于HTTP实现私有的DNS解析，其基本原理见图1。

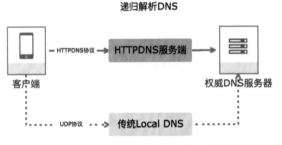

图1 HTTPDNS架构示意图

HTTPDNS适合App类的业务，因为需要在App内嵌入HTTPDNS的SDK，实现域名解析的功能。

其二，规模较大的公司通常采用GSLB（Global Server Load Balancing）技术，GSLB融合了状态监控和动态路由的功能，能够快速隔离故障机房，将流量切换到正常机房。GSLB技术分为三类：基于DNS的GSLB、基于重定向的GSLB、基于IP欺骗的GSLB。我们以基于DNS的GSLB为例，简单描述其工作原理，见图2。

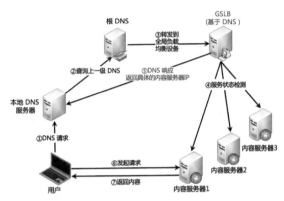

图2 基于DNS的GSLB架构

虽然HTTPDNS技术复杂度不高，但是要自己实现一套HTTPDNS系统，工作量不小。主要原因是HTTPDNS的功能点较多，需要改造。而GSLB无论是实现复杂度，还是部署成本都比较高。

而在未来的云原生时代，云厂商把HTTPDNS和GSLB做成通用云产品，我们直接购买这类云产品即可。因为无论是HTTPDNS还是GSLB，其技术实现是业务通用的；无论是电商还是通信业务，使用HTTPDNS和GSLB的方式都是一样的。以阿里云的GTM为例（见图3），假设华北机房出现故障，GTM可以快速将流量切换到华东机房和华南机房。

## 异地多活架构计算设计

此处的"计算"为"无状态处理"的部分，可以简单理解为应用程序。对于一个应用程序来说，无论在A机器运行还是在B机器运行，只要代码相同，其运行逻辑就是一样的。正因为计算的无状态特点，在设计异地多活架构时，它是最容易实现的。简单来讲，如果A机房的应用程序故障，则我们在B机房构建应用程序即可。

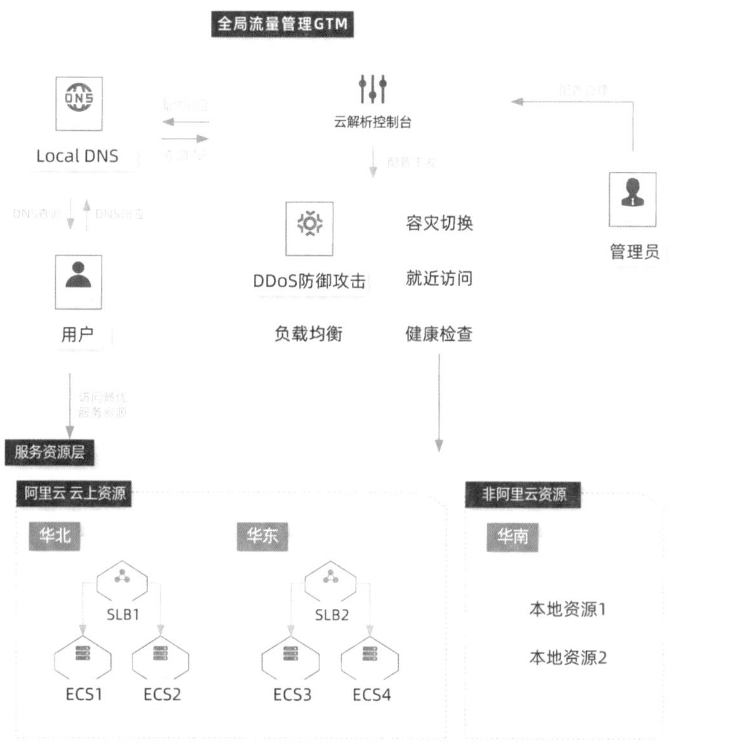

图3 阿里云GTM架构

原理看似简单，但在落地过程中，也不能忽视细节，如成本控制。传统的异地多活架构，为了在某机房出现故障时能由正常的机房接管业务，每个机房都需要预留处理资源容量，异地双活架构就是这样的方案，两个机房都要按照100%的处理资源配置，平时各自承担50%的业务流量，进入应急状态时，能够保证其中1个机房处理100%的业务流量。该方案的弊端是，有50%的处理资源在机房正常运行时是闲置的，长年累月，其成本非常高。

那么，如果平时的资源按照正常的业务处理量来配置，当需要异地多活时再快速搭建是否可行？

比较困难。首先，物理资源很难快速准备，如果平时准备好放在机房闲置，也是一种浪费。其次，就算物理资源可以闲置，但快速搭建运行良好的系统非常困难。尤其异地多活架构的应用场景是机房级别的故障，这就意味着整个机房的所有应用都需要重新搭建，包括

应用程序的版本、相互依赖的配置等，非常复杂。一旦出错，整个业务都无法正常运转。这也是很多传统企业的灾备中心在真正面临故障时难以启动的原因。

好在利用云原生技术，能够很好地解决上述问题。

首先，云计算资源可以动态申请，云厂商也会有很多可供调配的资源，可供按需采买。比如在异地多活应急时期需要用几天，一旦故障修复，这些临时购买的资源就可以释放，灵活节约成本。

其次，云原生时代的容器技术，可以方便快捷地搭建整套系统环境。以Kubernetes为例，只要你的Kubernetes相关配置文件（集群配置、容器配置、业务配置）没有丢失，那么重启一整套Kubernetes环境非常快捷。也不用担心程序版本、配置文件和上次使用时有何差异。

当然，并不是说当前云原生技术天然具备异地多活架构的能力，毕竟在启动异地多活应急状态时，时间就是金钱，速度就是生命。如果到应急阶段，再购买并部署云厂商的资源，即使你的速度再快，也已经消耗几个小时了。因此，如果想快速落地异地多活架构，就需要云厂商推出完整的解决方案。

理想情况下，结合云原生的技术，云厂商可以提供类似于"一键建站"的解决方案，当你需要进入异地多活应急状态时，临时购买服务，然后单击"一键建站"按钮，就能够快速复制一个已有站点的镜像，包括资源的申请、程序的部署和配置，以及运行所有程序，并且自动结合网络设计自动切换流量，这样就能够实现分钟级快速应急的目标。

## 异地多活架构存储设计

异地多活架构设计中最难的部分就是存储架构设计，其主要受制于两点。一是异地网络传输的限制，相距1000km左右的两个机房，时延是50ms左右，最佳状态也不会低于30ms，这可能是人类永远无法突破的限制。二是两个理论的限制：FLP不可能原理和CAP定理。

FLP不可能原理说明在异步通信网络场景中，假设网络正常，在只有一个节点失效的情况下，没有任何确定性算法能保证非失败进程能够达成一致。当然，肯定会有人说：Paxos算法不就号称能够实现分布式一致性吗，那不是违背了FLP不可能原理？其实并没有，标准的Paxos算法是可能出现livelock（活锁）现象的，而且要求多数节点存活才能够正常工作，一旦存活节点数达不到多数的要求，整个算法就无法继续执行。

CAP定理说明通过复制来实现数据可靠性的分布式存储系统，无法同时满足一致性（Consistency）、可用性（Availability）、分区容忍性（Partition tolerance）。异地多活架构主要是为了应对机房故障时能够快速恢复业务，这种情况下肯定出现了分区（Partition），并且为了保证业务可用而不能拒绝服务，那么就要求满足可用性，因此异地多活架构本质上是一个AP架构，牺牲了一致性（Consistency）。

如何应对上述这两种限制，做好异地多活存储架构设计？

核心思想还是"取舍"。目前已经落地的异地多活架构有两种常见做法。

第一，容忍数据不一致。异地机房通过数据复制保证高可用，如果因为时延丢掉了一些数据，虽然可能带来用户体验问题或导致业务错误，但只要这些问题不那么严重，就直接在异地机房提供服务即可，然后等故障机房恢复后，再进行数据修复和业务修复。

可能会有人认为这种做法比较低级，但实际上，大部分业务对数据一致性并没有那么高的要求，如微博、朋友圈、短视频、资讯、电商的商品信息等，做完美的异地多活架构，理论上来说是不可行的，而只要容忍些许的不一致，就能够大大降低异地多活架构的复杂度，也能够保证绝大部分用户与业务都是正常的。这就足够了，毕竟相较于城市所遭受的自然灾害，少部分用户的业务损失，从大局角度而言是微不足道的。

第二，缩短异地机房的距离，改为近邻城市部署。例如，国内常见的广深、京津、成渝、沪杭这四个城市组，因为城市距离近，分布在两个城市的机房时延可以做到10ms以内（同城两个机房时延通常在5ms以内），这对绝大部分业务来说都是足够的，即使出现机房故障，虽然数据一致性不能100%保证没问题，但因为时延导致的数据丢失是极少的。

近邻城市部署还有一个非常适合的应用场景：如果数据一致性要求特别高，近邻城市可以支持强一致性分布式数据库的部署。通过基于Paxos或者Raft这类分布式一致性算法，分布式强一致性数据库能够实现跨机房的一致性，而不会像传统的主备复制数据库只能主机写入。

近邻部署看似完美，但也因为距离太近，一旦发生"区域"级别的故障（如地震、美加大停电、龙卷风等），就可能出现两城机房全部故障的极端情况。考虑到这种故障发生的概率很低，通常会再挑选一个远距离的城市，作为灾备机房。

了解到现状后，就能够知晓云原生时代异地多活架构的设计方向了。

首先要明确一点，云原生只是一种技术形态，它再厉害也不可能突破光速和FLP+CAP两大理论的约束。因此，异地多活架构的存储设计模式本质没有变化，变的是云原生提供的存储产品能够提供更强大的能力，例如更快的复制速度、更高的可用性、更强的一致性、更方便的切换能力。

如果业务对一致性要求不高，那么可以采取远距离部署异地多活机房的方式。利用云厂商提供的能力快速完成数据复制。因为云厂商可以通过自建网络、网络加速等多种手段保障网络性能，无论是传输速度还是稳定性，都远超于我们自己通过公网进行远距离同步的效果。

而如果业务对一致性要求很高，就可以采用分布式强一致性的云数据库产品，保证近邻城市机房时延在10ms以内。

# 结语

以上从网络设计、计算设计、存储设计三个维度拆分了异地多活架构的设计方案，从这些方案来看，你可能会有这样一种感觉：云原生时代做异地多活架构，基本上只要买买买就行，技术的复杂性和面临的挑战都已经被云厂商封装在各类云产品中了。

事实也基本如此，这正是云原生技术成为未来趋势的关键原因。简单而言，只要和业务无关的技术，都应该交给云原生去解决，需要架构师做的事情主要有两类。

第一类，分析自己的业务特点，决定是采取弱一致性的

异地多活架构还是强一致性的异地多活架构，毕竟强一致性的异地多活架构成本较高。

第二类，选取合适的云产品。云厂商众多，且提供的云产品较为丰富，不同的云产品能力和适应场景各有差异，找到最合适自己业务的云产品，既需要对自己的业务特点有深入理解，也需要对云厂商的产品有深入研究。

即便如此，云原生时代异地多活架构的总体设计难度肯定会大大降低，就如"旧时王谢堂前燕，飞入寻常百姓家"。在云原生时代，相信会有越来越多的公司和业务能够方便快捷地落地自己的异地多活架构。

**李运华**
前阿里资深技术专家（P9），16年软件设计开发经验，曾就职于华为、UC、阿里巴巴、蚂蚁集团，先后负责过阿里游戏异地多活、飞鸽消息队列、交易平台解耦、蚂蚁国际澳门钱包等项目，对于高性能、高可用、业务架构、系统解耦等有丰富的经验。

# 云原生时代开发者，如何"变"与"不变"？

文 | 郑丽媛

当前，新一轮科技革命和产业变革正在重塑全球技术发展格局，在这之中云原生以不可撼动之势，剑指云计算下一个十年。在此趋势下，我们不禁展望未来：云原生将如何发展？各大云原生平台能否实现互通？云原生时代下，开发者会遇到怎样的问题，又该如何抓住机遇？为此，《新程序员》特邀3位云原生领域的技术专家，在CSDN副总裁于邦旭的主持下，共同探析云原生的未来图景，揭示云原生时代为开发者带来的价值与挑战。

陈皓（左耳朵耗子）
MegaEase创始人

张鑫
火山引擎副总经理

司徒放
阿里云应用Paas与
Serverless产品线负责人

于邦旭
CSDN副总裁

## 从"小作坊"步入"工业时代"

**于邦旭**：云原生时代为软件开发带来了哪些新的机遇和挑战？对程序员来说，又面临着哪些变化与不变？

**陈皓**：对程序员来说变化在于"分布式"。以前开发代码只需要一台机器，但现在除了一台电脑，开发者还需要很多配套设施，这也是云原生带来的一个变化。

挑战则是人们需要去了解更多知识，因为包括组件都比以前复杂得多，导致开发环境、编程环境也变得更为复杂。

**于邦旭**：的确如此，早期我们写代码通常都是写完直接上传，由运维部署。当时程序员写代码或更关注是操作系统和单机，但现在我们更多关注的是云。换句话说，

以前我们是面向操作系统编程，而今天是面向云原生编程：我们用的很多API已经是云操作系统而不是操作系统带来的了。

**张鑫**：打个比方，没有云原生之前，我们的生产方式很像小作坊或者夫妻店，有了云原生之后就开始步入类似工业时代的大规模、自动化生产，但这种转变有好也有坏。小作坊时代效率比较低，但更为可控；大规模自动化阶段在效率上有所提升，可有些时候程序员可能会感觉比较硬核，因为代码提交后系统会自动适配，心里容易有些不安。

正如陈皓老师所说，云原生时代对程序员来说的确会改变他们的编程方式和习惯。以前我们编程的时候，需要在业务逻辑里面写控制逻辑、服务发现等，都需要写在代码里。但如今进入新模式后就真的完全解耦了，这是

一件好事，但对程序员来说必须要完成这种思维和习惯的转变。

**于邦旭：**我深有同感。2012年，我需要写一个能实时上报心跳的程序，但当时etcd和Consul还不够成熟，开源领域也不像如今这么火，所以我没能获知ZooKeeper的存在。当时的我，只能先写代码然后上报，上报之后再写大量的程序，然后从数据库中读取、判断其状态，再做后续判断。结合陈皓老师和张鑫老师的看法，其实未来我们只需要引入一个云原生的SDK进行初始化，甚至可能连初始化都不需要，这一切问题就迎刃而解了。但这同时也会给开发人员带来一种疑惑：为什么写完程序放到云原生平台后，监控系统的人很容易就能知道服务的状态？为什么明明我没做这个工作，我的应用却掌握了这个技能？

**司徒放：**因为我是做云产品相关，所以我会看到很多传统客户的整个软件开发过程已经被云原生冲击得七零八落了。不论是从CI/CD、运维、监控还是到观测，整个开发领域在云原生时代下产生了非常巨大的变化和冲击，这也就要求开发者要重新学习，学会推倒重来。同时，变革之下也是机遇，我相信，云原生带来的将是未来10年都难得一遇的绝好机会。

此外，对许多业务企业来说，一方面云原生确实会给他们带来冲击，但另一方面他们也能从中受益：曾经需要自研的部分，如今几乎可以在开源领域中"唾手可得"。

**于邦旭：**从我的角度来说，云原生更大的机会是在于帮助一个企业省钱，这个省钱不仅仅是省资源，更是降低线上损失。曾经，一个公司如果想做在线网站，必须招聘一个优秀的IDC运维人员，为此公司还需要帮他对接采购、买服务器，包括上架网站和之后的运维工作。但在云计算诞生之后，这个问题完全得到解决：你不需要有专业的IDC建设和运维人员，只需要把应用部署到云原生平台上，所有工作就都可能由专业的云计算公司来完成。在这一基础上，企业就能将优秀的开发人员投入到业务层面而非基础建设，这也是云原生时代下的

机遇。

## "化敌为友"可能并不是梦？

**于邦旭：**目前阿里云、华为云、腾讯云还有火山引擎都推出了自己的云原生解决方案，未来这几家云原生是否有可能互通？

**陈皓：**总体来看，我觉得不太可能。这些公司都是商业公司，并不中立，他们希望用户能够留在自己的平台。不过从AWS发布EKS Anywhere可以看出公有云已经感知到云原生的压力了——它卖控制台，但代码却可以运行在私有云里，这意味着AWS在这一点上已开始中立，在把目前的公有云厂商往下压，让用户得以自建系统。这对用户而言，一方面降低了成本，另一方面也拥有了自主可控的能力，不会被云厂商锁住。不过即便有这种转变的态势，我依旧不觉得他们最终能够互通。

**张鑫：**互通是一个方向，但问题是谁来做这件事情，是云厂商、独立第三方还是用户？我最近看了很多报告：有些美国报告指出现在平均一家美国企业在用5.2朵云，但这个云里也包含了他们自己的IDC；中国信通院最新的调研报告显示，其中约58%的受访企业表示未来一定要基于混合云。

从商业本质来说，我认为应该要满足"互通"这个市场需求——以客户的角度出发，肯定是希望互联互通、有弹性，而不是被绑定，所以剩下的就是由谁来完成这件事。从AWS发布EKS Anywhere、阿里发布ACK Anywhere，可以看出公有云厂商现在都有不同的策略，作为"后来者"的火山引擎来说，我们也希望能做得更开放。

**司徒放：**云厂商自然是希望开发者、企业和用户都可以长在自己的云上，尽可能满足所有人。但个人认为，用户的多元化诉求是必然的，这也必定是未来的一个趋势。

云厂商通常会把IaaS层作为构建产品差异化竞争力的重点，所以会想方设法在计算能力、网络、存储等方面尽

力提升，但本质上这其实已经被Kubernetes标准化了。而对于PaaS层来说，用户的多元需求不会改变，这在云原生的趋势下体现得更为明显，所以云厂商会进一步拥抱开源。我们也知道用户喜欢开源开放，国内开源的环境也越来越好，因此我们也不断通过贡献社区、推出一些开放且与社区兼容的产品等，去推动标准的建立，希望能做得更加中立和开放，便于用户迁移过来或离开。个人认为，我们应该贴紧用户的需求，靠云产品自身硬核实力而不是绑定来留住用户。

## 中立的前提：开源开放

**于邦旭：** 未来有没有可能出现这样一种情况：有一家公司专门做云原生平台，但不做IaaS，可开发者却更愿意使用这家公司的云原生标准或把应用托管到这家云原生平台，最后由这家云原生平台将其调度到其他家的IaaS上？

**陈皓：** 我认为可能会出现这种公司，但前提是它必须保证开源开放，必须采用通用技术，甚至还要把源代码给到用户，方便他们对其贡献。举个例子，如果阿里云是这样的公司，那它就要做到允许用户一键迁到腾讯云，这样才能让人信服它是开放的。但对于一个商业公司来说，其实很难。

对于用户来说，他们的诉求其实也各不相同。有些用户喜欢体验非常好的封闭产品，例如苹果手机，也有些用户更喜欢自主可控、支持定制的开源产品，例如安卓手机。回首过去20年皆是如此：要么你的确做得好，我愿意付钱，要么你可能做的不如他好，但性价比高并且开放。这两种形态一定是会并存的，不存在谁打过谁，即便未来有这么一家公司可能会把PaaS等都做得更中立、更标准，但依然会有用户选择像阿里云和AWS这样的专有云。

**张鑫：** 这个问题我们公司内部讨论得也非常多。作为后来者，我们在想，火山引擎要采取一个怎样的定位：是做一个独立的纯PaaS，还是一起做IaaS？后来我个人感觉

同时做IaaS和一个非常中立的PaaS可能不矛盾。

虽然这件事直观看来用户肯定不相信，会觉得"做IaaS肯定是希望把我绑在这"、"既做IaaS又做PaaS，怎么可能中立"。但从开放和中立的真正含义上来说，我觉得我们可以做到：

第一，让用户今天上得去明天下得来，并且成本很低，令其安心。

第二，足够标准化，不要让用户有"用了你的产品就用不了其他家产品"的担忧。

第三，有足够灵活的可扩展性，甚至开放源码。

只要PaaS层满足这三个特性，不论有没有做IaaS，用户都能感觉到你是相对开放和中立的。不过这只是一个理想状态，能不能实现还要看未来。

**司徒放：** 现在可以看到已经有越来越多的云原生产品和平台出现，很多云厂商包括我们也都在做这方面的东西。刚刚陈皓老师提到能否从阿里云一键切换到腾讯云，虽然现阶段不管是阿里云还是其他云，大家都还不会做这件事，但未来要看这件事会如何演化，因为最终的出发点都是客户的诉求。

在阿里云做PaaS的人也希望客户能一直使用下去，所以阿里云PaaS是一定会往开放、标准化和开发者友好的方向去做的，只是说现在PaaS的多云形态还没到那个时候，我们PaaS跟IaaS的产品集成还有很大提升空间。

## 自主可控 vs. 方便稳定

**于邦旭：** 现在很多云厂商都提供了标准服务，但开发者可能更愿意使用一个标准的云平台把它变成服务化，所以未来云厂商的服务是否会演变成这种形态：开发者只使用云厂商的IaaS和PaaS能力，而真正的服务形态可能来自更为低价的开源版本？

**陈皓：** 这种需求一定会有的，主要出于对以下三个因素

的考虑:

第一, 成本。

第二, 定制化需求。以阿里云Kafka为例, 它的标准是一致的, 但对用户来说, 有时可能要根据业务场景有所调整, 定制化能力就显得较为重要, 而这对云厂商的运维来说又比较困难。

第三, 问题响应速度。如果使用的是开源版本, 一旦发现问题开发人员就可以立即解决; 但如果使用的是云厂商封闭化的标准服务, 开发人员则需要给云厂商开工单、解释问题等, 比较影响解决问题的效率。

不过这也存在一个隐患, 即如果公司开发人员拥有这些修改权限, 也会对应用稳定性产生一定威胁, 因此还是需要在功能和稳定性之间进行权衡。

**张鑫:** 这需要根据不同的用户群体而定。有些企业不想把自身的研发或运维团队扩建得太大, 标准化的云产品基本也可以满足业务需求, 他们就会选择商业化服务。也有一些企业更喜欢自主可控, 就会出现于邦旭老师说的这种情况, 这主要有三个原因:

第一, 服务响应慢, 商业产品完全黑核, 自己改不了, 有问题只能发工单;

第二, 很难结合自己的场景做深度定制和优化;

第三, 随着开源和云原生的出现, 自建的成本和门槛都降低了一些。

但这种模式下, 用户往往会需要另外一种服务: 有一些互联网公司希望云就用标准的IaaS, 中间PaaS层就基于开源自己搭, 同时他们也希望有一个最佳实践的技术团队来进行指导和解决难题。

**司徒放:** 这个现象在云上是十分常见的, 我们也有很多客户是直接拿开源自建。

有些企业相对来说技术实力没那么强, 其实用开源也可以, 但真正出了问题之后他们还是往云厂商和云服

务迁移, 此时比的就是成本。这种场景下, 云产品其实一直在降价, 或者说它会提供一些基础版来匹配这一类用户。

还有一种拥有很强技术实力的大型公司, 他们也有足够的运维实力, 所以如果他们倾向用标准的IaaS, 然后在PaaS层自建, 这种客户目前很可能是不会用到阿里云的PaaS, 所以有时候为这类企业提供一些最佳实践的帮助和咨询更为合适。

在开源层面, 我认为在开源社区可以一起做相关交流, 但未来还是要看人才的流动情况, 比如能搞得起Kafka这种深度问题的人才会有多少? 这种人才谁养得起? 在这些角度的考虑下, 可能只有云厂商和大公司才能招到这种专业人才, 所以我认为未来的趋势应该还是以采用标准云服务为主。

# 程序员能力提升指南

**于邦旭:** 对于工程师和程序员的培养理念是什么? 在帮助自家公司程序员的能力提升上有何举措?

**陈皓:** 首先我招的不算是精英, 精英我也招不起, 我招的是潜力不错但被其他公司低估的人或者年龄较大其他公司不愿意用的人。

关于程序员能力提升方面, 我主要有四个方法:

第一, 写作。所有东西都必须写下来, 写作是一种深度思考, 是一种结构化的表达方式和沟通方式, 我认为只要能把东西写好或者写得有条理性的人, 基本上学习能力都会很强。因为写作需要做归纳总结, 而归纳总结是学习能力中最高级的方式。

第二, 所有技术方案都要拿出引用: 到底是谁做的? 有谁用了? 最佳实践是怎样的? 以此驱使技术人必须去翻很多论文、开源实践等, 这叫"磨刀不误砍柴工", 因为我最讨厌的就是凭经验做事。

第三, 分享。分享是一种很好的学习方式, 我们公司有

硬性的分享要求，现在也在对外，因为对外大家就会知道要准备哪些知识。

第四，给予更多挑战性工作。这就像下棋一样，得找个高手才能越下越好。

总体来说，我们公司培养人才就是以上四个方法，基本在我们公司干一年提升的能力等于在别的公司干五年。

**张鑫**：我认为在人才培养方面有两点需要注意：

第一，多参与开源。因为参与开源，面对的是整个开放社区和生态，这不仅会迫使我们更好地去提升自己的代码质量和架构能力，我们还可以从中找到设计很好的代码或者经验比较强的人当"师傅"。

第二，做To B。当企业内部发展平稳后，可以通过To B创造更多富有挑战性的场景，以此推动程序员不断提升自我能力。

**司徒放**：阿里在人才培养上不仅关注技术，对商业、客户、产品使用等方面也有一个较为齐全的系统提升。

例如，阿里有"83行代码"活动——工程师觉得自己代码写得好，就可以把优秀代码放到一个内网页面供大家评审；阿里有个不断更新的开发规约——里面有很多"避坑指南"供开发人员参考；阿里内部有一个ATA——技术人员会把一些架构方案和设计在内网抛出来，文章质量很高，员工可从中学习；阿里也很推崇开源开放——技术团队会鼓励大家去做开源投入相关的事情，并且在开源社区中能学习到很多。

作为程序员，我有一个感觉幸福的点，那就是让自己的技术有变现的能力。相较于之前只能做一些PPT展示技术成果，现在通过To B、云服务市场，你的产品有人用钱为你"投票"，这种挑战和成就感是完全不一样的。

扫码观看视频
听嘉宾分享精彩观点

图中从左到右依次为：于邦旭、陈皓、张鑫、司徒放

# 程序员的数字化转型

文｜肖然

数字化成为了当下社会主旋律之一，身处数字化建设核心的程序员自然被假设为"最具数字化思维"的一群人。但事实并非如此，从上一个软件驱动的信息化时代，到目前软件定义的数字化时代，程序员群体面对着巨大的观念转型的局面。

希望通过本文与广大程序员群体及已经奋斗在组织各个部门的技术同事们，一起探索数字化转型带来的挑战和机遇，在碰撞中找到迈向数字化未来的关键路径。

## 数字化时代开启第四次工业革命

迄今为止，人类社会已经历三次工业革命，即蒸汽时代、电气时代、信息时代。以信息技术为驱动的第三次工业革命，让互联网和移动互联网成为了我们生活和工作的一部分。以大数据为驱动的人工智能技术正在推动第四次工业革命，也让程序员成为了越来越重要的时代建设者。

全球疫情加速了数字化的渗透，中国在一些行业的数字化已经引领世界，如我们国家全球首发数字化货币。当然一些数字化服务也带来了不小的争议，如快速风靡又迅速消失于我们朋友圈的换脸娱乐，很多人有幸"变成"了泰坦尼克的男女主角。如何看待这些数字化时代

的产物，不仅是对传统产业的从业者的一次提问，对程序员来说也是需要持续思考的问题。

全面数字化的必然性已经没有人怀疑，但当我们谈论数字化产品和服务时，总有种雾里看花的朦胧之感。通过全球范围的研究，我认为数字化赋予了产品和服务三大特点。

## 源自深入的用户洞察

深入的用户洞察不仅仅局限于发现用户的痛点，而是真正与用户共情，去创造用户自己都没有觉察到的需求。从人们已经习以为常的短视频，到人脸识别的广泛应用，其实很多技术及应用场景都具备这样的特点。然而，这种洞察必须依靠实战才能获取，如人脸识别的屏幕要放多高这样的简单问题，往往也需要在用户真实使用时才能观测到。

## 追求TTM（Time-To-Market）时间的持续缩短

硅谷著名孵化器Y Combinator要求创业团队在几个月内，要从创新想法落实到真实客户可用，这种速度在现

在很多企业内部创新中已经是常态。对于领先的数字企业，这种"唯快不破"的追求已经不是一个绝对值，他们在持续变得更快。类似亚马逊和谷歌这样的全球技术领袖，能够快到一年发布线上服务几千万次！

## 面向新商业收益应用技术

不同于之前的IT老套路，技术应用不再是聚焦于内部的效率提升或成本降低，而是关注如何利用数字化技术来打造新的产品、服务和生态，进而获得更加长远的成功。

以上三大特点已经成为不少现代数字化组织的基因，也是各大组织里程序员们工作的上下文。很显然，程序员并非天然就能这样思考，由此也产生了技术和业务、程序员和产品经理、开发和测试等协作过程中经典的矛盾。程序员能够真正从用户价值而非工作量的角度与产品经理进行对话，是各大研发组织重点打造的思想转型。而TTM的端到端追求可以在DevOps走向BizDevOps的整个行业努力中初见端倪。

当然这样的发展才刚刚起步，技术上的进步（如云原生和Serverless），会让技术尝试和创新的成本越来越低。作为程序员，真正限制我们的将是——是否拥抱数字化时代的思维观念。先进的技术遇到传统的观念，仍然会出现"我们考核一下大家每天的LOC"的尴尬，自然也就不会有程序员考虑向用户价值转变。

## 从"软件吞噬世界"到"算法定义企业"

十年前，硅谷企业家兼投资人马克·安德森（Marc Andreessen）撰写了一篇令人震惊的文章，《为什么软件正在吞噬世界》（*Why Software is Eating the World*）。时至今日，已经没有人会认为这是一个了不起的想法，毕竟像字节跳动这样的纯软件企业已经向我们展示了软件不但可以支撑业务，而且可以创造业务。

这样的趋势被不少分析机构称为"算法定义企业"，整个业务的创造和运营都是通过软件来完成的。这样的模式让一个计算机系的毕业生，可以加入一家数字企业，提供和设计自己完全没有接触过的客户群的服务和产品。拼多多的崛起曾让我们震惊，但如果大家看到拼多多创始团队的背景，我相信大家就能理解这种算法定义的巨大力量。

对于程序员来说，这样的趋势虽然给大家带来了公司地位的提升，很多传统企业的IT部门被更名为DT（Digital Technology）部门，从过去的以成本为中心走向以利润为中心。权利的提升也带来了责任的提升，于是科技部门总是有需求，总是人员短缺。而如何度量产生的价值在这个过程中变得越来越困难，好像所有业务都离不开，但又难以度量产生的价值。

任何一家商业企业，明确价值的度量是核心、是关键。但我们很多的程序员内心是抵触的，因为程序员仍然觉得仅仅是通过软件系统在支撑业务，并没有参与创造业务。然而，即使是组织已有的大型IT系统，如ERP，很多的新功能都需要跨职能的碰撞和分析，如一个机器学习算法的应用，必然是多种职能角色的碰撞结果。从这个视角出发，我们无法要求每个程序员持续提升自己涉猎的业务领域，但我们需要每一个人都能够持续提升自己的跨职能交流能力和理解能力。未来数字化企业的算法设计并非凭程序员一己之力，而是要结合业务专家、用户体验设计专家、安全风控专家等不同背景的人才的集体智慧。

另一方面，随着数字化经济的展开，我们也会发现不少程序员从后台走向了前台。如当下炙手可热的数据领域，与不同行业产生碰撞，持续诞生新模式和新产业。再如金融行业，量化交易的从业者正在成为程序员，通过设计算法来完成自己的业务经营。这样的趋势会随着数据应用的拓展而越来越多元化，由此也让编程逐渐成为了一种通用能力。在不久的将来，我们有理由相信人人都会是某种程度上的程序员，程序员的定义在逐渐被泛化，成为未来数字经济的重要能力组成部分。

## 迎接数字化技术跃迁挑战

随着技术的突破，今天我们谈论科技，早已不局限于IT信息技术了，5G、人工智能、IoT、虚拟现实等，都是科技。科技在当下成为了我们商业模式和社会服务的一个颠覆因素。畅想一下在虚拟现实技术成熟后，未来针对生活和工作的定义会发生什么样的颠覆性变化呢？

技术人员留给人的印象似乎是一个穿着格子衫的程序员，脑子里永远思考着下一行代码。然而，技术却有"务虚"的一面，技术的趋势和风口正在成为这个时代的战略新宠，当技术产生颠覆效应时，用"海啸"来形容那种排山倒海的巨变也不为过。想想被你闲置在钱包里的现金，相信大家都深有体会。

我们见证了人工智能中一个分支——机器学习应用带来的巨大冲击力，从下围棋到指挥战场都展现出了超常的实力。然而，这仅仅是人工智能技术应用的冰山一角。未来学家KK (凯文·凯利) 认为再过几十年人类将找到治愈各种顽疾的终极武器，如这次新冠疫苗采用的mRNA技术。由此人类的健康和寿命都会大幅度提高，也就意味着我们每个人都将有更多时间去创造未来。

引用HBR针对颠覆式创新的认知，我们会发现科技让颠覆更容易发生。科技让我们更接近客户，能够更低成本地提供针对小群体的定制化服务，从而完成底层用户侧的颠覆。如短视频初期是针对年轻人的快速视频共享服务，满足年轻人生活的快节奏，很快就席卷了整个移动用户群体，缔造了抖音这样的新一代视频社交平台。这背后离不开移动平台的发展和通信技术的进步，当智能手机遇到4G时代，短视频的暴发基本是注定的。

科技也开辟出了很多新的商业赛道，完成了类似"数码相机"对"胶卷时代"的颠覆。如移动支付因为智能手机成为可能，牵引出了一整套的新零售模式，各种商品就在每个人的指尖，这对传统超市的冲击已经是不争的事实。接下来几乎已经确定的自动驾驶技术将颠覆现在的交通和物流，只是如何颠覆我们还不得而知。

作为依靠这些技术来工作的程序员们，每个人都面临着持续学习新技术、新方法的压力。于是程序员圈子里出现了"40岁现象""35岁现象"，好像一代程序员被淘汰仅仅在三五年之间。在各种光鲜的统计数据和其他行业的艳羡下，程序员群体实际上充斥着焦虑，不知道如何能够让自己持续保持在技术前沿。

直面这种焦虑，我们需要理解技术发展的两大特点：指数发展和组合叠加。

■ "指数发展"谈的是某项科技的进步是非线性的，如我们现在习以为常的智能手机 (Z世代估计会质疑什么是"非智能"手机)，已成为了大多数人最紧密的生活伴侣。回想最近几年，仅仅是在拍照领域，从最开始能够每年有新机型提升像素精度，到现在隔几个月发布一款新机型，而且每一款都会带来类似"拍月亮"这样的惊喜。以iPhone为例 (见图1)，从2007年iPhone问世到2015年，每年新机型的照相功能基本是像素的提升。2016年后，每年的新版本开始引入颠覆性的功能，如专业相机的变焦、景深、智能感光等，镜头也从一个变成了三个，软硬件开始深度整合。华为手机的成功某种意义上也是抓住了这个趋势，快速建立了自身产品的竞争力，后来居上。技术的迭代速度越来越快，并且很难预料接下来是什么，毕竟目前的手机被替代也只是时间问题。

图1 iPhone的迭代

135

■ "组合叠加"谈的是多项科技的碰撞可能产生完全不同的轨道，如特斯拉和蔚来之战，两家都不是严格意义上的汽车制造企业。除了新能源外，两家汽车比拼的是互联互通的能力，而这种互联互通将带来新的竞争赛道，未来汽车不需要人驾驶，甚至不需要人人都去买车。这一切的背后是5G、IoT和人工智能等一系列技术的交叠，这种交叠让很多传统车企感到无所适从。

这两大技术发展特点决定了一个最为关键的数字化时代特点——不确定性。不同的技术发展轨迹与技术组合可能产生完全意想不到的突破，被动响应的结果往往是丧失商业世界生存的权利，昔日的移动手机霸主诺基亚应该还在我们大部分人的记忆里。

当然这两大技术发展的特点也带来了一个激动人心的推论：未来不是现在的延伸！作为一名年过40的技术人员，十年前还在期盼着JavaScript退出历史舞台，完全没有预料到从AngularJS到React Native，再到TypeScript的技术发展。不得不说技术总是给人带来意想不到的惊喜。

既然未来不是现在的延伸，那么我们怎么才能分析接下来可能的技术颠覆呢？显然"预测"是没有任何作用的，只有持续地参与到广泛的技术社区中，通过不断碰撞和尝试，才能加深自己对不同新技术的认知，也才能直面这样的技术挑战，抓住跳跃的技术脉搏。

一言以蔽之，程序员只有持续地开放学习，才能变数字化技术跃迁的挑战为机遇，变焦虑为动力。

## 打开全球化研发元宇宙

四年前我和一位科学家一起翻译了《增强人类》这本书，谈的是VR、AR在我们各个生活场景中的应用。四年后的今天，我们已经在谈论数字化世界即将诞生的元宇宙，这也标志着程序员的世界必然将继续进化，更为全面和深入的人类数字化转型即将创造崭新的时代。

在最近一次60后、70后、80后、90后技术人员代表的座谈中，一位60后的程序员谈到昨天和今天的对比，他认为：20世纪是程序员"个人英雄主义"的时代，而当下的数字化时代，是研发团队"集体主义"的时代。相信大多数技术从业者都赞同这样的对比。如今的软件复杂度已经超越了任何一个程序员的认知极限，必然需要一个研发团队来承载。而作为个体，明确数字化思维和方法的认知是保证集体能够向正确方向前进的基石。我们经常挂在嘴边的团队文化，其实是团队内各个个体认知的基础共识。

针对技术的发展，我们认为拥有数字化思维的程序员应该具备以下认知。

## 技术应用面向客户价值创造

技术的应用要想跳出开发场景的局限，就必然要关注客户在生活和工作中的场景，从而找到创新应用的可能。我们都熟知"乔帮主"是此方面的高手，MP3技术在他手上变成了在线音乐共享生态，而iPhone的很多创新都来自其他领域技术的"他山之石"。在创造客户价值的同时，苹果在"乔帮主"手上也成为了最具商业价值的科技企业。

当下的数字化时代更是强化了这种客户思维的场景化，如时下热门的车生活领域，在整个停车的过程中，二维码技术本身并不重要，帮助客户顺利找到车位，取车时流畅地支付、出场才是获客的关键。而整个客户服务链上的持续价值创造必然推动新技术的持续应用，当5G和IoT普及时，可能我们已不再需要二维码。

程序员日常工作不可避免更关注技术本身，要想避免过度陷入技术细节，就必须走出去，与不同背景的同事，甚至客户碰撞和交流。小米手机在创业初期，要求开发人员都到论坛中去参与讨论，让大家都更了解客户真正想要什么。此举吸引了大量的米粉，也保证了技术应用瞄准真实的客户诉求。而我们现在习以为常的敏捷开发模式，也是在帮助我们从组织结构上保证大家面向客户价值创造去跨职能协作。

## 技术演进面向持续迭代

软件不同于物理世界产品的一个关键就是本体的持续变化，甚至大部分程序员的日常工作不是创造新的模块，而是改动已有的组件。这样的工作模式造成了软件开发工作的独特性，良好的职业操守要求我们必须"向前考虑"，今天的高质量追求是明天后继程序员们能够高效理解和修改程序的保障。

在此基础上，我们必须直面技术的快速进步，新架构和新框架会持续出现，有时候也会像AngularJS一样，2.0版本对1.0版本完全颠覆。在面对相关新技术时，要勇于尝试和快速学习，克服畏难情绪。特别是技术团队的领导者们，要往前看，主动发起针对新技术、新方法的持续学习。

软件已经成为数字化时代的新基建，在越来越多的关键支撑领域，我们是不可能隔几年就推翻并重建系统的。所以建立持续迭代的技术演进思维和机制，就成了研发团队的核心竞争力。每一个程序员一听到遗留系统，都眉头紧锁，但如果不能关注当下的技术迭代，我们手里的系统距成为遗留系统也就是时间问题。

## 技术开放面向开源生态

软件的发展史给我们展现了什么是"越开放、越强大"，开放的互联网成就了我们现在数字化元宇宙的梦想。开源社区的蓬勃发展颠覆了曾经的科技巨头，让"去IOE"成为了现实。技术的壁垒也不是靠封闭实现的，特斯拉"开源"了所有的汽车专利，仍然成为了新能源汽车领域的技术霸主，而大量的云原生技术本身就是靠开源生态孵化的。

面对今天的软件开发，如何用好开源软件已经成为了一个不可回避的话题，甚至程序员们都应该去思考自己如何加入不同的开源社区，与社区共同成长。在国家的倡导下，不少的研发组织也开始思考如何参与到开源中去，并且有了专项投入。

具体到研发团队，我们必须拥抱开放的技术。互联网技术的崛起，已经给我们展示了只有开放才能构建真正可持续发展的技术生态。而生态的建设需要大家抱着开放的心态来看待不同的技术方向，Thoughtworks全球技术委员会定期发布技术雷达（Tech Radar[1]），其初衷就是帮助公司全球几千开发人员建立更广阔的技术生态意识。而技术雷达作为实践也被很多研发组织借鉴，形成了面向自身业务发展方向的技术关注地图。

## 技术创新面向跨界融合

元宇宙的提出似乎在创投行业带起了一波行情，正如我们前面谈到的，技术叠加碰撞带来的可能性会大大超出我们的想象。当我们可以在元宇宙里进行与物理世界一致的互动时，我们的生产和生活方式显然会被再一次颠覆。

不少程序员们认为自己很多时候就是在做技术上的创新尝试，只是这些创新无法与圈外人士分享。但技术的创新和应用都必须遵循客户价值创造的逻辑，这就要求我们在创新过程中去主动"破圈"。这也是为什么我们看到的创业团队总是由不同背景的小伙伴们组队完成。在帮助企业构建创新孵化机制的过程中，我们发现往往是技术人员更需要接受市场观念和客户意识的培训。有研究显示，让业务背景的同事理解IT，实际上比让IT背景的同事理解业务更容易。所以，软件技术圈需要更多的跨界，才能真正具备创新思维。

聚焦到技术人员个体，不少人一定有过这样的体验：在某次业务交流的过程中，突然发现业务的痛点是可以通过现有服务的组合得到解决的，甚至解决方案可能已经超越了业务人员的初始想法。很多程序会认为这是业务人员不理解他们的证据。恰恰相反，这说明程序员们需要更多的跨界，让业务看到技术的可能性，帮助他们更好地使用技术。不要忘记，不论是技术还是业务，最终我们创新的目标是一致的。

## 想，都是问题；做，才有答案

软件行业固然年轻，但我们也必然要面对技术的持续高速发展。作为软件构建主力军的程序员群体，应该说都是痛并快乐着的。一方面技术的快速迭代会给我们带来一定程度的焦虑，让我们感受到丝丝恐慌；另一方面朝阳产业也吸引了越来越多的年轻人投入其中，保证了群体的活力和创新力。

企业的数字化转型面向的是打造科技使能的数字化业务，持续创造卓越的用户价值。作为企业中越来越重要的技术和研发人员，我们的工作方式和思想观念也决定着组织是否真的能够建立起科技的基因。本文虽尝试从程序员数字化转型的视角去描述这样的基因，但最根本的还是大家是否能够在实践中且行且思考，在知行合一的过程中化焦虑为动力，成为数字化转型的中坚力量。

"全面数字化转型"专题从数字化转型中的核心"人才"出发，探讨数字化大潮下，开发者的成长空间与新机遇。同时，本专题也重点深挖了全面数字化转型中的

方法论和企业常见的误区，并分析了众多当前最先进的理论和技术解决方案，包括云原生、低代码、数据治理等。同时通过对数字化转型先锋企业的实践分析，启发企业找到自己的转型之路。希望本专题能帮助那些寻求转型和正在转型中的企业对转型的本质有更深的理解。同时，抓住机遇，创造未来！

**肖然**

Thoughtworks全球数字化转型专家，长期为金融、保险、通信、物流、零售等核心产业的头部企业提供从战略执行到组织运营各个方面的咨询服务，是《深入核心的敏捷开发》《代码管理核心技术及实践》《人件》《增强人类》等多本著作的作者或译者，《财新》和《数字银行》专栏作者，以及Open ROADS全球数字化转型社区咨询委员会（advisory board）成员。

### 参考资料

[1]https://www.thoughtworks.com/zh-cn/radar/techniques

# 蒋涛对话英特尔中国区董事长王锐：
# 数字化已成为推动世界革新的原动力

文 | 何苗

英特尔50年，迎来了一个全面数字化转型的时代。四大超级技术力量"无所不在的计算、从云到边缘的基础设施、无处不在的连接、人工智能"向开发者发出新的挑战，与3D、视觉相关领域的碰撞蕴含巨大想象空间。开发者与企业该如何借助开源生态，抓住数据爆炸带来的数字化转型巨大机遇？英特尔中国区董事长王锐与CSDN蒋涛为大家分享关于数字化发展与未来计算的最新探索。

对话嘉宾：

**王锐**
英特尔公司高级副总裁、英特尔中国区董事长。全权领导英特尔中国区的所有业务和团队。拥有华南理工大学电子工程学士学位，哥伦比亚大学工程硕士学位、哲学硕士学位及电子工程博士学位。

**蒋涛**
CSDN创始人&董事长、极客帮创投创始合伙人，25年软件开发经验，曾领导开发了巨人手写电脑、金山词霸和超级解霸。1999年创办专业中文IT技术社区CSDN（China Software Developer Network）。2001年创办《程序员》杂志。

数字化浪潮已经席卷各行各业，计算渗透了生活的方方面面，跨越现有的新兴设备，将一个新的世界逐渐展现在眼前。面对不断升级的技术力量，开发者迎来了充满机遇与挑战的数字化转型时代。

2021年9月出任英特尔公司高级副总裁、英特尔中国区董事长的王锐也不禁感叹："如果可以重新选择一次，我愿是当代的一个开发者。"作为英特尔中国历史上首位女董事长，王锐技术出身，非常务实，是哥伦比亚大学电子工程博士，在英特尔曾接触过硬件、软件、EDA等多类业务。在陪伴英特尔转型成长的历程中，她看到了整个技术产业界所面临的巨大机遇，而数字化已经成为推动世界革新的原动力。

改变世界是每个开发者最初的梦想，面对呼啸而来的数字化转型时代，他们将去向何方？CSDN创始人&董事长、极客帮创投创始合伙人与英特尔公司高级副总

裁、英特尔中国区董事长王锐（见图1），对未来计算展开了一次深度探讨，以期帮助开发者把握数字经济发展的机遇。

## 英特尔50年，"内"与"外"之变

**蒋涛：很高兴今天能有机会与我们的老伙伴——英特尔一起来聊聊未来计算。你在英特尔多年，在这个行业也深耕多年，可以看到，英特尔这两年变化特别大，可以和我们分享一下吗？**

**王锐：**我在英特尔已经27年，其实无论哪个公司，如果有50多年的历史，一定都有成长的过程。前几年英特尔也遇到了很多挑战，无论是制程方面，还是产品方面，我们历史性的领先地位受到了很大的挑战，但自从帕特·基辛格回归英特尔出任CEO之后，带来了"Torrid Pace（快

图1左: 王锐 英特尔公司高级副总裁、英特尔中国区董事长
右: 蒋涛 CSDN创始人&董事长、极客帮创投创始合伙人

步前行)",使得我们加快了前进的步伐,正在重新将英特尔推到世界技术领先的位置。今天我们的业务远不止CPU,而是从云到端到边缘的技术全覆盖,英特尔变成了一个更加庞大、更加夯实的企业,未来又回到了我们自己手中。作为英特尔中国区的董事长,我希望带领英特尔中国的团队为数字化转型贡献出我们的一份力量。

**蒋涛:** 如今的市场和技术发生了一些变化,比如微软的Windows原来是个封闭系统,对开源不太支持,但纳德拉上台之后做了很大的改变,回归了程序员文化。外界有云的变化、开源的变化,那么英特尔看到了外部怎样的变化?

**王锐:** 我们可以看到数字化已经成为了推动世界革新的原动力,这也给整个技术产业带来了前所未有的巨大机遇。随着万物云化,人工智能与高性能计算加速渗透,5G迅速普及,一个崭新的世界正在向我们走来,也为我们带来了一系列变化。

第一,数字经济不断转型迭代。现在市场对技术的需求与以前完全不一样,使用的语言也是前一代人不熟悉的,好比我们谈到的"四大超级技术力量"之一的"计算无所不在",其实是人与技术融合交互的方式,你会看到所有我们能接触到的东西都越来越像一台计算机,或者是超级计算机。

第二,基础建设从云到端到边缘。计算不再是在云端大、在边缘端小,而是变成智能、互通的基础设施。

第三,5G网络连接。从边到云的连接将更多通过5G来实现,以前大家都好奇5G到底有没有被应用,现在大家看到5G已经变成现实,而且它展现出对网络和计算的更大需求。

第四,AI无处不在。AI不是纵向的技术,而是基础技术,如今AI无处不在。

以上这些变化交叠在一起,使以数字经济驱动的各种技术变得更加复杂,同时对计算的需求呈指数级提升。到2023年,每个人都可能拥有1Peteflop/s(每秒进行千万亿次浮点运算)的算力和1PB(Petabyte,千万亿字节)的数据,时延不到1ms。数据爆炸带来了无限的发展机遇,同时也意味着,如果抓不住这样的机遇,很可能会落后甚至被淘汰。为此,企业应当打造三项基础能力,包括数据的计算能力、存储能力和传输能力,并在此基础上建立数据分析工具,促进自身发展。

## 构建开源开放生态系统,"软硬"兼顾缺一不可

**蒋涛:众所周知,CSDN是软件工程师的大本营,一直以来都在帮助他们学习和成长,英特尔现在有多少软件工程师?**

**王锐:** 英特尔有超过1万名软件工程师,仅仅从软件工程师数量来讲,英特尔是规模非常庞大的软件开发商。

**蒋涛:很多人认为英特尔是一家硬件公司,没有想到有如此多的软件工程师。**

**王锐:** 我们努力转型多年,对开发者非常重视。一方面,如果只有硬件没有软件,就无法发挥硬件的力量。CPU的固件、底层软件、中层软件、应用层软件等都需要开发,如果我们没有开发出相应的工具包,也就无法与开发者更好地联系起来。另一方面,这也是服务社区必备的。

蒋涛：英特尔在软件以及开源方面有很多产品、技术和资源。基于此，在新环境下，英特尔对满足开发者的应用需求有什么样的规划？

王锐：开发者是真正的英雄，不管多么强大的硬件部署，只有开发者在硬件架构平台上应用它，才能让它活过来。在对计算的需求愈加复杂的情况下，我们看到了各种开发者的需求，归纳起来主要有三点：一是开放性，因为社区很大，不可能由一家独占；二是必须有选择性，确保开发者可以便捷地挑选对自己最有帮助的架构；三是信任，信任是开源社区建立的基石，底层硬件的安全功能也可以在上层用到。只有做到这三点，开源社区才会不断生长，不断满足未来的需求。我们在这三个方面都有非常大的决心去开发和部署。

蒋涛：据我了解，英特尔对Linux内核的贡献全球第一，并且保持了很多年。很多开源项目也是源自英特尔，如OpenCV、OpenVINO，包括我们做直播用的OpenWRT，英特尔也做了很多贡献。但感觉都是默默贡献的，怎么能让更多开发者用到这些东西，英特尔有哪些措施？

王锐：现在我们已经意识到应该要正式站到前面来，今后无论是训练方面，还是各种各样软件包的提供，或是底层开源软件的贡献，我们都会不断加大力度，更好地推动开发者社区的前行。其实我们早就针对开发者建立了开发者专区"Developer Zone"，帮助他们更加便捷地获取针对人工智能、客户端、云、5G/边缘和游戏等领域的参考设计、工具包等其他资源。除此之外，oneAPI工具包也在不断增加新功能。我们希望不断优化开发者对资源的获取方式，并简化跨架构的开发模式。

## 深挖四大超级技术力量背后巨大想象空间

蒋涛：未来三年，围绕四大超级技术力量（无所不在的计算、从云到边缘的基础设施、无处不在的连接、人工智能）将会产生一系列变化，这将为开发者带来什么样

的机会，他们最有可能在哪个领域有所突破？

王锐：除了CPU方面的计算，包含在XPU内的各种各样的加速器，如GPU、FPGA，英特尔都在不断开发，我们的Mobileye也在不断往前走，不仅是给汽车自动驾驶安全方面提供产品开发，同时也在不断探索如何正确处理未来自动驾驶方面的规章。未来，一辆汽车就是一个数据中心，它的周围需要各种各样的传感器、计算模式，这对于开发者来说是个特别好的机会。

未来，任何与3D、视觉有关的地方，如汽车领域、餐饮、制造业、产品瑕疵检测等，从计算到数据处理，到各方面的软件开发等方面，对于开发者来说都有非常大的潜力。算力在边缘会越来越强大，我们在边缘布置的算力越多，开发者在边缘可以开发的东西也就越多。

蒋涛：现在是开发者最好的时代，人人都是开发者，家家都是技术公司。不久前我看到重庆一个回收废钢铁的公司也在用AI做识别，判断回收钢铁的型号，甚至中间有很多SOP流程。这些流程过去靠人互相监督，现在则是全程摄像头加数字化管理，目前整个公司已经有60多位开发人员，你怎么看待这样的变化？

王锐：这非常能说明数字化转型正在渗透我们生活的方方面面，而视觉与AI结合的领域潜力巨大。当我们为机器装上"眼睛"，给它赋能AI之后，它能够创造出什么样的应用？这里的想象空间非常广。曾经我们为一家保险公司做过猪脸识别，他们有比较特殊的业务需求，一些人需要为猪买保险，但猪的长相在人看来都差不多，一般人分辨不出来，如果能通过AI来分辨，这样就能保证不会有人用同一头猪重复申请保险赔付。这个案例听起来有点特别，但是如果认真去发掘，你会发现这类应用很多。计算无处不在，对我们的开发者来说场景很多，不要限制自己的想象空间。

## 拥抱开发者，扎根中国技术土壤

蒋涛：中国现在的企业力量和技术力量与很多年前不太

一样，这方面你有什么样的感受？英特尔在支持中国的生态合作伙伴方面有些怎样的变化？

**王锐：**"水利万物而不争"是英特尔的生态之道。英特尔进入中国36年来，我们在生态方面不断地更新、扩展和演进，已经深刻了解到，在中国发展产业生态最重要的一点是真正扎根于本土的市场特点和用户需求。

**蒋涛：**也就是（英特尔）1985年来到中国。

**王锐：**是的，随着中国的发展，我们也在不断成长。中国的商业和应用模式特别丰富，这也推动了大家创新的步伐。到现在，我们一些最前沿的创新客户和合作伙伴已经没有人可以让他们跟进了。我们在中国越来越体会到：一方面，必须把英特尔的底蕴和丰富的产品优势带到中国来；另一方面，也必须和中国合作伙伴紧密合作，推动自身的迭代创新。

**蒋涛：当前AI或开源领域，中国冒出很多新一代技术厂商，从英特尔这些年在中国的发展经验来看，这些公司有机会从中国走向海外吗？或者说，要怎样真正成功地走上国际道路？**

**王锐：**一定能走到海外，但是需要他们扎下根来。真正领先的科学技术，不能简单地把中国的模式完全套用到

海外去。这里有一个非常典型的例子，如字节跳动。字节跳动在海外发展得非常好，但它并不是简单地将中国业务搬到海外，而是非常懂得适应海外市场的本土文化和需求。对英特尔中国来说也是一样，不只是把英特尔总部搬到中国，而是要真正了解本地的需求、文化，然后融合。中国企业要走出海外，走上国际，首先要有自己领先的技术，知道自己的差异化优势在哪；其次，要思考自己的技术如何适应不同的土壤。就像移植树木时，你需要知道土壤质地、酸碱性，才能增加树木的存活率。如果能做到这一步，我相信是可以走出去的。

**蒋涛：你对中国的开发者有什么想要表达的？**

**王锐：**说实话，如果可以重新选择一次，我愿成为当代的开发者。因为这里的机会真的太多了，可以为自己、为这个社会创造价值的机遇也太多了，这个时代，天时、地利、人和都已经具备。

扫码观看对话视频
听王锐分享精彩观点

# 企业数字化转型的前世今生

文 | 杨冠军

**数字化转型涉及企业的管理、运营、决策等多个方面，若只是将过去的人、财的管理动作，通过流程规范固化到系统中，只能算是"青铜级别"。本文从数字化的根本"大数据"和"人工智能"两种技术的发展出发，梳理数字化发展的底层逻辑。同时，给出企业数字化转型"三步走"方案。**

现在，直到现在，还有老板问我："老杨，企业数字化转型到底是什么？"

我说："老板，你这个问题很深奥，我来试着回答一下，所谓企业数字化转型就是把数据贯穿到整个企业运营过程的始终，帮助企业做到一切业务数据化，一切数据业务化。"

细心的同学会说："老杨，你这不是正确的废话么，这叫哪门子回答，这和没说有什么区别么？什么叫一切业务数据化？"

这确实不是一句两句能说清楚的，且听我慢慢道来。

## 从"青铜"到"王者"，企业数字化也有段位

我先梳理下企业数字化的阶段。其实各个企业都一直行走在数字化的道路上，即使荆棘遍布，也从未停歇。企业数字化大抵可以分为以下四个阶段。

■ 企业数字化第一步——青铜。通常认知下的企业数字化包括人事管理系统和财务管理系统，这是把之前的一些人、财的管理动作，通过流程规范固化到系统中。但这样就够了么？显然是不够的。这只是企业数字化的第一步罢了，这样只是做到企业基本的管理动作可记录、可追溯、可衡量，大抵是"青铜"级别，离真正的企业数字化还差十条街的距离。

■ 企业数字化第二步——白银。但也有一些企业发现只进行人、财的信息化管理还不够，还需要把身为"衣食父母"的客户和用户也管理起来，于是"客户管理系统"和"用户管理系统"也登上了舞台。细心的企业就会发现：这些系统都是单独存在的，不能串联。那是时候让"办公自动化"粉墨登场了。但这就结束了么？显然并没有。这也只是企业数字化的第二步，这样只是把企业赖以生存的东西在系统上管理起来了，大抵是"白银"级别吧，离企业数字化还差五条街的距离。

■ 企业数字化第三步——钻石。上面两步充其量可以归属在企业信息化的范畴，整体上更偏重过程，主要目的还是在过程中降本增效。降本增效到一定程度之后，自然就会有创收的需求，这是人性使然。老板所追求的"更高、更快、更强"其实是新的增长点，当一家企业主营业务步入正轨之后，老板就会不遗余力地去思考新的增长点，无一例外。因为大部分老板都深谙"生于忧患"之道。思考来思考去，增长点无外乎两种：一是扩充主营业务的新路径；二是开辟新业务。那通过什么手段呢？在这个数据、技术爆炸的时代下，除了数字化真的别无他法了，所以企业数字化也就出现了。其中，扩充主营业务的新路径的代表者就是苏宁，苏宁把线下零售直接搬到线上；而开辟新业务的代表者就是万达，万达不是改造自己的购物中心，而是做支付、收单、营销等的软件系统。两者没有优劣之分，只有投入多少和风

险大小的区别（回过头去看，的确苏宁相对稳健）。但这就是企业数字化的完全体了么？显然也不尽然。这也只是企业数字化的第三步，但却是具有划时代意义的一步。这是企业一号位从意识形态上已经认定了数字化这件事，奠定了数字化成败的基础，大抵是钻石级别了，离"王者"只差一丢丢。

■ 企业数字化第四步——王者。从数字化生长出来的新路径或新业务，从生产环节，到生产者，到生产方法，到生产要素，到生产物品都发生了翻天覆地的变化。这些都是传统的企业经营方式无法企及的。它需要从企业管理、企业运营、企业决策等多方面进行根本性的数字化变革，这既需要一小撮能通过"加减乘除"和"统计分析"等基础数学知识去经营的事持续进行，也需要大多数必须通过"机器学习"和"深度学习"算法才能分析出来的结论作为支持，从而让企业管理、企业运营和企业决策更加数字化。当然这一切的前提是传输、存储、算力、算法等基础技术的长足进步。没有这些技术的进步，机器学习、深度学习都是空谈。这就实打实地进入了企业数字化的王者阶段。坦白讲，能达到这个水准的企业少之又少，简直是"此企只应天上有，人间能得几回闻"的节奏。

细心的同学会说："咦，老杨，你说得一六八开的，那企业数字化的定义到底是什么？"

嗯，孺子可教也，没被我给带偏。

## 你搞清楚"数字化"和"企业数字化"的区别了吗？

要搞清楚什么是"企业数字化"，首先要明白什么是"数字化"。

"数字化"是通过计算机技术，将现实世界发生的各种事情与虚拟数字的表达连接起来，通过数据和算法进而推导出现实世界的深层次规律——各种靠常识和逻辑认知不到的规律。

那什么又是"企业数字化"？

企业数字化就是将企业管理、运营和决策中的经验、方法用数字表达出来，再通过数据和算法重构企业的商业模式/服务模式，使得企业经营全过程可描述、可衡量、可追溯、可预测，实现企业的变革式成长，形成全新的核心竞争力。

企业数字化是一个庞大的系统工程，它是把数据贯穿到整个企业经营的始终，以客户和资产为中心，以生产环节和生产者为基础，通过数字化管理成长为数字化运营，并达到数字化决策的这一过程。最终达到一切业务数据化，一切数据业务化的结果（见图1）。

图1 企业数字化逻辑

## 数字化管理：最容易忽略的部分

数字化管理是最容易被忽视的部分，一来数字化管理练的是"内功"，别人看不到的东西往往没啥动力去做；二来数字化管理是个长期的过程，短期内很难看到成绩。但从过往的数据看，决定企业成败的关键往往却在数字化管理上，"修身齐家"之后才能"治国平天下"，自己都还没弄明白谈何其他呢？

## 数字化运营：最能产生效果的部分

数字化运营是最能产生效果的部分：一来运营占据了整家企业日常工作的八成，如销售报表、销量预测、成本分析、转化率分析等环节，这些工作可以通过数字化系统来实现，而且比人力来做更加全面、科学和准确；二来只要在运营数字化上投入精力，一张报表，一条曲线都可以映射到生产环节中，并得到验证，效果会体现得非常好。

效果体现在又多又快的事情上，自然会是资源聚集的地方。因此，一时间营销管理、商品管理、库存管理、仓储管理、供应链管理等平台如雨后春笋一般地出现了。它们都在数字化运营上发力，也确实拿到了很"爆炸"的成绩。

## 数字化决策：最难的部分

数字化决策是最难的部分，一来很多大的决策都是管理者那一瞬间的灵光乍现，没有逻辑可言，所以很难去把它数字化或公式化；二来大部分决策都依赖于很多影响因子，但这些影响因子的数据又很难收集到，而通过数据和算法推导出来的结论，又大多是不可解释的，而不可解释的结论又很难去让人下决策，更难去说服团队贯彻执行。

但是，大家逐渐认识到数据本身就是资产，除了能够指导现有业务的发展之外，数据还可以给企业提供更多的创新，甚至商业模式的变革。所以你会发现，虽然数据目前只是决策中的辅助手段，但数字化决策这件事是势在必行的。必须说一句：前途是光明的，但道路绝对是曲折的。

# 从"可选项"到"必选项"

古往今来，某个事物的出现和发展一定要兼具天时、地利、人和。互联网的大规模发展是因为个人电脑的普及；移动互联网的大规模发展是因为智能手机的普及；云计算的大规模发展是因为芯片、存储器、机器、网络等硬件的普及；大数据的大规模发展是因为计算、存储等资源的普及；人工智能的大规模发展是伴随着算力、数据、算法的普及。

那么企业数字化转型呢？当然也不会例外，它也有自身的"天时、地利、人和"。

企业数字化的"天时"说白了就是大数据和人工智能这两大技术的发展，看懂了它们的发展历程，也就明白了"天时"。

请看图2的时间轴，2003年、2004年、2006年，谷歌分别输出了GFS、MapReduce、BigTable三篇论文，被称为大数据的三驾马车，也不负众望地成为大数据的奠基之作。Hadoop就是在三驾马车的启发下诞生的。Hadoop具有以下三个特点。

■ Hadoop参照GFS打造出HDFS，它是一个运行在普通机器上的、可供大规模存储和访问的分布式文件系统，是大数据存储的基石。使得大数据这件事情变得可行，在硬件成本上可控，在软件技术上可实现。

■ Hadoop参照MapReduce打造出Hadoop MapReduce，它是大数据分布式计算的一种方式，将大数据的计算任务先分解到多台普通机器上，然后进行合并得到计算结果。它是大数据计算的基石，使得大数据计算变得可行，在硬件成本上可控，在软件技术上可实现。

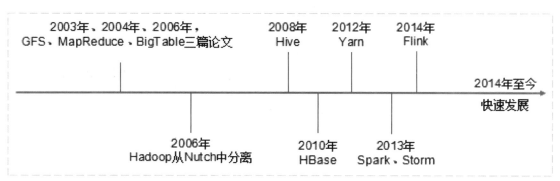

图2 大数据发展史

■ Hadoop参照BigTable打造出HBase，它是对底层的大规模存储和计算去进行使用的一个大表，毕竟表格是更符合人的需求的一种存在，可以认为它是NoSQL数据库的基石。

2006年Hadoop从Nutch中分离出来成为Apache顶级开源项目。从此以后，与大数据相关的技术就如雨后春笋一般迸发出来：2008年的数据仓库Hive；2010年的列数据库HBase；2012年的资源管理器Yarn；2013年的流式计算框架Spark、Storm；2014年的实时计算框架Flink。这些东西都让大数据产业得到长足发展。

这厢大数据日新月异，那边人工智能也不甘示弱。

众所周知，人工智能缘于1956年达特茅斯大会，发展至今也有五十多年了，可以说是经历了三起三落（见图3）。

第一阶段，从20世纪50年代到20世纪60年代是第一个高潮期，主要是以逻辑学为主导的定理证明。然而，由于计算能力的不足，以及当时人工智能本身并不具备学习能力，20世纪70年代迎来了人工智能的第一个低谷期，各种压力和经费问题也接踵而至，人工智能的前景也顿时蒙上了一层阴影。

第二阶段，好在总有那么一小部分不按常理出牌的人继续坚持研究，大概蛰伏了10年，终于在1980年，卡内基·梅隆大学的第一套专家系统XCON诞生了。XCON系统每年到底能为企业节省多少成本一直是个谜（最高的有四千万美元，最低的也有几百万美元），XCON专家系

统经历了近10年的黄金期，也是人工智能的第二个高潮期。然而，随着第五代计算机的幻灭，人工智能走进了第二个寒冬。

第三阶段，经历了两次高潮两次低谷，人们对人工智能的认知也回归理性和客观，同时大数据的存储和计算能力也得到大幅提升，人工智能技术也随之有了突破性发展。于是乎，在1997年，终于有一个"像样"的人工智能产品问世了——IBM的"深蓝"。其以摧枯拉朽之势战胜国际象棋世界冠军卡斯帕罗夫更是一个重要的里程碑，经历了两次高潮两次低谷两次蛰伏，人工智能终于进入了平稳发展阶段。

今天，可以毫不夸张地说，一个不了解人工智能的程序员绝不是好程序员。为什么？下面来看一些事实：2006年之后以神经网络主导的深度学习得到很大突破；2016年谷歌机器翻译准确率达到87%；2016—2017年，谷歌的AlphaGO的惊艳表现；人工智能全球市场规模达2.43万亿美金，而且以每年近30%的增长率在提升；各大科技企业与人工智能藕断丝连的关系。这些事实无不表明人工智能基本上已经"熬出头"了，未来要么做人工智能，要么被人工智能"做"。

大数据和人工智能经过30年的沉淀积累，基础理论和技术都已进入成熟期。整体上，大数据和人工智能行业也随之进入了高速发展期。伴随着大数据、人工智能的发展，之前肉眼凡胎完全识别不了的数据体量和数据维度，现在可以分分钟看懂。所以企业数字化转型这件事

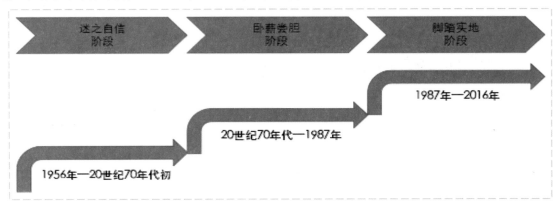

述之自信阶段　　卧薪尝胆阶段　　脚踏实地阶段

1987年—2016年

20世纪70年代—1987年

1956年—20世纪70年代初

图3　人工智能发展史

情也真的由不可能变成了可能，企业数字化也可以不再停留在简单地生成数据报表和统计分析了。

所谓"地利"，某种程度上可以认为企业数字化与"大数据、人工智能"划等号。据不完全统计，从2015年到现在，国家颁布了不少于20项大数据和人工智能类的政策（见图4）。2015年8月颁布了《促进大数据发展行动纲要》，2017年1月颁布了《大数据产业发展规划2016—2020》，2018年4月颁布了《科学数据管理办法》，2020年2月颁布了《关于工业数据分级分类指南》，2020年5月颁布了《关于工业大数据发展的指导意见》，国家层面对大数据和人工智能的支持已经非常明显了。

国外也是如此，Yahoo、IBM、EMC、微软先后投入大量的资源去研究及使用大数据和人工智能，也产出了诸多Apache顶级开源项目。国内的BAT起步相对较晚，其中B（百度）比较浪漫，走的是先技术后场景的思路，网罗了世界顶尖的大数据、人工智能人才，基本上形成了自己的大数据人工智能生态。A（阿里巴巴）比较实际，主要把大数据和人工智能应用于电商、物流等零售服务为业务赋能。同时，还开启了NASA计划。T（腾讯）不紧不慢，主要聚焦在人才储备、算力、算法上。当然还有一些试图逆袭的"有为青年"，如语音识别的讯飞，计算机视觉的商汤和旷视，以及智适应教育的松鼠教育等。的确称得上百花齐放，此处不得不感慨一番，要想追上大数据人工智能的脚步，的确得有"两把刷子"。

所谓"人和"，在这次疫情暴发的背景下，各大企业纷纷亮出自己的数字化能力，也做出了重大的贡献，但同时也发现了诸多问题，如数据采集、数据处理、数据分析、数据应用等层面的问题。侧面验证了当下的企业数字化转型还远远不够，需要大破大立，无论是企业的决策层、管理层和执行层也都意识到数字化转型的急迫性和重要性。

在"天时、地利、人和"的背景下，企业数字化转型再也不是企业的"可选项"了，而是"必选项"。通过数字化转型，企业在管理上、运营上、决策上都将告别"拍脑袋"的日子，用数据来进行企业经营可保企业在竞争中立于不败。

## 企业数字化转型三步走

讲执行路径之前需要再次强调下，企业数字化转型绝对是"一号位工程"。毫不夸张地讲，一切非一号位来负责的企业数字化转型都是"纸老虎"。

企业数字化转型的执行路径无外乎三步：数据打通与数据接入、数据处理、数据可视化。

### 数据打通与数据接入

为什么要把数据打通与数据接入作为企业数字化转型的第一步？所有企业都是从信息化走过来的，信息化通常都是不同供应商提供的系统，而这些系统必然会形成一个一个的"烟囱"，这些烟囱中的数据都只局限在某一维度上，不打通就没有办法进行多维数据分析，更不用说更为高级的数字化运营了。

图4 大数据类国家政策

举个例子，某商业地产开发商的客流、车流、会员、店铺、商品等数据分别来自不同的供应商。现在我想知道哪些人喜欢去哪些商场买哪些商品，这个需求对于任何供应商来讲基本上都是不可能完成的任务，这时候数据打通就是必须的了。但千万不要以为数据打通就是简单地把各个供应商的数据集中到一个数据库中，这就太初级了。数据打通最为关键的是，用唯一的ID来标识数据，只有这个唯一ID准确了，才能够知道进场了多少人，以及每个人到底喜欢什么店铺和商品。

你可能会问：这个只是使用企业一方数据，多数情况下企业一方数据都不够用，必须与三方数据进行场景化融合，才能有更多的标签进行更深的分析和结论输出，这怎么办呢？总不能用唯一ID去广阔的数据海洋里"捞"吧？

这其实属于数据接入的范畴。数据接入的前提就是必须保障隐私及安全。这就要依赖于隐私求交、联邦学习等隐私计算的技术，来完成多方数据的联合分析、训练、建模、预测，从而实现数据价值的流通，达到数据"可用不可拥"。联邦学习是个单独的课题，此处就不赘述了，附一张逻辑图供参考（见图5）。

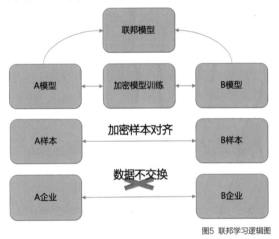

图5 联邦学习逻辑图

## 数据处理

数据处理是企业数字化转型最核心的一步，各企业的数据量级（Volume）越来越大，格式及内容（Variety）越来越多样，而各企业在数据挖掘的深度上、分析的维度上、计算速度上的要求都日益提升。要想在如此庞杂

的数据下挖掘/分析出价值，靠传统的数据分析方式基本上是天方夜谭。这要求企业必须在数据采集、数据存储、数据计算、数据挖掘/分析等数据处理的各个层面都有稳定、高效的技术工具。而这些技术工具的产出又需要百人团队三到五年的积累。对于大部分企业来讲，培养百人团队是不可能的，再积累三到五年，基本上"黄花菜都凉了"。怎么办？这就需要专业做数据平台和工具的大数据公司来提供这方面的技术能力。以MobTech为例，这四个层面形成完整的产品矩阵经历了9年（见图6）。

图6 MobTech数据分析矩阵

## 数据可视化

数据可视化是企业数字化转型的门面，这个大家都能理解。无论是多么有价值的分析结果，都需要由曲线、报表等一目了然的方式展现出来。当然财大气粗的企业可以选择Tableau等商业软件，小而美的企业可以选择Superset等开源的方案，都挺好。

总结一下，本文主要阐述了企业数字化转型的定义、范围、必要性，以及企业数字化转型的执行路径，相信可以帮助你对企业数字化转型有个全面的认知，一起加油！

**杨冠军**

MobTech裘博合伙人/首席数据官。拥有15年以上的研发技术管理经验，为业内公认的技术专家。曾服务于万达网络科技、阿里巴巴、苏宁易购等多家大型知名互联网公司。对大数据和AI的数字化研发管理有独到见解，并为多个团队建立数字化研发管理体系，曾出版《数据赋能：IT团队技术管理实战》等相关书籍。

# 企业数字化转型路径和实现技术

文 | 韩向东

**据IDC预计，2022年的全球GDP有65%来自数字经济，数字化已成为业界共识。然而，企业对于数字化的认知参差不齐。究竟数字化转型的本质和发展规律是怎样的？数字化转型路径又有哪些？数字化和管理该如何融合？本文将针对这些问题进行一一探讨。**

当前，企业正面临一个历史性抉择：如何进行数字化转型？

据IDC预计，2022年全球GDP有65%来自数字经济。到2025年，数字经济占中国GDP的比重将超过70%。"所有产业都需要用数字化手段重做一遍"几乎已经成为投资界和产业界的共识。

然而，不同企业对数字化的认知参差不齐。部分企业认知深刻，正在或计划采取具体措施，更多企业则依然处于"数字化焦虑"之中，不断撞击着他们的战略思维：数字化与信息化有哪些不同？数字化对企业的生存发展到底意味着什么？这么多系统如何整合？企业该从哪里入手开展转型工作？转型会带来哪些具体影响？不厘清这些问题，数字化转型无从谈起。

## 数字化转型本质和技术发展规律

什么是数字化转型的本质？对企业而言，数字化是技术，转型是业务，需要从技术、内涵和影响三个视角分层解析和理解（见图1）。

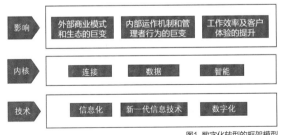

图1 数字化转型的框架模型

## 从技术视角看，数字化是从IT（信息技术）向DT（数字技术）转化的过程

"信息化"和"数字化"在把物理世界呈现为二进制代码的数字世界上并没有本质差别，都是以数据的形式把客户、商品、规则、流程录入信息系统中。但最大的变量来自5G移动通信和通常所说的A（人工智能）、B（区块链）、C（云计算）、D（大数据）、I（物联网）等新一代数字技术的快速发展。在技术应用的效率和质量上的革命性变化，拓宽了数字技术的适用范围和深度，触发了更多应用需求，这些需求反过来又对技术提出了更精细、更深度的要求，促使开发者开辟更多的研究方向。多种技术的相互影响、融合，不断丰富和催生新的技术体系，深刻改变了商业运行环境和社会生态。

硬件网络设备的性能提升，使传统的线下部署方式被算力资源随处可得的云部署方式替代，云计算成为数字时代各种应用的标准配置。据IDC的数据，2020年全球公有云服务整体市场规模（IaaS/PaaS/SaaS）达到3,124.2亿美元，同比增长24.1%，而中国同比增长49.7%，在全球各区域中增速最高。IDC预计，到2024年中国公有云服务市场的全球占比将从2020年的6.5%提升为10.5%以上。

云原生的研发创新模式大幅度提升了开发效率和质量，数据采集、存储、应用的方式更加方便，数字孪生更加普遍。云计算结合AR、VR、物联网、脑机接口等技术，使基于云的虚拟世界更加接近真实世界。

在数字世界里，所有行为都以"数据"的形式留下痕迹，数据的种类、数量正在快速膨胀。原来不被采集的数据被采集上来，看起来"没有意义"的数据瞬间亟须被解读。传统数据处理方式无法满足海量数据的并行处理，更无法在短时间内洞察分析其背后的意义，在数据采集、存储、建模、分析等多个环节，对大数据处理技术的需求更加强烈。

随着算力、大数据技术、语音识别、图文识别能力的快速提升，人工智能也从运算智能逐步发展到感知智能。在知识图谱、机器学习技术的支持下，快速升级到认知智能。人工智能与机械制造、网络传输、数据处理等技术的深度融合，使得智能机器人、智能服务更加丰富，进一步改变了生产方式。

区块链技术让每一个信息发布者和信息接收者都成为互相印证的对象，避免由于信息不对称、不透明造成不信任而阻碍网络效率，从制度和技术层面提高网络的可信度和安全性。

数字化涉及企业组织、流程、业务、资源、产品、数据和所有IT系统，甚至影响上下游产业链生态。更重要的是，企业需要从流程驱动转向数据驱动的思维模式，提升管理和运营水平。

## 从内涵视角看，数字化转型的内核是连接、数据和智能

互联网、物联网让人与人、人与物、物与物的连接更加广泛深入，万物互联的时代已经到来。越来越多的线下业务搬到线上，人们已经习惯于在线连接去获取一切。企业与供应商、客户、税务、工商等管理部门保持连接，快速进行分享、沟通、会议、协作，实现交易在线化、透明化，统一对账和结算。

业务的不断推进产生了大量数据，既有业务数据和财务数据，又有流程、规则等管理数据，为企业通过数据建模、加工、洞察带来可能，让数据真正赋能业务管理和决策成为可能。在数字化时代，企业将围绕数据进行深度的价值挖掘，用数据全方位地驱动企业的发展。

在人工智能模型和算法的驱动下，企业的运营管理进入智能化阶段。人工智能不仅实现文字、语音、图像、视频等非结构化信息的处理，还可以实现归因分析、数据洞察和智能预警，充分发挥数据价值。人工智能大幅提升运营和决策效率，将人从基础的数据分析和处理的工作中释放出来，这也是企业数字化的最高阶段。

## 从影响视角看，数字化转型对商业模式、运营方式带来深刻变革

在外部商业环境和产业生态发生巨变的情况下，传统的从企业到客户（B2C）的"内推式"商业模式逐渐被从客户到工厂（C2M）的"外拉式"商业模式所替代，线性的供应链被网状的生态系统所取代，企业的商业模式也随之进行体系化再造变革。

在线连接、数据共享改变了企业和客户的沟通方式，客户是选用、评判企业产品的重要参与者，决定企业市场影响力。客户需求不仅关乎企业业绩，还引领着企业的产品研发方向。建立真正以客户为中心的运营模式，加快了商业模式转型，提升生产经营效率，进一步激发企业创新活力。

# 数字化转型路径与企业实践

数字化转型路径本身没有优劣之分，企业需根据自身状况寻找适合自己的转型路径。基于过去20多年的实施经验，我们建议企业从以下几个方面入手。

## 从财务数字化转型开始

从会计电算化开始，财务就一直是推动企业信息化进程的重要力量。今天，财务依然是推动企业数字化转型的不竭动力。

始于20世纪80年代的海外财务共享模式深受中国企业

欢迎。2020年底，中国境内共享服务中心已经超过1000家。但传统财务共享运营模式已经无法满足政策监管、技术发展和管理的新需求。因此，管理会计思想逐渐融入财务共享、业务和财务系统；数字技术、人工智能在财务系统中被广泛应用，财务共享中心升级为全面的财务业务处理中心、控制策略管理中心、经营核算报告中心和业财融合数据中心。

商旅共享几乎成为财务共享建设中的标准配置，由此延伸到商旅、采购等业务交易领域的数字化。企业借助已经对接机票、酒店、航司等商旅资源的平台，实现商旅管理的规范化、标准化和实时化。在加强预算管控的同时加强企业统付功能，免除了员工垫资和报销的过程，大大提高了员工商旅体验。财务与采购的数字化整合把采购管理范围从非生产性物资逐步扩展到BMO、全品类、全流程的一站式采购服务，打通了采购管理与财务对接的"最后一公里"。税务数字化从销项、进项发票的基础标准功能，迅速扩展到全税种、税务风险、税务筹划等管理领域，成为一个全面的税务数字化管理平台。

由财务共享开启的财务数字化进程推动了采购、商旅、销售、计划等业务领域的数字化，构建起业、财、资、税一体化的数字化共享系统，成为数字时代的企业管理骨干平台，与已经变身为中后台应用的ERP、CRM等业务系统形成全新的应用体系架构。企业还可以在PaaS平台和开发引擎的支持下，开发各种新应用，满足企业面向客户的个性化需求，打造协同化、一体化、数据化、智能化和敏捷化的系统管理平台。

## 从管理会计和数据中台入手

数字化转型的核心就是数据。随着信息技术的快速发展和政策、社会、商业环境的深刻变革，数据的产生、获取、处理、应用方式都发生了天翻地覆的变化，尤其给商业模式、运作机制及决策方式带来巨大冲击。

从交易型业务的数智财务共享、商旅共享、采购共享、税务共享到分析型业务的全面预算、管理报告、合并报表、成本管理，管理会计体系在企业的具体实践就是基于数据，在数据驱动下完成的。

数据中台就是一整套的数据治理机制和数据平台工具，实现数据的集成、存储、处理、建模和应用等一套完整体系。数据中台必须具备大数据处理和治理能力，采用内存多维数据库引擎的多维聚合能力，具备报表计算、情景模拟等强大实时分析计算能力，实现以财务为核心的业务数字化和以管理会计为核心的管理数字化应用，打破业务和财务的界限、销售和生产的壁垒、部门与部门的切割、内部与外部的隔膜，支撑企业基于底层平台构建各类场景化应用。

数据中台预置了基础模型，根据不同行业特点形成行业模型，结合具体管理场景预置了一系列场景化模型。建模能力决定了使用数据的能力。从收入、成本、利润到各类财务比率指标计算，再到杜邦分析、EVA等综合性指标的计算、分析、比较。丰富的业务模型涵盖了客户、市场、销售、生产成本和财务绩效等各类具体业务，"数据+模型"能完整描述一家企业的具体运作流程。

建模过程就是管理会计体系与管理场景在数据中台的深度融合，用经营计划引导制定全面预算。当外部环境发生重大变化时，系统通过情景模拟比较不同的发展路径，选择最优的经营策略，如在接受订单阶段构建盈利分析模型、在销售环节构建成本分析模型。

举个例子，海尔集团利用管理会计思想和数据中台技术，使得管理团队可以查看从集团到不同事业部、不同渠道、不同产品种类（达数万种）每天的损益和现金流的数据状况。随着数字技术的不断发展和应用，管理报告还能进一步看到实时的经营成果，从产品、客户、区域、渠道、销售平台、销售方式、合同类型、币种、成本结构等多个维度打通数据，建立数据关联，洞察各类业务场景。这些模式不仅满足高层决策的需要，还能赋能给"听得见炮火"的决策者，满足他们日常经营的不同需要。

## 从搭建新一代IT架构开始

商业环境、业务模式和运营方式的变化对技术平台的要求更高了，以ERP为核心的传统应用存在大量的流程断点和数据孤岛，需要引入新的数字化基础设施，打通端到端流程，建立企业内外的连接，把高质量的数据沉淀下来加以利用，是实现数字化转型的重要基础。

新的IT技术架构应该基于云原生、微服务、容器化的底层技术，支持各大云厂商的公有云、私有云和混合云的部署。并且可以实现基于数据中台的大数据处理和治理能力，以及AI中台算法和建模能力。

此外，大量的专业化引擎的出现，使得企业可以采用无代码和低代码的开发方式快速构建各类管理应用。通过元数据建模，可视化地构建产品、客户、供应商、项目合同等丰富的数据模型，让用户通过"拖拉拽"的方式快速构建各类页面，如费用类单据、报表、仪表盘等个性化页面等。

## 从数字化转型咨询开始

数字化转型并没有普适性的"标准答案"，需要根据行业特点、企业个性进行定制化的路径选择。根据不同的时间、范围、资源、人才等约束性因素，制定出适合企业自身的转型道路。

从管理咨询和整体规划开始是很多企业进入数字化转型进程的路径之一。所谓"谋定而后动"，就需要企业基于新的发展战略，确定转型目标和任务之后，进行顶层设计和全面规划，做出分步实施计划，并分解细化每一步的具体工作。对每一步的实施绩效有充分的评估，在达到预期效果之后，再改善优化原有的规划设计。

## 数字化转型是技术和管理的融合

企业数字化不只是技术问题，更离不开核心理念的支撑。企业数字化转型领域并非一片蓝海，早已有更大规模、更有经验的信息化领域的传统强者，他们对数字化运营模式的理解更为深刻，战略转型的经验和手段更为丰富，面向客户端的应用模式正在不断移植到企业端的经营模式中。在消费领域获得成功的数字原生大厂未必在企业级的数字化转型领域占有绝对优势，数字原生厂商在企业级应用和行业上缺乏经验的短板也非常明显。

毋庸置疑，企业级IT服务商与面向消费的数字原生厂商正在企业数字化应用领域既有深度合作，又有激烈竞争，谁能够更懂企业、客户、技术、数据、财务，谁才会在未来竞争中占有一席之地。

**韩向东**

北京元年科技股份有限公司董事长、总裁，元年研究院院长。业内知名的企业管理专家，任职财政部管理会计咨询专家、中国会计学会信息化专业委员会副主任委员、上海国家会计学院智能财务研究院联席院长，并担任多所高校校外导师。

# 数字化转型方法论：数字化转型的失败原因及成功之道

文｜马晓东

**数字化转型关乎企业的核心竞争力，而转型的失败率却高达80%。企业在转型中常犯哪些错误？低成本的数字化转型路径又是怎样的？企业该如何构建数字中台？本文将给你答案。**

2020年国务院国资委正式印发《关于加快推进国有企业数字化转型工作的通知》，系统明确国有企业数字化转型的基础、方向、重点和举措，开启了企业数字化转型的新篇章。

数字化转型对企业来说变得至关重要，经过数字化成功转型的企业，能够连接和吸引更多的客户，加速创新，并在所在行业获得更大的利润份额。然而，即使数字技术应用已成为企业关注的核心竞争力，但企业数字化转型的失败率仍高达80%以上，转型之路困难重重。

本文将从数字化变革的失败原因、如何低成本实现数字化转型、构建数字化转型领导组织及人才梯队、为什么数据中台是数字化转型的利器四个方面阐述，希望可以带给正在数字化转型路上的读者一点启发。

## 数字化变革失败的五大原因

从互联网1.0时期至今，中国传统企业数字化转型十余年，整体效果并不理想。在推动转型过程中由于"技能不足"和"机制不足"交织在一起，造成了各种转型的败局。常见的错误包括五种：

■ 数字化转型方向错误，导致技术和业务脱节。

■ 数字化转型技术路线错误，导致技术和业务不融合、数据烟囱林立。

■ 数字化转型产生的业务价值低，无法赋能业务。

■ 没有完整的数字化转型体系。

■ 缺少数字化人才，以及上下不统一。

**其中，最为致命的是最后一点，企业上下对于数字化的认知是否一致，直接决定了转型的成败。** 对于企业高层来说，他们有自己的想法和视野，但是中层、基层对数字化转型路线是否有清晰的认识，CEO和董事会并不一定清楚。有些企业虽然规模很大，但只有几个人在思考数字化战略。毕竟企业中真正具备思考未来战略能力的人是少数。CEO的想法如果没有让中层和基层领悟，企业对于转型的态度就无法统一。

不仅如此，上下不统一还体现在KPI上。各个部门的数字化转型KPI是不一样的。很多企业高喊着"数字化转型很重要"的口号，但各部门执行过程中使用的还是传统的工作方法，因为这样才能毫不费力地完成KPI。找到具备数字化转型经验的人才和数字化运营人才至关重要。但仅完成人员的配置还不行，这些人才要形成合理的闭环，才能实现预期的效果。

有时企业在数字化转型过程中会打破以前稳定的利益格局，触碰一些人的利益。比较常见的一种情况是，企业在数字化转型成功后，以前的一些人可能不再适合做现在的工作，此时企业需要处理好各角色之间的关系。这涉及很多技术和业务混合的情况，所以企业很难找到巧妙的解决办法。其实企业在转型开始就埋下了这颗种子，规模大、非市场化的公司对此尤为发愁。

# 构建数字化转型领导组织及人才梯队

正如上文所说，数字化不仅关乎IT和技术，更关乎组织的整体转型——组织需要重新定义员工的思维模式、工作方式和文化理念。数字化人才发展的"破局之道"是以用户为中心，激活员工成长的思维模式，连接工作场景和职业生涯发展，充分应用数字化技术，打造开放、共享的人才发展新环境。具体如何构建数字化转型组织和人才梯队需要考虑以下三点。

## 组织架构搭建

组织架构的搭建需要考虑以下五个因素。

■ 领导力。领导素质、知识水平、领导行为和领导战略是搭建架构的重中之重。

■ 预算成本控制。根据预算规定的收入与支出标准检查和监督各个部门的生产经营活动，保证各项活动和各个部门充分达成既定目标，既能获得收益，又能合理利用资源。

■ 战略规划。制定组织的长期目标并将其付诸实施，谋划重大、全局性的任务。

■ 技术水平。科技的发展日新月异，领导者必须了解行业技术发展动态，才能制定出符合当前技术发展水平、与公司发展情况相匹配的政策。

■ 经营模式。将经营模式集成到当前的业务模式，以抵御数智业务在不断变化的环境中可能面临的风险。并将数字化融入设计和工艺，确保转型有序、稳定地推进。

## 确定数字化转型业务的核心负责人

在数字化转型业务中选对核心的负责人是关键。业界普遍认为数字化转型是个"一把手工程"，负责人应该在企业内既对业务十分熟悉，又有话语权。因此，常见的数字化转型负责人往往是由CIO、CTO及CDO来担任。

无需多言，CIO和CTO是信息管理者，企业在数字化过程中面临的最重要的挑战是数据的复杂性。这就需要核心负责人有能力给出合适的解决方案。与这两个角色不同，CDO的岗位职责则是带领团队梳理业务线，基于数据提炼业务价值，利用数据解决业务问题。CDO既要对数字化技术了然于胸，又要对企业业务、数字化战略有深刻的认识。

## 如何选拔和留住人才

定好数字化转型负责人后，接下来需要考虑的就是如何选拔和留住人才了。因为不论数字化转型方案如何完美，都需要有专业的人才来执行才能落地。数字化人才需要了解并掌握相关技术、数据和业务，才能实现创新。鉴于同时具备这种综合能力的人才比较少，企业也可以将具备技术、数据、业务等单方面能力的人才进行组合，以团队的形式实现业务创新（见图1）。企业在选拔数字化人才时首先要注意，不能以技术实力为核心作为选拔标准，而要以数字化转型预期目标来主导数字化人才的选拔。

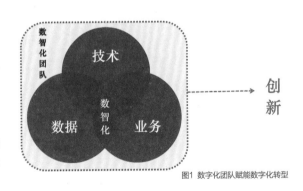

图1 数字化团队赋能数字化转型

同时，创建数字化工作场所也是吸引人才、加速数字化落地的方法之一。企业可以利用技术优势（如数据分析工具、云办公软件、基于员工行为的算法等）并将其部署在数字化工作场所，从而改变员工的工作方式，提升其创造力及工作效率。数字化工作场所是以新的方式做传统的工作，缺乏数字化工作场所的数字化团队，会逐渐失去数字化创新能力，数字化人才也会很快被同化为传统的人才。

# 如何低成本实现数字化转型

从传统企业到数字化企业的转型，需要引起变革的要素并不完全统一。如果企业想要顺利完成数字化转型可以参考"数字化转型六图法"（见图2），它从六个角度给出了数字化转型的思路。

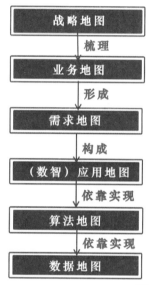

图2 数字化转型六图法

## 战略地图

企业想要转型，第一步便要梳理战略方向，形成战略地图。梳理战略地图涉及战略目标、业绩目标、KPI类型、KPI增长方式、KPI增长价值等内容。

以银行为例，某银行希望明年的利润提升到1亿元，可以将这个利润目标拆解为一级一级的小目标逐步实现，评估和配给不同模块所需的资源。譬如可将全年利润收入分解为营销带动的营收目标、客服中心的营收目标、零售网均的营收目标等。

企业在构建战略地图时，首先要梳理三到五年的规划，并明确新的战略目标，确定从上到下推行战略的执行步骤，促使战略行动的高度集中。以某银行制定战略地图为例，其三到五年的战略愿景为"超常规发展大零售，大幅提升对银行的利润贡献"；战略路径为"深度客户运营、丰富产品服务、推动产能提升、加速渠道转型"，并细化了战略目标的实现路径（见图3）。

梳理战略地图，确定战略目标固然重要，但战略目标的实施路径、实施节奏和实施手段同样重要。

当企业完成内部和外部战略的梳理后，便需要总结新的战略目标及愿景。企业需要将战略目标分解成不同环节的目标，明确存量目标及二级目标。譬如零售企业在制定明年全年的销售目标时，需要对今年销售目标的完成情况进行梳理。结合市场发展、供应商变动等外部情况，制定合理的年销售目标。再将年销售目标按照月份、部门等维度细化，明确每个阶段的销售目标，确定阶段性销售目标的实施路径。

企业完成了总体战略目标和阶段目标的制定后，还需要对相应目标的实现路径和方式有清晰的认知，从而匹配合适的战略执行路径及实施策略，同时要确保战略目标能够按照计划有序推进、稳定落实。

## 业务地图

业务地图是企业实现战略地图的行动方案，包括业务流程和业务方式。企业只有梳理了业务地图，才能清楚哪些业务环节可以优化、重组。

企业若拥有不同维度的业务，特别是核心业务，在规划初期便应分解出相关举措，将现有业务架构进行梳理，分析当前面临的问题及痛点（见图4）。

企业中层需要参与公司核心业务的梳理工作，可以先梳理关键业务及关键环节，包括业务部门待优化之处、组织架构待调整之处、待实现数据智能化运用之处等。例如，某零售企业在梳理业务地图时，某项关键业务可能就涵盖了上万个类别的办公用品，在这些分类中又有子分类和不同的产品型号。除了产品品类，该企业的关键

图3 某银行制定的战略地图

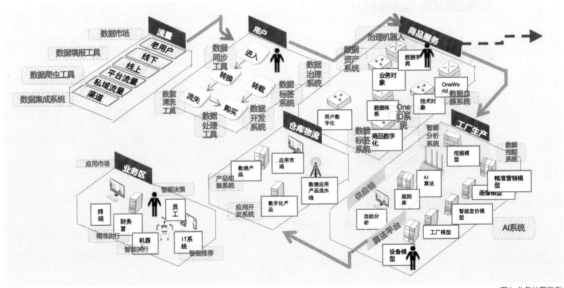

图4 业务地图示例

业务环节可能包括定制服务、售后服务等。这些都是该企业的核心业务，需要在梳理业务地图时特别注意，明确优先处理的事务及环节。在完成业务地图的梳理后，企业可以更高效、低成本地用数字技术和方法达到战略目标。

## 需求地图

如今，企业对数据赋能业务的认识越来越深刻，利用数字技术满足业务需求、实现业务创新，争取更多的客户资源，增加企业收入，是企业进行数字化转型的目的。企业在梳理业务地图的基础上，可以进一步制定一套满足业务需求的体系——需求地图。

## 应用地图

应用地图必须灵活，可以随着业务需求的变化做出相应调整，时刻满足多变的业务需求，推动销售增长。针对不同业务的问题，企业可以搭建多个应用地图，帮助运营部门实现数据赋能业务。

## 算法地图

算法地图是根据业务关系进行梳理的算法规划图。算法地图可分为统计模型、挖掘模型、AI模型、行业模型、函数库和算法库等几部分。其中以决策树、K-means聚类、因子分析为代表的统计模型采用数学统计方法建立，可应用于人群分类、用户分群、满意度调查。企业在创建算法地图时可根据业务关系梳理出不同业务线上的模型地图（见图5）。

随着算法的不断发展和完善，算法应用成为企业提升竞争力的手段，广泛应用于各行各业。如新零售企业的客户精准运营系统，就是利用算法研发客户流失预警模型、客户交叉销售模型；政府公安部门通过算法研究犯罪行为，预测相关区域的犯罪率，构建平安社区。

## 数据地图

当企业完成战略、业务、需求、应用、算法地图的梳理后，需要进一步构建数据地图。数据地图作为一种以图形为表达方式的数据资产管理工具，可以对数据中台汇聚的所有数据进行统一查询、管理（见图6）。

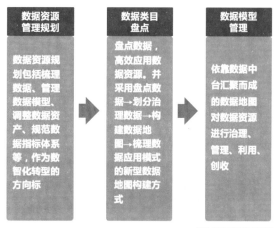

图6 数据地图构建路径

# 数字化转型的利器——数据中台

谈数字化转型不得不谈数据中台，这也是当下非常热门的话题。虽然数据中台在互联网企业中已经有了多年的实践，但对于传统企业来说还是一个比较新的话题。

那为什么要建数据中台呢？数据中台是数字化中台的核心，也是数字化转型的技术基础架构，是转型的载体。

中台战略并不是一个纯技术概念的数据堆砌，而是将

| | | 子用例数 | 优先级 |
|---|---|---|---|
| 数据引流 | A1 客户引流细分模型 | >2 | 低 |
| | A2 客户关系网分析 | >2 | 低 |
| 交叉销售 | B1 个金-信用卡交叉销售 | 2 | 高 |
| | B2 个金-小微交叉销售 | 2 | 中 |
| | B3 小微-信用卡交叉销售 | 2 | 中 |
| | B4 个金理财/基金/保险交叉销售 | 3 | 高 |
| 向上销售 | C1 个金高潜客户提升 | >3 | 高 |
| | C2 信用卡高潜客户提升 | >3 | 高 |
| 客群细分 | D1 四大战略客群细分 | 6 | 高 |
| | D2 TIBC模型客群细分 | 1 | 中 |
| 精准营销 | E1 个金客群交易模式精准营销 | >5 | 中 |
| | E2 信用卡客群交易模式精准营销 | >5 | 中 |
| | E3 个金客群消费场景精准营销 | >6 | 中 |
| | E4 信用卡客群消费场景精准营销 | >6 | 中 |

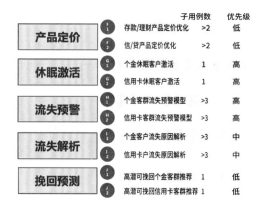

| | | 子用例数 | 优先级 |
|---|---|---|---|
| 产品定价 | F1 存款/理财产品定价优化 | >2 | 低 |
| | F2 信/贷产品定价优化 | >2 | 低 |
| 休眠激活 | G1 个金休眠客户激活 | 1 | 高 |
| | G2 信用卡休眠客户激活 | 1 | 高 |
| 流失预警 | H1 个金客群流失预警模型 | >3 | 高 |
| | H2 信用卡客群流失预警模型 | >3 | 高 |
| 流失解析 | I1 个金客户流失原因解析 | >3 | 中 |
| | I2 信用卡客户流失原因解析 | >3 | 中 |
| 挽回预测 | J1 高潜可挽回个金客群推荐 | 1 | 低 |
| | J2 高潜可挽回信用卡客群推荐 | 1 | 低 |

图5 算法地图示例

企业的核心能力、数据、用户信息以共享服务的形式加以沉淀，避免各业务部门重复建设、降低新业务生产的成本，使得大多数业务需求由业务团队自行接入（见图7）。这种将数据和业务融为一体的模式不仅实现了公司内外信息的流通，提高了内部创新力，同时因为满足了用户现在和潜在的需求，数据价值被不断挖掘出来，确保企业保持竞争力。

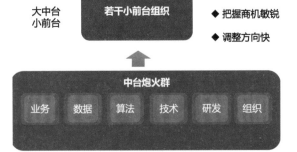

图7 中台战略是实现企业数字化的重要战略举措

很多企业在建设数据中台时容易走入误区，导致建设失败。主要体现在以下三个方面。

## 误区一：将数据中台建设成数据仓库

许多企业都是为了建数据中台而建，因而市场上出现了很多假中台、伪中台。最常见的失败情况是将数据中台建成一个大型数据仓库，将其定义为数据中台。这种"数据中台"属于伪中台，只起到数据仓库的作用，并不具备完整的数据中台功能。

## 误区二：数据中台不具有适配性

数据中台要根据企业自身的业务性质进行搭建。有些企业可能会购买现成的数据中台，但这种数据中台并不具备定制性，不能随着企业的发展同步满足业务需求。如果一家企业的数据中台在启用过程中忽略了运营、管理等组织的配合，仅仅依靠数据中台的技术能力，这种中台运用模式产生的效果会打折扣。

## 误区三：将数据中台建设成系统

市场上很多数据中台供应商都在卖"系统"，企业使用一段时间就会发现效果并不理想。数据中台只是实现数字化转型的手段，而提升业绩才是企业转型的目标。企业需要基于数据中台这个手段构建自身的数字化转型能力和业绩提升能力。

总之，数据中台对企业的长远发展具有重要意义。但企业对数据中台有认知误区也会导致建设风险。除了上述提到的几点，建设中台也需要考虑兼容的问题，需要变革技术架构和更新产品体系等。一旦中台搭建错误，基于中台产生的应用也会出现问题，重新搭建的代价是非常大的。因此，企业要保障数据中台建设的正确性，并注意各个建设内容的迁移。

# 结语

在今天，人类正在跨入"第四次工业革命"的洪流，促进数字和实体经济融合发展，加速新旧发展动能转换，打造新的产业和业态成为了社会走向现代化的关键举措。数字化正在开启一个"元宇宙"，而对传统企业来讲，数字化转型是"箭在弦上不得不发"，在这一进程中，避开数字化转型的弯路，快速构建企业的数字化转型六大地图，并建立强有力的组织保障协同落地，才是转型的成功之道。

**马晓东**

国云数据创始人兼CEO、阿里巴巴淘宝数据中台亲历者、波士顿咨询全球高级顾问、北京信息化协会副理事长、贵州、江苏、内蒙古多地政府大数据顾问，著有《数字化转型方法论》《大数据分析与应用实践》等书籍，被业界誉为"数字化转型领军人物"。

# 数字化转型的锦囊妙计：数字化平台

文 | 郭晓等

**成功的现代化数字业务通常运行在支持API的模块化架构和现代化基础设施的数字平台上，成熟的组织也必须考虑将内部互联系统构成的巨大"资产"变成数字平台的一部分。本文将从支持数字化平台的"三大支柱"出发，讲述企业数字化转型过程中必须解决的技术问题。**

数字化转型通常与成为"数字化平台型"的目标相关，"平台业务"这个概念引起了不同行业的兴趣。数字化时代最成功的一些企业都是平台型企业（或API企业），如苹果、阿里巴巴、亚马逊、Salesforce、优步和爱彼迎等，平台业务是连接生态系统参与者的非线性商业模式。

平台可以是一个将供应商和消费者彼此连接起来的市场或社区，使用户可以像在脸书、推特上一样进行社交；使广告商可以通过触达大量受众获益。平台通过网络效应创造价值，其中各方的利益随着参与人数的增加呈指数增长。还可以为生态系统中的其他参与者提供加速成长的基础。

连接生态系统参与者并不是一个新概念。现代平台型企业的共同之处在于，信息技术发展使得数字化和在线基础设施成为可能。互联网便是信息化时代里最大的平台。平台所捕获的数据量不断增加，通过新分析工具为各方提供更多价值、创造更多机会，从而产生越来越多的洞见。

有很多研究分析了平台型商业模式，但这里讨论的数字化平台并不是平台型业务本身。相反，数字化平台是商业模式革命的前奏。尽管使用数字平台很有必要，但并非大型企业都需要成为所谓的"平台型企业"以构建差异化特征。平台型企业仍属于整体经济格局中的一小部分。

无论起点高低，对于任何现代业务来说，使用数字平台都是一个关键选项，只有这样才能以更高质量和更低成本向客户更快地提供新价值。

支持数字化平台的三大支柱是：

- 支持API的模块化架构。
- 自助访问数据。
- 交付基础设施。

本文将逐一讨论这些内容，首先讨论支持API的模块化架构的重要性，以及这种架构与传统单体架构的不同之处。

## 支持API的模块化架构，而非单体架构

在美国，电子商务占零售总额的比重从2016年的11.6%增长到2017年的13%，2017年占零售总额增长的比重为49.4%（2016年为41.6%）。尽管实体零售增速远低于线上购物，却仍在继续增长，消费者依然保持着对线下体验的需求。

数字化的便利会让许多消费者选择线下体验、线上关注商品信息/比价；也有些人会选择在线预订后到附近

的线下实体店提货。这就是所谓的全渠道零售体验。

但鉴于许多零售企业软件系统的单体架构特性，在线预订、实体店提货的简单功能可能没那么容易实现。毕竟实体店库存管理系统在开发时，并没有被设计成多个可被其他系统访问甚至控制的独立组件。但这就是我们今天生活的世界，新的价值流被持续创造出来，通过新渠道或数字化增值服务向消费者发布产品。平台作为一个生态系统，不仅是为了满足当前需求而构建相关技术与业务能力，这些能力还具有不同价值流的新产品和服务的潜在构成组件。

## 仅仅是软件重用吗？

建设"数字化能力即服务"与"软件可重用性"的概念相关，但却不止于此。在设计和开发软件产品时考虑代码在未来场景中的可重用性，已根植于大多数软件开发者社区文化。但在单个项目/用例之外的代码重用往往比较困难，在企业的场景中尤其如此。企业常常会探索如何将具有"优良实践"的业务功能或流程固化为可重用的软件包，以便跨企业甚至跨行业使用。这与在同一组织内重用技术解决方案以创造新价值或解决稍有差异的问题是不同的。以下是这种可重用性难以实现的一些原因。

- 编程语言和工具在不断发展。平均每两到三年就有一种新的编程语言被广泛采用。人们会持续发现相对更有效且更高效解决特定问题的新语言。随着时间的推移，当发现这种新语言时，可能就无法重用此前已使用某种语言开发的业务功能。

- 可重用性不是免费的，继续维护和演化可重用组件需要付出额外努力。当出现新的可重用场景时，可能需要对"源头"进行更新和更改以适应新用途。与此同时，所有其他依赖于此代码的地方都需要重新编译、测试和验证。这常与企业的组织和资金分配方式相冲突。通常，最简单的方法是复制代码并在本地修改，而非在所有地方都修改（这可能导致重复和碎片化的代码）。

- 兼并与收购。两个不同企业迁移、合并数据与功能，

不仅需要大量的工作，还需要扩展系统和集成方式来处理很多边缘情况。与完全迁移的成本和带来的中断相比，保留一些系统重复性且并行运行并不算太糟糕。

## 微服务

在信息技术的短暂历史中，有很多人探索如何创建API驱动的模块化架构，尤其是面向服务的架构（SOA）。21世纪初，SOA的概念变得非常流行。由于企业应用程序集成（Enterprise Application Integration, EAI），软件供应商过于分散和缺乏社区支持，支持API的架构愿景从未成功实现。到2014年，微服务的兴起可能是整个行业第一次真正大规模采用支持API的模块化架构（见图1）。

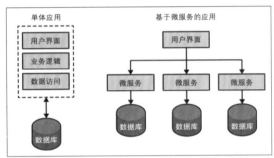

图1 单体架构与微服务架构应用比较

自2014年以来，微服务在企业计算领域的应用飞速增长。一开始我们有点怀疑：社区是否已为新一轮SOA做好了准备？这次会有什么不同？在不同的企业环境中对这种新的架构风格进行应用并获得经验之后，我们注意到了一些颇有前途的特征。

**特征一：社区引领，而非供应商引领。**

开源运动正缓慢但稳定地重塑软件开发工具的前景。随着大型技术公司提供越来越多开发工具作为开源软件，"适合特定用途的免费轻量级开源工具"愈发受欢迎。对于传统的供应商来说，工具市场逐渐不那么有利可图，且逐渐失去对工具选择决策的影响力，这间接地帮助了微服务的采用。

不过，尽管该领域变得越来越成熟，但微服务概念在很大程度上仍是一种架构风格，而非来自任何特定供应商的产品。它没有继承SOA曾经历过的EAI中间件的

包袱。

**特征二：围绕业务能力组织。**

微服务旨在映射更细粒度的业务能力，而非传统意义上的端到端价值链，因此才有了"微"的概念。微服务帮助企业重塑现有单体软件产品架构，使其可以围绕更细粒度的业务能力进行模块化，并构建具有类似思维模式的新软件产品。

**特征三：谁开发，谁运维。**

所有软件开发工作的集中化标准和自顶向下管理的关键动机之一是"劳动分工"。不幸的是，这也引入了移交过程，并增加了工作协调带来的开销。敏捷方法、持续交付和DevOps运动使较小的跨职能团队能够承担端到端开发与运行技术解决方案的责任。通过去除标准化带来的约束，小型跨职能团队在构建服务时就可以选择最佳技术和最佳工具来开发。由于技术的快速发展，对于不同的业务问题来说，最合适的技术、编程语言和工具常常大相径庭。通过将服务和团队映射到业务能力上，"企业如何定义和发现业务能力"才是技术团队如何定义和发现技术服务与解决方案的答案。

**特征四：迭代方法。**

微服务架构的迭代是自下而上、不断演化的。在构建第一个服务之前，可以从一个可部署和可升级的独立服务开始，以实现某种业务能力。技术架构师社区或中心架构师组应该发挥重要作用，以促进这些交流与协作，从而使精确的服务粒度与架构设计从需求中浮现出来。

随着这些服务不断发展，其中一些服务可以作为API供其他组织利用。面向外部的API使业务方能使用新的商业模式进行创新，这些新的商业模式可能带来平台型商业模式或API商业模式。

当然，微服务运动仍处于早期阶段，传统大型企业探索使用微服务时，在遗留系统和技能集方面面临着更多的挑战。另外，微服务架构并不是支持API的模块化架构之路的终点。肯定会有微服务架构风格本身的新发展和支持它的新工具，甚至可能会有超越微服务的新架构模式。重要的是，支持API的模块化架构的概念是支持平台化思维的第一个关键支柱。接下来我们将讨论第二个支柱：自助访问数据。

# 自助访问数据

虽然在数字化过程中，应依靠"数据决策"而非单纯依赖于经验来决策。但在实践中，要真正地让"数据自己说话"是相当困难的。大型遗留系统通常会让数据分散在不同的孤岛中，这些系统也会囤积数据，且不能与其他系统友好相处。这使获取这些资产的单一视图变得非常困难。

"自助访问数据"并不是指为用户提供一个大型数据库和Tableau的副本，而是在讨论跨组织的不同团队的自助访问。在很多情况下，数据被锁定在另一个系统中或由另一个团队控制，有需要的团队很难访问和理解对构建客户价值有用的数据。在这种情况下，"自助访问"意味着跨组织的团队可以轻松地访问适当的数据，而且摩擦很小。

启用自助访问的特定技术可能有所不同。解决这种需求是企业级数据战略的关键部分，以下是两种常见的方法。

■ 构建数据湖，将所有系统的"原始"数据集中存储。使用湖畔"数据集市"将有业务意义的数据集合聚集在一起，并允许客户以一致的方式理解和访问这些数据。

■ 使用事件流技术连接系统之间持续不断的小更新流。可以选择接入事件流，监听与其需求相关的更新，忽略不相关的更新。

大多数组织会构建一个明确的数据战略，其中包含"数据平台"相关元素。无论你使用的是数据湖、事件流还是各种技术组合，自助访问数据对于团队的效率来说都至关重要。

# 交付基础设施

"基础设施瓶颈"是大多数大型企业中的另一个孤岛，

也是开发团队更快运行实验和缩短反馈周期的障碍。

数字化时代中客户体验的重要性众所周知，大多数组织都把重点放在构建差异化的用户体验上，但常忽略了员工的感受，尤其是开发人员对技术的体验始终被放在较低的优先级。企业经常忽略基础设施瓶颈给开发人员带来的阻碍和影响，但这实际上会直接影响产品甚至业务的增长。

## 消除摩擦

平台思维的第三个支柱是：专注于改善交付基础设施，以消除团队在快速迭代周期开发产品的摩擦。快速地自助访问计算环境只是需要改进的许多方面之一。其他还包括以下几方面。

■ **计算资源的弹性伸缩：** 利用虚拟化和云平台，将服务器和存储器等计算资源的配置时间从几小时甚至几天减少到几分钟。提供按需扩展计算资源的能力。

■ **配置与设置环境：** 自动化操作系统、数据库和其他常见编程平台（如Java）的安装，快速、可靠地设置开发环境。

■ **持续交付工具：** 自动化和标准化的持续交付工具配置。

■ **部署运行时配置：** 轻松有效地启动运行时环境。对于微服务，这可能意味着启动Docker之类的容器，并使用Kubernetes之类的工具来自动部署、扩展和管理服务。

■ **监控：** 在细粒度级别上为基础设施、应用程序、数据和安全性提供易于使用和有效的监控工具，小型团队可以使用这些工具监控自己服务的健康状况，并端到端负责。

考虑到这一领域快速变化的特质，构建现代交付基础设施绝不是一次性的工作。我们提倡，交付基础设施即产品（DIaaP）的思维，应该将开发人员视作客户。

为了成功交付这样的产品，需要对产品路线图和待办事项列表的开发拥有真正的所有权。可以从一个单一交付基础设施团队开始，该团队负责这些能力的全生命周期

建设，但聚焦于为客户解决某个特定问题。随着时间的推移，产品能力的拓展将有利于创建更多团队；每个团队都聚焦在较大的交付基础设施即产品（DIaap）中交付特定能力，这将使这些专项能力团队围绕其产品构建企业级知识体系，从而在组织级的更大范围内交付价值。

# 遗留系统现代化

任何组织，无论规模大小，都承受着遗留系统带来的负担：遗留资产降低利润、消耗运营预算、扼杀你的创新能力。更重要的是，它会拖累你构建内部专业技能的能力。

应用程序现代化对于企业转型能力、在客户参与或供应链管理中部署创新的能力及交付自动化和灵活运营的能力至关重要。但要做好并不容易。从IT的角度来看，遗留系统的负担来自以下五种方向的力量。

■ **数据：** 筒仓式的基础设施有碍于你为全面查看数据所付出的努力。遗留系统将阻止你成为数据驱动的企业，并阻碍你拉近与客户的距离的探索。

■ **架构与基础设施：** 当今世界要求持续可用性、交钥匙可伸缩性和对客户需求的快速响应。但遗留系统常常站在这些特征的对立面，并常受"成本上升"和"前置时间太长"的困扰。

■ **遗留流程与治理：** 短反馈周期和筒仓的分离对于整体客户体验的快速交付至关重要。遗留组织架构与流程通常以缓慢的年度周期工作，这种被动的方式迫使企业无法快速预测市场。

■ **云：** 很少有遗留应用程序是随时可以云化的，简单的"提升与转移"方法不太可行，必须使用"12因素"技术对遗留应用程序进行更新。

■ **安全：** 客户对其购买服务的企业的安全立场越来越敏感。尽管遗留系统并非天生就不安全，但管理困难或成本高昂的应用程序可能会在安全修复和补丁方面处于落后状态，因而向外部呈现一个巨大的可攻击面。

而技术人员和业务，改进遗留技术状况会迫使你重新检查业务流程和组织架构以及技术系统。事实上，试图自

已解决技术问题是组织寻求现代化的主要绊脚石之一。

在迈向现代化的过程中，请记住以下重要原则。

■ 打破壁垒，让你的组织架构朝着共同的目标前进。每一次交接都有可能导致沟通不畅、速度减慢和受挫。确保你的组织架构能让大家共赢，对大家来说是整体的胜利。

■ 无论是技术人员、组织人员还是业务人员，都要缩短其反馈周期。从决定更改某些内容到获得关于更改是否成功的反馈时间称为"周期时间"，可以将这种想法应用到业务战略和IT战略上。

■ 授权与客户需求连接最紧密的人进行本地决策。与客户最密切的人最能理解并满足他们的需求。将决策"下放"给那些最接近客户的人。

## 现代化的七个步骤

现代化过程中，要将重点放在"对支持客户价值交付最关键的系统"上。概括地说，现代化应该遵循以下七个步骤。

■ 把现代化当作路线图训练，而非一成不变的计划。当在现代化进程中不断取得新进展时，也会有新的工作重点，需要调整计划以适应新的进展。

■ 对系统与组件之间的衔接负责。企业集成策略必须是一贯的，并且对相关组件如何相互通信、共享数据和协作有自己的见解。

■ 根据以下特征对每个系统进行评估，确定行动优先级：

    a.系统的实际改变速度以及期望的改变速度。

    b.改变的成本和所花费的时间。

    c.不转型的业务影响/重要性/收入机会损失。

    d.不转型的风险与转型的风险对比，包括影响产品和流程的严重程度、发生的情况、设计与交付期间的检测以及运营风险。

请记住，选择不升级或者替换什么，与选择在何处对改变进行重大投资同样重要。

■ 考虑改变对下游的影响以及连锁效应。"数字"技术的爆炸式发展改善了与客户的连接性，增加了更多触点。但对前端的增强往往给下游系统带来巨大的压力，而这些系统在高负载下很可能会出现故障。曾经简单的线性流程已经被新的用户场景打断，并变成了一个包含许多潜在"入口点"和"出口点"的复杂图形。现代化计划必须考虑系统之间可能的交互，而不只是孤立地考虑每个组件。

■ 对每个系统采用某种遗留系统现代化模式。目前有大量的技术可供使用，而现代化模式可分为三类：

    a.替换，可通过自定义代码、新软件包或SaaS方式实现。建议使用增量替换策略。

    b.增强，在既有旧系统中添加新系统并在两者之间协调请求，添加一个服务接口层为所有新集成所用。

    c.延续，保持旧系统运行但做一些改进，使它变得更现代化。

同时，"演进式架构"使我们能够随着时间的推移逐步改进系统。通过这种方法，定义架构适应度函数，它们封装了系统"好"的样子，然后对架构进行增量改进并使其符合适应度函数要求。

■ 让现有员工参与新系统的成功开发。现代化过程中，现有IT人员可能会担心自身技能无法应用到更新的系统中。可以让他们参与新系统的成功开发，并利用他们的专业知识来建立一个替代系统，毕竟他们对公司的业务运转更熟悉。

■ 定期重新评估你的计划，兼顾业务环境与技术环境的变化，但不要"过度计划"。毕竟你永远不知道下一个重大的技术转变什么时候会发生，你需要去适应它。

## 演进式架构

技术发展日新月异，以技术为主要支撑的商业环境也在迅速发展，很难预测几年后会出现什么颠覆性的新技术。因此，构建系统时重点要将"适应变化"作为第一优先级需求。近年来比较前沿的一种方法就是演进式架构。

我们从一个定义开始演进式架构的研究，然后分解它的组成部分。演进式架构支持跨多个维度的导向性变更和增量式变更。这个定义的每一部分都很重要。

■ 导向性变更意味着架构师可以判断用给定设计距离实现一组设计目标有多远。这里借用了进化计算中的术语——适应度函数。适应度函数是对某些架构特征的客观完整评估。

■ 增量式变更意味着演进式架构可以告诉我们，某个提议的变更对于实现其目标会使系统变得更好还是更差，并且该架构使得我们朝着改进的方向迈出一小步。通过使用适应度函数，只要度量一些重要指标，就可以确定增量式变更且不会使整个系统变得更糟。

■ 多个维度意味着可以在一种以上的"能力"类型中支持演进，而且在改善一个维度时不会伤害另一个维度。例如，安全性与性能常常相互矛盾。某种演进式架构的方法将有助于确保在提高安全性的同时不会使性能变差，或者，如果性能变差，你马上就能意识到这一点，并且可以在权衡利弊后作出决定。

演进式架构的基础是适应度函数。因为需要客观度量标准，所以它们要求架构师对其设计目标有非常具体的定义。适应度函数应该表达为可针对系统本身运行的可执行测试，即可以在构建时运行，也可以在持续交付路径上的某个点运行。如果最近的变更使得架构变差就可以立即停止构建，并为进行这些变更的人提供反馈。这种快速反馈周期是至关重要的。架构的各种"特性"会变为针对整个系统的具体数字与及格/不及格的分数（见图2）。

使用演进式架构可以编纂系统的设计目标，并确保能实现这些目标，然后随着时间的推移进行增量式的改进，确保我们了解整个系统的健康状态以及性能。

与此同时，数字化过程中还有"两个锦囊"。

■ **检视平台化战略：** 基础设施平台、内部业务平台，以及通过连接参与者的生态系统来创造价值的"平台业务"之间有明显的差别吗？底层平台战略是如何支撑更广泛的业务战略的？

■ **明确平台客户：** 对于组织中的每一个平台（所有类型），是否清楚该平台的客户是谁？平台团队如何让客户满意？如果客户对服务不满意，他们还有其他选择吗？

当企业能按照这些方法进行数字化转型，那么转型之路便将走得更扎实、更远。

**郭晓（Xiao Guo）**

ThoughtWorks首席执行官。ThoughtWorks是一家全球技术咨询公司，也是一个由激情四射、目标明确的个人组成的社区。他于1999年加入ThoughtWorks，担任软件开发者，一直为组织提供咨询和交付服务，致力于使数字技术成为关键的竞争优势和业务转型的驱动力。

本文摘自Gary O'Brien、郭晓、Mike Mason所著的《数字化转型：企业破局的34个锦囊》，机械工业出版社2021年3月出版。

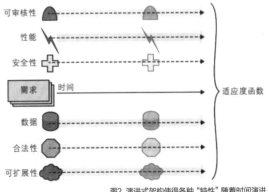

图2 演进式架构使得各种"特性"随着时间演进

# "离·坚白，合·同异"：
# 微软数字化转型实践的思考

文｜韦青

**当前人类已进入"确定性消失"的时代，"不犯错误"看似合情合理，实则与时代相违背。回溯历史，今天人们对数字化转型的看法，与一百多年前人类站在电子化革命大门前对电灯的看法类似，其本质与描述它的名词之间存在着既矛盾又统一的联系。只有实现社会全要素数字化，才是数字化时代的"书同文，车同轨"。**

数字化转型已经是一个热得不能再热的话题，相关的文章与论述也非常多。但为什么还有必要再谈论这个话题呢？因为理论与现实不一样。

## 不以"不犯错误"为目标

据我们的实践与观察，数字化转型虽然喊得很响亮，人们的热情也很高，学习得也很刻苦，但一到实践中，通常会发现我们正在尝试做一件"成功是偶然的，失误是必然的"属性的事情。或者说我们是在一个确定性逐渐消失的年代，希望利用迭代试错的方法，以"尽量小，但不可能没有"的试错成本，来获取最大概率的生存机会，并在同时寻求尽可能地发展壮大。那么考验马上就来了，当个人与公司的认知范式与文化范式无法从基于"确定性"转为基于"不确定性"时，这种考验就会成为一种极为煎熬、很有可能半途而废的经历。

这种考验是什么呢？简而言之，就是你或者所在公司对待错误的看法。更直接一点，你或者所在公司的领导如何看待犯错与成功的关系。能否做到像爱迪生所说："我没有失败700次，我只是成功地证明了有700种不可行的方法。当我排除了这些错误方法后，就找到了可行的方法。"这句话说起来容易，但真要做到，需要的是人们基本思维逻辑的转变。这是一种人类原生思维逻辑的转变。现代化的教育，无论是东方文化还是西方文化，通常对错误十分敏感。就像考试的成绩，也是以考试时错误答案的多少而决定的。但是随着过去几十年人类的信息与知识的表达方式被数字化之后，我们已进入了一个信息极度过剩的年代。同时，由于信息无处不在，我们也进入了一个"开卷考试"的年代。找到问题解决方案的难度已经不在于是否能找到答案，而在于能否找到适合自己的答案。信息时代的特点不是没有答案，而是标准答案和充满误区的答案同时满天飞。如果我们还以信息匮乏年代的思维逻辑和"确定性时代"的行事方式来应对当下挑战的时候，就会出现理论与现实的不统一。这也是"确定性消失时代"的一个特征。

在这种大环境下，如果我们的思维逻辑从一开始就以"不犯错误"为前提条件，则看似合情合理，实际与时代的现实特征相违背。这种思维逻辑会促使我们试图找到现成的正确答案，而不是让我们养成始终通过实证的方法不断尝试的习惯，摸索出最适合自身条件，甚至是随时根据外部与内部条件的变化而变化的解决方案。

相反，如果我们的原生逻辑从一开始就承认在"确定性消失时代"每个人的无知，不认为这是一个错误，只把这种现象当作一个时代的特征（因为从逻辑上推论，人类本来就无法知道我们"不知道什么"），则我们就能更理性地理解为什么我们很难保证下一步动作是正确的。极端而言，我们唯一能保证的就是我们下一步动作一定会犯错，区别只在于犯错的程度；而这种程度的减少也不是天生的，是需要经过学习和实践的，而学习和实践需要以"错误"为代价。

这样思考问题，我们的关注点就不会放在"一开始就不犯错"上，而是放在"如何尽快地知道哪里错了"，以及"如何以最高的效率修正错误"上。这是一种基于学习的工作方式。如果我们能够把这种基于学习的工作方式嵌入我们的每一个行动过程中，在确定性消失的时代，成本与效率反而会高于一开始就以不犯错为目标的工作方式。这也就是微软在自身的实践及在帮助客户与合作伙伴进行数字化转型过程中，特别强调成长性思维的原因。

## "离·坚白，合·同异"

正如前面所言，虽然很多人都在谈数字化转型，很多公司也在进行数字化转型的尝试。但以我们自身的体会，真正进入数字化转型深水区的公司，会越发认识到转型的不易，也会发现很多理论性知识与现实的脱节程度。我们通过实践切实了解到，真的没有人知道数字化转型会发展到什么程度。转型越深入，时常觉得离目标越遥远，这种看似有违逻辑的实践体会，恰恰可能是走在正确道路上的表现。

在实践数字化转型的过程中，时常出现一个有趣的现象：真正的实践者，越做胆子越小，越觉得自己懂得太少，时常发出"进入无人区"的感慨；同时又会有一些人，自认为在做一个前无古人、后无来者的伟大事业，一个小小的进展就被描述为一个伟大的成功，其中一个普遍现象就是创造出很多新鲜的名词来代表事业的进步。说到这里，我们就有必要回到本文的标题来进行进一步的探讨。

"离·坚白，合·同异"源自先秦时代以公孙龙和惠施为代表的名家学派的观点，表达的是"名"与"实"之间的关系，也就是"概念"与"现实"之间的关系。"离·坚白"说的是对于一块坚硬的白色石头而言，其坚硬的属性由人类的触觉获得，而白色的属性则由人类的视觉获得。那么是否可以从逻辑的概念上将这块石头描述成是一块坚硬的白色石头呢？作为名家的公孙龙认为"坚硬"与"白色"的来源不统一，仅可以将这块石头称为"坚硬的石头"和"白色的石头"，但不能称为

"坚硬的白色石头"。这是从逻辑的推理角度阐述共性之中蕴含的矛盾性。"合·同异"则源于惠施的"大同"与"小同"共为"同"的观点，代表的想法是"在一定前提下事物矛盾属性的统一性"。

"离·坚白，合·同异"已经被争论了2000多年，我们也无意通过本文对这种哲学观点进行探讨。之所以把它作为标题，是希望跟读者交流在数字化转型过程中，事物的本质，与它被赋予的名词之间的矛盾而又统一的关系问题。

人类在经历了农业社会、工业社会后发展至当前的信息社会，数字化是即将到来的巨大信息社会变革的极早期阶段。其发展过程将遵循被称为DIKW的信息金字塔原理，即"数据（Data）—信息（Information）—知识（Knowledge）—智慧（Wisdom）"的发展路径（见图1）。其中信息时代的"数据""信息""知识"生成与使用的任务，将逐渐由具备学习能力的机器来帮助人类完成，因此人类在继工业革命被机器解放了肌肉力之后，继续通过机器学习将人类从烦琐的重复计算中解脱出来，从而使人类有足够的精力与体力，进入原来无能力探索、更加广阔的智慧空间。

图1 DIKW信息金字塔

目前信息化发展的挑战不是信息化之后新的数字化，而是在全社会信息化之前需要实现而尚未实现的社会全要素数字化。过去几十年人类信息化的进程仅仅部分完成了最基本的办公自动化、生产自动化和初步的社交数字化及商业自动化。为了真正进入信息化时代，人类社会需要实现标准统一的，包括工业、农业、军事、医疗、教育、商业等各行各业的社会全要素数字化。也就是实现信息时代的数据"书同文，车同轨"。当一个社会有了标准统一的数据之后，就像一个社会有了统一的语言，一种新型的信息文明就会应运而生。人类就可以依靠因机

器产生的"无处不在的计算"能力，基于"书同文"的社会全要素数据，形成"无处不在的智能"能力。

要让这种"无处不在的智能"能力为人类谋福祉产生最大的贡献，必须要秉持"技术是为人类服务的"初心，而不能以损害人类的利益作为技术发展的目标。在"以人为本的技术"思想的指导下，机器就能够帮助人类减轻信息社会发展所必要的数据、信息及知识阶段的工作负担，从而让人类能够自由地进入人类所特有的智慧领域。

为了更清楚地说明我们现在所处的信息社会发展的阶段，再让我们回顾一下过去百年电气化社会的发展历程。人类早期对于电力使用的期待与展望以现代人的眼光来看是极其狭隘和短视的。百年前电力普及之初，人类最大的梦想是让电力代替每个城市照明用的油灯，这个目标在当初不可谓不宏大，而且实现之后也的确为人类社会的进步做出了很大贡献。利用电灯为城市照明的理念与实现，其新颖性、重要性和突破性，在当初的历史条件下不会低于现在我们对于数字化和信息化的各种畅想。但需要反思的是，我们现在对于数字化和信息化的展望会不会在若干年之后同样被未来的人视为狭隘和短视呢？

让我们看一下图2这张百年前的电子产品照片。在继电力能够为人类带来照明的便利之后，当时的发明家发现电力设备还可以代替人类使用了几千年的烤面包装备。但有趣的是，当时观念最为先进的建筑设计师考虑的也只是在屋顶安装一个电灯插座，并没有意识到电可以在家庭中用来驱动别的设备，因此当时的家庭墙壁上是没有电源插座的。大家仔细观看图2就可以发现，它的电源插头是用来插在电灯插座里面的。这就是早期除了电灯以

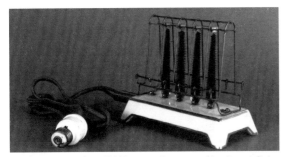

图2 百年前电子产品照片（来源: https://commons.wikimedia.org/w/index.php?curid=98844032）

外的电器被发明之后的使用场景，在墙上电源插座普及之前，人类还有若干短暂的与用电相关的发明，如图3这个旁边带有电源插座的灯泡插座。最后，当电力被用来驱动各种各样的办公及家用设备之后，人类才意识到我们需要在每家每户的墙壁上安装单独的电源插座。在此之前，人类发明的电动洗衣机、电熨斗、电冰箱的电源插头都是一个电灯插头的形状。当然，随着电力在办公与家庭环境中的普及，这些发明也就渐渐销声匿迹了。

图3 带有电源插座的灯泡插座

试想一下，当时的人类在没有预见未来电力的普及应用之前，是否也会像当前我们一样，对当初的这些短暂的发明创造非常热衷并引以为豪呢？根据资料，我发现历史惊人的相似。当初那些在我们现在看来微不足道的短暂发明，大都被商家和媒体赋予了很多醒目的新创词汇，从而向大众证明这些是多么伟大的发明创造。因此，后人编写了一段在20世纪早期的语境下显得信誓旦旦、但在21世纪的语境下类似于玩笑的说法，那就是：20世纪最伟大的电力杀手级应用——电灯泡！

举这个真实的例子，是想从另一个角度说明，不要高估我们对于目前数字化技术的理解能力和想象能力。当我们还在口口声声讨论各种各样新鲜的数字化技术名词并引以为豪时，或许要反思一下施乐公司帕鲁阿图研究中心（PARC）的首席技术官马克·维瑟（Mark Weiser）在1991年9月的《科学美国人》杂志上发表的著名技术判断：最伟大的技术是那些化为无形的技术（The most profound technologies are those that disappear）。

其中的道理，与几十年前中国的企业家们初次接触彼得·德鲁克的管理理念时对于他所说的"一个管理很好的工厂是没有宣传口号的"而产生疑惑的道理是一样的。从人类心理学和行为学而言，时常挂在口头上的说法，大都是尚未实现的愿景。如果已经习以为常，无论是行为、流程还是技术，反而变得不足为外人道了，这也是另

一种名与实的对立统一关系。

## 更重要的是企业文化的转型

你可能会发现，我们到现在也没有谈具体的技术问题，而这恰恰是微软在自身转型实践中所吸取到的经验与教训。正如微软公司CEO、董事长萨提亚·纳德拉多次在媒体采访中强调的：企业的数字化转型尤其要重视企业文化的转型。虽然我们把这场变革称为数字化转型，从语义上而言我们很容易受"数字化"一词的影响，认为这是一个以技术为引导的转型历程。而在实践过程中，我们会发现这其实是一场以"数字化技术"为手段开启的一场人类社会改革之旅。它表面上看似乎是数字化技术的挑战，但实际上是"人"的问题，而"人"的问题永远要比技术的问题复杂得多。

这里又会谈到名词与实际的对立统一关系问题。当谈起"数字化转型"时，我们首先要明白在中文语境中这是一个从英文"Digital Transformation"直接翻译过来的词汇，这里有两个因素供大家参考。第一，中国的信息化进程是否与全球的信息化进程一样，这种异同会造成"数字化"在中国与其他市场语境中可能的异同；第二，中国独具特色的近四十年的改革经历，基于我们对于改革的深刻理解与广泛参与，我们对于英文语境中的"转型"的理解是否可以扩展到从"改良""改革""转型"到"革命"的全方位解读。能够把一个舶来概念的原型破除，再根据当地特色建立起适合本土特征的话语体系，这本身就是检验"是否对一个新概念有深入理解"的黄金衡量标准。

我们在实践中观察到的现象是：一些仅仅通过学习而刚刚踏上数字化转型道路的组织与个人，往往会将一些新鲜的词汇奉为神灵，少有人敢越雷池半步；而那些已经在数字化转型道路上深耕很久的组织与个人，通常不会太在乎这些所谓的高级词汇，而是会按照自己的语境，更精准地表达出对自己的意义。从公开媒体的报道，我们可以看到已经有越来越多的政府或企业领导开始以数字化改革作为这一轮变化的解读。同时，随着改革的不断深入，企业也越来越关注这一轮以数字化技术作为赋能手段的改革的复杂性，开始回归到第一性

的本源，利用中国本身就非常先进的系统工程方法论来指引这一场改革的具体实施。就话语体系而言，就是把"数字化转型"解读为"这是一场数字化改革的复杂系统工程"。

啰嗦至此，核心要义是想与读者分享一下我们在具体实践中的切身体会。真正走上数字化转型或者说数字化改革的道路，我们就会认识到，这远不是一场简单的技术变革，这是一场深刻的社会变革，改变的是与"人-机关系"相关的一切。由于它的改革属性，必然会触碰一些既得利益者的利益，这些远不是技术所能解决的问题。正因如此，在实际的过程中，我们会面临"想到—说到—做到"的持续挑战。

因此，我们自己首先要"想清楚"，但这只是第一步。由于这是一个复杂的系统工程，必然是一个自上而下的，同时又是自下而上的系统变革，需要的是"上下同欲"（孙子曰：上下同欲者胜）。因此我们还要在"想清楚"的基础上"说明白"。在这个阶段，逻辑严谨的分析与说明变得至关重要。到了实施阶段，也就是如果要"做到"的话，我们需要拥有时刻保持分辨虚假表象和实在主体的能力。如何能够不被概念束缚，始终保持实证的精神，将"实践是检验真理的唯一标准"作为手段，在这一个确定性消失的时代，既要有理论知识的指导，又必须有亲身探索的学习总结。只有深刻理解了这种辩证统一的复杂系统的改革理论与方法，我们才能有更大的机会在这场关乎生存与发展的历史变革中"少犯错误"，但不是"不犯错误"。更重要的是，以最高的效率和最低的成本，及时知道错在哪里与如何改正错误。这是这个时代的特征，也是这个时代生存与发展的必要保障。

**韦青**

微软（中国）首席技术官，负责将微软的产业愿景与创新技术介绍给中国的行业伙伴与业界领导者。投身亚洲移动通信、信息技术和智能设备等领域三十余年，在电子信息产业领域拥有丰富的知识与经验。
他的工作足迹遍及中国、新加坡。尤其擅长移动与信息技术产品的开发、销售与市场管理工作。

# 构建新一代数据服务与管理平台的背后思考

文 | 韩卿

**数字化转型是信息技术引发的系统性变革。以云计算、大数据和人工智能为代表的新一代信息技术将进一步发挥数字化转型的优势。不同的企业在信息化程度、资金实力、外部环境、组织结构和人才储备等方面存在巨大差异，他们在数字化程度和转型需求上各不相同。本文将从"构建新一代数据服务与管理平台"切入，提供企业数字化转型的指导。**

数字化转型是信息技术引发的系统性变革。以云计算、大数据和人工智能为代表的新一代信息技术将进一步发挥数字化转型的优势，推动产业发展迈入新台阶。在数字化浪潮之下，企业或主动或被动接受着数字化产品和服务的改造，企业数字化转型不仅成为时代的热门词汇，甚至也是企业命运的转折点。

不同的企业在信息化程度、资金实力、外部环境、组织结构和人才储备等方面存在巨大差异，他们在数字化程度和转型需求上各不相同。综合来看，数字化的核心追求在于"开源、节流、提效、创新"，数字化转型是一个复杂且长期的过程，在投入技术的同时，要切中业务痛点，进行系统性调整和改革。下面，我将从"构建新一代数据服务与管理平台"的角度向读者分享技术、业务与每一个人的关系。

## Data as a Product：数据与数字化转型密不可分

从图1可以看出，过去二十年里，人类一直处在数据爆炸的时代。企业的传统业务数据如订单、仓储的增量相对平缓，在整体数据量中的占比逐渐减少。取而代之的是人类数据（如社交媒体、照片、行为画像等）和机器数据（如日志、IoT 设备等）大量被采集和保存，它们的量级

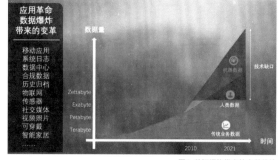

图1 数据爆炸带来的变革趋势

远远超过传统业务数据。在海量数据和人类既有能力之间，一直存在着巨大的技术缺口。这个缺口催生了各类大数据技术，从而诞生了我们所说的"大数据时代"。

作为重要生产要素，数据的重要性已经不言而喻。企业借助新兴数字技术，可以构建出全链路的智能化闭环，实现以数据为驱动的智能生产、精准营销和智慧运营，助力企业实现体验优化、效率提升和价值创造。

大数据时代的到来，让众多企业意识到数据的重要性，以及构建大数据系统或平台的必要性。无论是传统的数据仓库，还是近几年热门的数据湖、湖仓一体等，都有效地帮助用户解决了部分问题。根据业界普遍达成的共识，一个大数据系统需要满足以下三个方面的需求。

■ **Volume：**数据容量要大，这是大数据系统的首要特性。

- **Velocity:** 数据处理速度要快。
- **Variety:** 要能够处理多种的数据类型,包括结构化数据、半结构化数据、非结构化数据。

总体来看,数据驱动价值体现明显,构建"数据服务与管理平台"可以实现多方面的利好。首先是数字化创新,企业建立端到端、全生命周期的数据管理体系,利用海量、多维度数据支撑业务,驱动供需双方的精准匹配;其次是基于数据分析发现运营过程中的低效、问题环节,通过挖掘数据之间的联系,通过不断优化提升企业效率,最终实现精细化运营。

# 从集中到分布式,数据仓库的演变趋势

## 数据仓库

数据仓库 (Data Warehouse) 的早期概念"数据集市"(Data Marts) 在20世纪70年代由AC尼尔森提出。1988年,Bill Inmon发表了名为《业务信息系统架构》的论文,正式介绍了"数据仓库"的概念和建设方法论。随后在1996年,Ralph Kimball发表《数据仓库工具箱》介绍了维度建模。从此,数据仓库在Bill的"自顶向下"模式和Kimball的"自底向上"模式之间争吵,延续至今。

数据仓库以主题模型为核心,能够支持企业数据管理和分析的核心诉求,数据仓库本身并不"生产"任何数据,同时自身也不"消费"任何数据。数据来自外部,并且开放给外部应用,这也是叫"仓库"而不叫"工厂"的原因。在数据仓库理论发展至今的30年间,越来越多的企业选用数据仓库架构作为数据平台建设的标准和核心,分层构建多维数据模型和业务模型层。

不过,随着互联网等数字经济的蓬勃发展,数据量呈现暴发式增长,非结构化数据、半结构化数据不断涌现,数据更新也更加频繁。数据仓库难以支持这些场景的需求,即大数据著名"4V问题":Volume(数据容量)、Variety(类型多样)、Velocity(处理速度)、Veracity(真实准确)。此外,数据仓库还存在无法与数据仓库

外的数据协同的问题,尤其是目前多云、多数据源等现实因素,使得"数据仓库"重新形成了"数据孤岛",让业务人员很难获得全局数据视图。

## 数据湖

在这样的情况下,数据湖 (Data Lake) 这一技术概念在2015年被Pentaho公司创始人兼首席技术官James Dixon提出。"数据湖"是一种将数据以原始格式存储在同一个系统或存储库的理念,以便于收集多个数据源的数据及各种数据结构的数据。数据湖依托于可扩展的低成本分布式存储或云对象存储,创建了一个适用于所有格式数据的集中式数据存储,可以存储包括关系型数据库的数据、半结构化数据、非结构化数据甚至二进制数据。将企业中的所有数据保存于同一个存储介质中,用于生成报告、可视化分析和训练机器学习算法模型等。

数据湖以离线批处理为主,能够灵活处理和分析结构化数据和非结构化数据,并快速得到结果,以缓解数据仓库的压力。不过,数据湖缺少数据管理能力,以及对数据质量的保障。对于数据管理团队来说,尽管管理了很大的数据量,但哪些数据是真正最有价值的,却始终不得而知(见图2)。

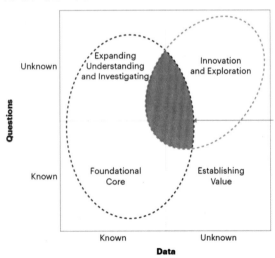

图2 数据湖无法找到真正有价值的数据(图片来源:Gartner)

正如Gartner在2020年的Market Guide for Query Accelerators报告中所描述的,数据仓库希望有数据湖

的可扩展性，而数据湖则希望有数据仓库的企业级分析和管理能力。

## 湖仓一体

在数据仓库、数据湖出现之后，底层数据服务平台又出现了新的进阶，这就是"湖仓一体"概念的提出。这一概念最早起源于Databricks提出的Lakehouse，它是一种开放的架构，结合了数据湖和数据仓库的特点，直接在数据湖的低成本存储上，实现与数据仓库中类似的数据结构和数据管理功能。在具体实现上，Databricks通过Delta Lake这款基于Apache Parquet加强升级的存储产品，实现了诸如事务支持、模式执行等传统数据湖相对薄弱的能力，提供了一种"湖中建仓"的可能。除了Delta Lake，目前业界也有相同定位的其他产品，如Netflix开源的Iceberg和Uber开源的Hudi等。

"湖仓一体"的概念非常具有吸引力，它提供灵活的多样性算力和存算分离方案。不过，经过我们的实践及对业界的观察，这个方案虽然"看上去很美"，但运维复杂、技术栈不一，从而给整体的运维、稳定性、可管理性等都带来了巨大的挑战。

通过以上分析，我们看到随着互联网等数字经济的蓬勃发展，数据量呈现暴发式增长，非结构化数据、半结构化数据不断涌现。数据更新也更加频繁，数据仓库、数据湖、湖仓一体都难以支持这些场景的需求。我认为这主要基于一些重要因素的转变，而这些转变对于用户或者服务商来说都至关重要。

## 时代大背景发生了变化，行业前提和假设与之前不同

■ **整个数据仓库构建模式发生了改变——数据从集中式到分布式**：随着世界各国对数据安全的严控，欧洲有GDPR，中美有各自的数据安全法。对跨国企业来说，建立一个集中型的数据湖已经不可能。此外，出于行业数据管控的目的，或防止被存储厂商锁定，多云、混合云部署在国内也成为趋势。因此，对于数据孤岛的整合思路将由汇聚（Collect）渐渐转向联接（Connect），如图3所示。

■ **使用数据的人发生了根本性改变——从专家到平民分**

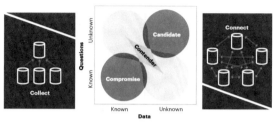

**Connect vs. Collect and the Data Management Infrastructure Model**

图3 数据服务与管理模型演变（图片来源：Gartner）

析师：过去，使用数据和解释数据是少数专家的权利。然而，要充分发挥数据的价值，必须有越来越多的普通人来使用数据。这意味着"数据分析师"的人数将成百倍地增加，所以数据系统如何降低使用门槛，如何应对成百倍上升的工作负载，将成为极大的挑战。

■ **数据的消费方式发生了变化——从"已知"到"未知"**：要想领跑数字化转型，企业仅重复已知的数据应用场景已经不够了。企业更需要的是一种数据创新的能力，探索未知的数据关联，发现未知的业务规律，开创未知的数据应用场景。

## 底层技术承载方式发生了变化

SaaS模式成为软件行业发展的高级阶段。SaaS模式的渗透，也让一家公司由内至外享受着灵活弹性、便捷安全的软件服务。不过，SaaS时代的到来也让数据割裂更加剧烈。云计算时代，数据天然地分布在多云或多平台中，受业务部署需求、地域或合规等影响，致使数据无法集中存储。因此企业面临着多云多数据源痛点，数据孤岛现象严重。所以，新一代数据服务与管理平台要能解决用户在云计算环境下的痛点。其实做到这一点并不简单，这对新平台适应云计算环境和特点的能力提出了更高的技术要求。

## 服务商思维的转变——成为Data API的赋能者

以Kyligence为例，公司的定位目前有三层：一是数字基建，为行业客户提供大数据分析和服务基座；二是数智运营，支撑统一指标中台、供应链管理、数据资产、数据服务等，为整个数字化转型提供基础平台和相应能力；三是提供数云服务能力，如一站式数据平台等数据

服务，助力客户构建数据平台和产品。

这样的企业定位背后其实体现了我们的认知和观察。数字化转型的本质在于赋予企业及企业中的每一位员工数据能力。Data as a Product（数据即产品）已经毋庸置疑，数据驱动企业业务价值成长。对于Kyligence来说，未来要成为Data API的赋能者。Data API的背后正好与时代背景、用户需求、底层技术承载方式的演变相互贴合。Data API不仅可以更好地体现"分布式调动和管理数据"，而且有利于构建数据生态，让数据产品生态化运转，建立积极正向的数据文化。

## 智能数据云应运而生

基于以上的行业观察，以及过去对业务的一些实践及与客户的探讨，我认为下一代普通人也能用的数据仓库应该是"智能数据云"。它最重要的特点是让使用数据像使用水、电一样方便，人人都能随取随用、自助使用。

从技术角度来看，智能数据云是之前数据仓库、数据湖、湖仓一体等技术体系的继承和延续，既有数据湖低成本的存储可扩展性，也有数据仓库的强化数据结构和数据管理能力（见图4）。同时，在此之上，智能数据云提供更高一层的业务数据对象管理能力，并从业务对数据的读写需求出发，使用 AI 增强的方式自动化和简化技术层面的人工数据操作和数据管理。向外，智能数据云提供普通人可用的数据服务；向内，智能数据云以业务为导向自动化操作和管理数据。

技术会随着时代的发展不断迭代和进化，数据仓库也是如此。未来人类使用数据的习惯一定会被创新性技术和服务模式所改变。今天，云计算能够非常快速、低成本、弹性灵活地支撑业务发展。未来，企业使用数据也该如此，无须再关心数据在哪一个平台或者数据源里，只需要关心订单数据资产、实时库存数据模型和增长等业务指标。只需打开电脑，数据就能随取随用、自助使用。

以Kyligence服务的某股份制银行为例，过去基于报表来响应业务用数需求的模式变得越来越低效。由此使各部门间的数据定义和实施方式产生差异，导致企业数据集

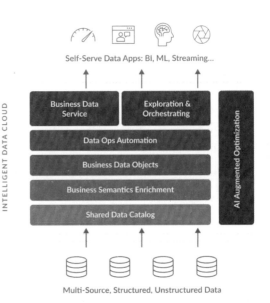

**图4 智能数据云架构**

市的碎片化，不利于企业整体的数据治理。伴随而来的一系列问题，如报表体系混乱、报表口径不一致和不透明、报表大量重复开发、缺乏数据价值管理体系等，严重阻碍了企业数字化经营的战略落地。指标平台被认为是当前最佳的企业数字化实践。

指标平台应运而生的背后，反映了企业的以下现状及痛点。

- **数据孤岛/烟囱：** 企业内部信息系统的建设多为烟囱式建设，缺少水平的对齐。

- **数据口径不一致：** 数据口径是指统计数据所采用的标准，可为数据的相关工作提供依据。数据口径包括采集方式、统计范围等指标。在企业内各部门、各渠道的业务人员，会根据自己业务范围内的指标进行命名，这样就会造成口径不一致的情况。

- **数据质量差：** 与传统数据相比，大数据时代下的数据信息系统更容易产生数据质量问题，甚至会直接影响数据流转环节的各个方面，给数据存储、数据处理和性能分析带来了很大的挑战。

构建统一的指标平台主要具备以下优势（见图5）。

- **加速驱动商业决策：** 反映业务经营状况、帮助商业决策。

- **统一业务部门数据口径：** 通过制定体现业务战略的

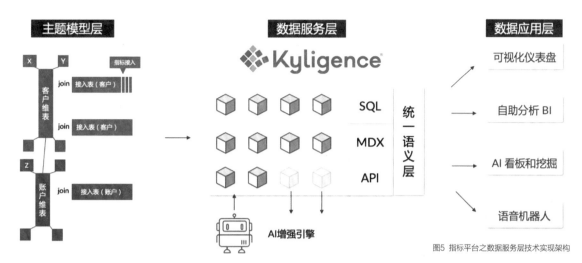

主题模型层　　　　数据服务层　　　　数据应用层

可视化仪表盘

SQL

MDX　统一语义层

API

自助分析 BI

AI 看板和挖掘

语音机器人

AI增强引擎

图5　指标平台之数据服务层技术实现架构

关键指标，帮助团队屏蔽"数据噪音"，使团队聚焦在与业务战略对齐的工作中。

■ **主动发现业务运营问题**：通过及时监控过程型指标的发展情况，及时对业务进行调整，否则仅看结果指标无法实现有效监督和过程改进。

■ **节约重复项目的投入成本**：搭建统一的指标平台可以实现数据的单一可信源（Single Source of Truth）。明确基础数据平台建设方向，各部门统一协作、集中资源。不用再提数据平台重复建设的项目需求，避免过程型和结果型指标数据的遗漏或缺失，从而有效减少多个数据平台项目的重复投入所造成的浪费。

总体来看，该银行通过打造统一的指标访问平台，基于前沿的智能化技术快速整合、展现、治理和共享高价值的指标资产，打破了以往"业务提需求，IT 做开发"的被动响应模式。让业务方能够主动、快速地找到需要的业务指标，或者基于现有的指标快速派生新的指标。此外，系统还能给业务人员自动匹配和推送有价值的指标，让使用数据变得简单和高效。

## 从开源技术到企业级产品

开源改变了人类生产软件的方式，同时我们也认为开源是目前最佳、最快的让基于技术的产品不断被打磨的方式。通过开源，能让一个项目更快地成熟、被使用，甚至教育市场。不过，我们一直认为开源技术要解决的是性能问题，企业级产品解决的则是效率问题。以Kyligence为例，虽以Kylin开源技术为基础，不过团队依旧打磨商业版产品，帮助用户更多关注解决问题之后的业务价值。Apache Kylin社区2021年发布了全新架构的Kylin 4.0，该版本的架构支持存储和计算分离，这源于Kyligence商业版的赋能。未来Kylin 5.0的优化也会更加完善地体现在Kyligence商业版最新版本中。这其实体现了上述认知，从开源技术到企业级产品，服务用户群体虽然不尽相同，但其实又互为统一。变化的是如何让用户能够从项目中获得价值，这其实非常有挑战。

总结来看，目前国内正在涌现越来越多的开源技术，通过大家在更大范围内的交流，有利于开源技术的落地和发展，更甚者加速了技术的成熟发展周期，促进中国在底层技术上的提升。作为行业中的一员，我们也希望看到云计算、大数据、人工智能的相互融合，可以让数据技术平台愈加成熟，让数据行业超越其巨大的技术鸿沟，帮助企业发掘和利用数据的价值，在激烈的竞争中取得优势。

改变人类使用数据的习惯，是我以及公司的长远愿景，坚持践行。

**韩卿**

Kyligence联合创始人兼CEO，Apache Kylin联合创建者及PMC Member。首位来自中国的Apache软件基金会顶级项目VP、微软社区总监（RD）、腾讯云最有价值专家（TVP）、金融科技创新联盟理事兼智库专家、上海大数据联盟理事成员、中国互联网协会数字金融工作委员会委员。

# 阿里云张瑞：程序员3.0时代到来

记者 | Aholiab

数字化已进入"全要素"时代，数字化升级需要将整个技术底座打通，并且将整个组织进行转型。这一过程中，人才的权重成为了企业转型是否成功的关键。从程序员1.0时代的"个人英雄"到程序员3.0时代的"万能开发者"，程序员扮演的角色发生了重大的改变。未来，只有能将技术与产业融会贯通的程序员，才是数字化时代真正的人才。

受访嘉宾：

**张瑞**

阿里云全球技术服务部副总经理、交付技术负责人。数据库技术专家，2005年加入阿里巴巴，曾带领团队完成阿里巴巴集团去IOE、异地多活等重大技术架构升级，多次担任"双11"技术保障总负责人。目前致力于云计算的技术输出与项目交付，帮助企业实现数字化转型。

在过去的几年里，数字化已深刻地改变了社会、经济、生活等方方面面。数字化已成为全球发展的新趋势。在我国，从2017年首次将"数字经济"写入政府工作报告，到"十四五"规划强调"加快数字化发展，建设数字中国"，数字化早已全面向各个产业渗透，成为诸多企业的核心战略。

在阿里云全球技术服务部副总经理、交付技术负责人张瑞看来，程序员单打独斗就能创造奇迹的时代已经过去，新时代的数字化转型，需要打通战略、策略、执行等"全要素"，而这一背景，对程序员也提出了新的要求。

如果说程序员1.0时代是天才辈出、个人英雄的时代；程序员2.0时代是以开源为核心的大厂程序员创造奇迹的时代；那么3.0时代则是"万能程序员"的时代。技术将不再是程序员的天花板，因为程序员不仅要懂技术，也要关心经济社会的发展，研究产业的前途和命运。"他们既要是对技术最精通的一批人，也要是对产业最了解的一群人。"

"我希望越来越多这样的程序员加入进来，共同推进实现数字化中国的愿景。"张瑞说。

## 数字化进入"全要素"时代

回到十多年前的2008年，那时中国网民的数量已接近3亿，一批互联网巨头也已具备相当的规模。然而，国内的所有大型互联网公司，仍然十分依赖IOE（IBM、Oracle、EMC）成熟的设备和系统。面对日益增长的数据量，IOE所提供的设备和系统已经无法满足海量的数据存储及交互的需求，越来越频繁的宕机。因此，在这一年，阿里巴巴提出了"去IOE"战略，期望通过自研可控的软硬件系统摆脱对IBM小型机、Oracle数据库及EMC存储的依赖。2013年，随着淘宝广告系统Oracle数据库的下线，阿里巴巴的"去IOE"战略得以完成。

"去IOE"为更大的数字化建设奠定了基础，是数字化全要素升级的第一步。在这一基础上，构建动辄上百个系统交汇的"超级数字工程"成为可能。让从城市大脑、12306等超大规模的业务平台，到炼钢、水泥、汽车制造等行业解决方案，都能接受数字化的重塑。

"今天我们在提数字化的时候，指的是将整个的技术底座打通，将整个组织进行转型，并且让每一个组织里的人变得更好。我们不是交付一个系统，而是交付一种价值。这个过程，我们称为'全要素的数字化'。"张瑞补充道。

全要素数字化有三个特征：

- 战略上，建立一个数据中枢，以数据为核心资产，进而推动智能化决策。
- 策略上，以一条工程总线打通企业的"经络"，实现组织敏捷，稳步打造数字化的能力底座。
- 执行上，重构业务流程，实现场景创新与业务突破。

因此，在全要素时代下，数字化应该与电气化相提并论。正如电气化把电变成了基础设施，驱动了第二次工业革命及信息产业浪潮。数字化也将催生出新的技术经济生态，带来新的产业革命。在数字化革命下，数据变成了新的生产资料，程序员则成为了新的"劳动者"。而新的时代对新的"劳动者"也提出了新的要求。

## 程序员3.0时代

张瑞强调，今天程序员已进入3.0时代，只有将技术与产业相结合的"万能程序员"才能适应数字化全要素时代。要理解什么是"程序员3.0时代"，需要从1.0时代开始对程序员的发展进行回顾。

程序员1.0时代是"单打独斗，个人英雄"的时代。优秀的程序员往往是技术过硬，并且能够实现自己想法的人。"作为70后，我们那时候的偶像是求伯君、雷军、张小龙、王江民这些人，他们以一己之力写出了非常牛的软件，做出很牛的产品，就能快速得到社会的认可和市场的回报。"

以求伯君为例，这位天赋异禀的程序员，在1989年就成功开发出WPS1.0，填补了我国计算机中文字处理的空白，国内市场占有率最高时一度达到90%，成为了中国计算机的标配，1989年也由此被称作"中国软件元年"。类似的代表还有"中国杀毒第一人"王江民，他研究了中国首款专业杀毒软件KV100，在很长的一段时间里，该系列软件是中关村的硬通货，许多人送礼都送杀毒软件。

作为《程序员》杂志（《新程序员》前身）的资深读者，张瑞还以《程序员》杂志试刊（2000年）上提到的一个人物周奕为例（见图1），谈到他曾经单枪匹马写出了在DOS时代辉煌无限的排版软件，当时全国写过排版软件的也只有他、求伯君、殷步久、王选等人。一个偶然的机会他发现可以用多线程编程的办法将mp3刻成光盘，于是他在美国租用了一个服务器，注册了zy2000.com网站，在1997年就实现了月收入50,000美元（约合当时50万人民币）。

图1 2000年发行的《程序员》试刊一

程序员2.0时代是以开源为核心的大厂程序员的时代。张瑞回顾道："随着谷歌三篇论文的发表（指谷歌发表的GFS、MapReduce、BigTable三篇论文），三驾马车的出现，整个互联网在分布式系统的大浪和数据智能的冲击下崛起。能进入大厂成了很多程序员的梦想，也只有大厂才用到了当时最牛的技术。后来随着闭源软件向开源软件的发展，成为开源软件的贡献者，也成为了程序员莫大的动力。"

随着技术的发展，2.0时代涌现出了一批对垂直领域颇有研究的程序员，他们对开源做出了非常多的贡献。这个群体的代表，有"MySQL之父"Michael Widenius、"Linux之父"Linus Torvalds等。

1991年，Linux面世，允许用户通过网络或其他途径免费获得，并任意修改其源代码，因此创造了一种能够更好、更快地开发核心软件技术的方法。越来越多的基础开源技术应运而生，开源也有了技术革新和商业革新的良性循环。

之后的故事广为人知——开源实现了巨大的技术创新和商业创新。例如，2008年，软件公司MySQL以10亿美元的价格被收购。远在中国的程序员们同样投身于这股浪潮，如章文嵩，主导开发了国内最早的开源项目之一——LVS，这对其技术人生乃至其任职的企业都产生了深远影响。

程序员3.0时代是"万能开发者"的时代。"这一代程序员应该是生于云、长于云、云原生的一代。"随着5G的发展，计算和数据正在加速向云上迁移，催生出云计算机、自动驾驶等"新物种"，以及更多的数字化解决方案。

相比于前两代对于具体技术（如某个开发语言）的追求，这一代的程序员应该在技术上"一专多能"，并且能够将技术与行业相结合。张瑞说："今天对数字化人才的要求是，云计算、大数据、AI这三个技术至少要掌握其一，同时对其余两项技术要有深刻的理解，否则会没有想象力，很难产生创新。"

3.0时代的程序员需要深度思考行业痛点，长期积累行业经验，不断找出行业规律，并能够通过数字化的工具和手段来帮助行业解决问题、改进效率、优化组织。"以往的程序员可能不太会思考业务方面的问题，认为这是CEO需要考虑的，但未来这种思考应该扎根在程序员的意识中。"

因此，未来技术不再是程序员的天花板，而是对行业创新的想象力。只有了解行业的技术人，才能成为数字化人才。这些人可能是来自IBM、微软、Oracle、BAT的开发者；也可能是来自建筑、交通、航空、银行、税务等行业的工程师。

张瑞介绍，阿里云在服务千行百业政企客户的过程中，看到了许多既懂技术、又懂产业的技术人，他们代表着3.0时代程序员的发展方向。阿里云常讲："为客户交付一个项目，沉淀一套体系，留下一支队伍。其目标就是，帮助客户真正构建起面向数字创新的技术与组织能

力，和客户一起培养更多的"3.0程序员"。

## 培养技术创新的想象力

当被问到"如何培养对行业技术创新的想象力"时，张瑞坦言："这不是一个凭空的过程，而是要去思考行业的痛点。每个行业都有痛点，痛点可以通过传统的方法来解决，也可以通过数字化技术的方法来解决。准确地说，是通过云、AI和大数据的方法来解决。程序员去思考如何通过技术去解决痛点的过程，就是在培养这种想象力。"小的痛点得到解决后，往往会成长为大的解决方案。

"例如，在疫情期间推出的健康码就是客户提出来的想法。从某种意义上来说，健康码的实现在技术上不是很难。但当健康码出来后，逐渐演变成了一个大数据解决方案。我们与浙冷链合作，把健康码的类似技术开放到冷链溯源里面去。2020年8月，在厄瓜多尔白虾被检测出外包装部分样本新冠病毒核酸结果呈阳性后，浙江省市场监督局通过这一系统追溯，3分钟内就找到了相关商户，并进行了快速处置，最大限度地降低了病毒传播的风险。"张瑞介绍道（见图2）。

图2 浙冷链溯源界面

## 数字化人才，决定转型成败

全要素数字化时代，对人才提出了更高的要求。反过来，人才对企业数字化转型的影响也至关重要。在张瑞

看来，企业中数字化人才的权重，直接关系到数字化转型的成败。数字化转型不仅关乎IT服务，也包括咨询、运营等服务，需要业务侧、资金侧、市场侧、供应链侧无缝融合。只有对技术和业务都有深入的理解，才能保证这种融合的顺畅。"从某种意义上来说，数字化人才是未来企业的核心竞争力，也是判断企业数字化程度的重要依据。"张瑞说道。

不过张瑞也坦言，人才只是判断企业数字化程度的其中一个指标，并不是全部。企业数字化转型是否成功，以及数字化程度的判断依据还包括"含云量"，即企业的基础设施层是不是使用了云。相比于开源时代基于GitHub的协同方式，基于云则可以实现"更大层面的协同"。基于云的软件开发方式也会发生根本的改变。"就阿里自身而言，目前阿里的业务100%跑在公共云上，并且实现应用100%云原生化。阿里巴巴本身也是阿里云的用户。"张瑞补充道。

此外，数据是否成为企业的主要资产之一并是否提供决策帮助，也是判断企业数字化程度的标准。今天的数字化转型不是看企业搭建了多少个数据中台，而是看数据到底有没有成为生产资料，并指导企业的决策。"企业的决策要真的基于数据，而不是基于经验拍脑袋做完之后，再用数据去印证决策的正确性。"

最后一个判断企业数字化程度的标准是"组织是否在线"。张瑞认为，数字化的本质是组织数字化的过程，而非简单的IT系统数字化。组织是否在线意味着：你的所有账号系统是否打通、每个员工的能力标签是否明确等。张瑞以钉钉为例，进一步阐述道："很多人认为钉钉就是个聊天工具。他们其实没有看到我们通过钉钉把整个企业的IT账号以及所有基础性的东西全部在线化了，而不是将钉钉作为单纯的聊天工具和打卡工具。"

随着数字化转型进程的加快，以及技术学习门槛的降低，未来，我们很可能见证"人人都是开发者"时代的到来。但在张瑞看来，即使"人人都成为了开发者"，这些开发者与传统的开发者仍然存在区别。他们应该成为3.0时代的"万能开发者"，能够将技术和业务融会贯通，并在技术上一专多能。

在这样的开发者的推动下，数字化定能创造出无限的奇迹。

# 基于云原生技术突破数字化软件生产瓶颈

文丨陈谔

**数字化的企业如同一台运转精度更高的复杂机器，为使企业能够顺利开展数字化转型，实现数字化与行业的深度结合，高效率、高质量的软件生产能力必不可少。这需要匹配数字化的IT架构和软件基础设施，而云原生是破局的关键。**

## 数字化转型逼迫软件生产能力升级

企业的数字化转型和数字创新需要借助软件应用来落地。根据IDC预测，到2025年将有25%的中国500强企业化身软件生产商实现数字化转型，以保持其地位。

与传统的信息化不同，企业数字化转型往往涉及对业务进行系统性、大范围的重新定义，以实现数字化的商业模式。企业的运转如同一台精密的机器，极易受到木桶效应的影响，往往无法通过局部的改造来满足数字化转型的期望，需要全面地对企业的各个业务环节、协作流程进行数字化改造，从而带来大量的软件开发需求。因此，我们可以认为，软件的生产能力升级已成为企业数字化转型成功的一个关键因素，并且数字化转型需要的软件生产能力不同于经典的软件开发效能，其背后是数字化时代特有的软件生产挑战。

## 数字化时代软件生产的新挑战

我认为数字化时代软件生产的挑战主要在于以下五个方面。

## 应对变化的能力

数字化时代是变化的时代，成功的数字化企业一定是能够高效应对市场变化的企业，可以抓住市场每个机遇，

为用户、合作方提供良好的体验，这意味着软件迭代的周期要能跟上业务变化，从传统"几个月以上"的大版本迭代模式，走向以"周"甚至以"天"为单位的持续迭代模式。

## 应对复杂性的能力

数字化业务体系往往是高度复杂的，需要非常多版块的协同。电商是个很好的例子，对用户来说看似简单的电商体验，在后端往往是至少几十个子系统的协同。其他很多行业如证券、保险、零售、制造，复杂度也不亚于此。在市场不断变化的情况下，迭代这样的复杂系统无疑是软件工程的噩梦。如何评估变更的影响，如何控制软件缺陷带来的风险，如何解决代码腐化的问题，都为数字化带来了挑战。

## 连接的能力

支撑企业数字化的软件一定不是企业信息化的孤岛，而是需要形成网状的连接协同完成数字化的协作，这就要求软件本身要同时成为服务的提供者和消费者。

## 人才供给问题

软件生产需要相关人员具有很强的专业背景，一位合格的程序员往往需要几年的学习培养周期，并且人才的分布地域性、行业性明显，极不均衡。当下企业纷纷进入

数字化转型阶段，人才供给问题就凸显出来，造成的结果是企业的大量软件需求堆积，许多软件的质量无法达到预期，以及后期无人可支持迭代。

## 成本、效率问题

数字化既然是一种企业行为，必然是追求ROI（投资回报率）的。数字化转型工作是一种对企业未来的投资行为，如何在有限的预算内实现数字化转型也是每家企业都面临的挑战。

鉴于软件生产能力的重要性，对上述问题中任何一个方面的放纵，都将有可能成为企业数字化转型的瓶颈。

# 云原生助力企业应对软件生产挑战

在互联网企业的发展过程中我们一直有一个观点，云原生的应用是软件架构的微服务化驱动的。之所以采用微服务架构，是由于互联网企业在软件层面更早遭遇到复杂软件系统的迭代问题。"分而治之"是一种能够直接化解复杂性的手段，但在软件生产层面以微服务为代表的手段，其实是将软件系统的复杂性转移到了工程与运维层面，而这种转移的价值，在于将差异化的软件系统复杂性转换为共性的工程、运维问题。一旦归结到共性问题，就有机会引入一套标准的机制来解决，而当今形成的标准便是云原生。

我们可以回顾一下云原生初期解决的问题：

■ 资源的编排能力，对应微服务化后需要更多的计算节点的问题。

■ 服务负载的编排能力，对应微服务架构需要管理大量无状态负载集群的问题。

■ 综合容器与编排支持的DevOps能力，解决微服务环境交付复杂、运维人员成为中心化瓶颈的问题。

只是在Kubernetes横空出世成为社区标准前，这些问题往往需要一支强有力的技术团队开发出相应的技术平台来解决。然而，高昂的开发成本、缺乏社区标准、生命力有限成为了业界共同的痛点。

现在，有了Kubernetes这样的云原生基座作为标准，支撑微服务架构的技术栈自然也就生长在这个基座之上，并逐渐成为一个平台化的生态。随着平台的标准化，一切与业务逻辑无关的部分又逐渐沉淀到平台之中，由此来承载。例如，服务治理能力一开始的做法是耦合在应用的运行时，但随后出现了以Istio为代表的服务网格中间件将RPC、服务治理等能力下沉到平台中。我相信随着大部分的中间件、应用负载迁移到云原生平台上，云原生平台将进一步成为承载系统与应用可观测性的数据平台，以及管理更为动态的资源与应用元数据的平台。在可观测性数据与元数据接口开放的基础上，可构建与云原生体系匹配的稳定性治理、成本治理、自动化运维等上层能力，从而真正成为一个完整的现代化软件生产支撑体系。并且，由于云原生体系的标准化，这些能力将不再是少数互联网企业的独门秘籍，而是能通过"云原生平台"这样的产品惠及更多处于数字化转型中的企业。

在构建企业的软件体系时，我们希望能够打破"竖烟囱建孤岛"的模式，建立能力中心或服务化的体系，形成企业内部数字化能力的网状连接。这种网状连接不仅仅是微服务应用内部的细粒度服务间的连接，而是企业内业务和职能间的联系。在云原生时代，API是建立这些连接的最重要手段。API不仅是一种访问及更新数据的方式，更是企业内部服务契约的体现。在传统开发模式中，常常有绕过API而通过直接的数据访问或交换实现业务的方式，导致服务的契约变得非常复杂，并且服务提供方往往容易忽略需求方真实的场景。

从技术维度来看，API网关已成为企业实施云原生必不可少的组件。一方面，企业需要一个高性能、安全的API入口；另一方面，基于API网关的多协议支持能力，能够将企业内部采用不同协议标准的接口连接起来，并对外暴露为一致的API接口。最后，很重要的一点，我们之所以称API网关为"云原生的组件"，是因为它能很好地连接微服务化的业务架构。由于可接入微服务的服务治理体系，API网关可参与到负载均衡、灰度发布、流量染色、链路跟踪等场景中。

然而，就软件生产来说，迭代、复杂性等问题依然是比较高阶的问题。在企业数字化转型中，生产软件的研发人力问题依然是不少企业的主要风险，这也使"云原生"这样的名词显得离企业的业务需求有些遥远，反倒是"低代码"这样的概念显得对企业具有更广泛的吸引力。如果细究低代码平台当前崛起的技术层面的因素，我们会发现依然与云原生技术的发展紧密联系。

低代码的产品概念已存在多年，但用低代码平台打造真正的企业级应用的一大阻碍在于运维问题。在缺乏标准的运维接口抽象的情况下，低代码平台打造的应用在企业IT体系下只能是一片孤岛，无法与企业的IT运维体系融合，从而企业的IT团队无法认可低代码开发的应用能够服务于整个企业或大量的客户。云原生标准的出现使低代码平台可以对接标准的运维体系接口，从而低代码平台只要能够创建符合云原生标准的制品，充分利用云原生的能力即可。

网易数帆也在低代码平台与云原生结合方面做了一些实践，我们总结出以下几点：

■ 由于低代码平台框定了应用开发的规范，因此能够确保生产出的软件符合12-Factor这样的云原生标准。

■ 开发、测试、生产环境的资源调度均依托Kubernetes提供的接口，这样能使低代码平台运行于多样的基础设施之上（见图1）。

图1 低代码平台运行在Kubernetes基础设施上

■ 应用部署、生命周期管理、可观测性均依赖于云原生的平台，低代码平台将软件制品以容器镜像方式交付，并声明为Kubernetes的工作负载，自定义的应用级别Metrics可以通过Prometheus采集，从而应用无须夹带与可运维性相关的私货，一切交给云原生平台即可。

■ 基于云原生体系亦能很好地对接事件驱动的业务逻辑，通过Serverless服务消费事件，从而大幅降低该类负载的运维成本。

■ 基于低代码平台打造的或企业已有的软件服务的接口可通过网关暴露和管理，从而低代码打造的应用可基于企业内部的服务接口组合应用逻辑，或将接口作为服务提供给企业内部的其他服务，以实现软件资产的重用（见图2）。

图2 低代码平台整合API网关实现软件资产重用

可以看到，如果没有标准的云原生平台，实现以上这些能力对于低代码平台与企业而言都需要极大的成本，这也是历史上低代码平台很难被企业IT体系所接受的重要原因。正因如此，当前已来到了企业应当正视低代码平台带来的收益的时候。根据我们的经验，通过低代码平台可大幅降低软件生产的门槛，开发人员的招聘周期缩短到专业程序员的一半。一位具有3个月开发经验的低代码开发人员，其开发效率相对传统开发模式可提升300%，而企业数字化转型所需的80%的软件都可采用低代码平台实现。

## 企业落地云原生的趋势

基于云原生的数字化当前还处于不断演进之中，其复杂性难以忽视。因此，当前落地云原生的多为IT能力较强、投入较大的企业，这类企业具有一些共通的特征，主要体现在以下两方面：

■ 具有架构师或技术平台的团队，由于软件生产中研发、运维涉及的是全面的技术栈，往往需要能力较强的横向架构师角色来推进云原生的落地。这与云计算基础设施类平台落地主要依靠运维团队存在明显的差异。

■ 企业有明确的战略引导，需要适应业务和市场的变化，从而需要构建大量新的软件服务或全新的业务版块。

那么，云原生的广泛落地是否将存在很大的阻碍？我认为，云原生的普及虽然过程曲折，但趋势已不可阻挡。随着头部企业与大量企业新业务落地云原生平台，越来越多的软件开发已经基于云原生架构，尤其较为复杂的软件将基于微服务架构。这是由于云原生架构能使企业软件开发人员更聚焦于业务逻辑本身，而无须为软件的运维治理、环境适配能力等付出额外的成本，以及微服务架构能使软件对功能迭代更加友好，采用新技术的软件企业将在市场的竞争中胜出。

根据CNCF 2020全球云原生市场调查报告，受访者在生产中使用Kubernetes的比例从2019年的78%增加到了83%（见图3）。我们在服务企业客户的过程中也已明确了这一趋势，不论是IT技术实力较强的金融行业，还是IT投资相对保守的制造行业，都已经踏上了云原生探索之旅。我们看到，国有大型银行对Service Mesh、Serverless的整合规划已经覆盖核心业务，工业企业的MRP、MES系统微服务化并采用API实现数据高效协同也成了常规操作。

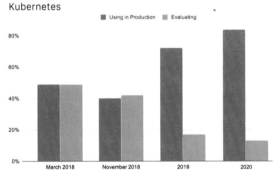

图3 在生产中使用Kubernetes的比例达到83%

这样的趋势将进一步促使云原生平台成为接近于企业云上操作系统的存在，企业的应用安装、运行、运维都发生在这个操作系统上（见图4）。

随着这一趋势的发展，以及云原生标准的逐步稳定带来

图4 云原生平台成为接近于企业云上操作系统的存在

的学习成本的降低，市场上的人才所掌握的技术栈也将向云原生倾斜，开发运维人员更愿意采用云原生标准的企业服务，从而能够在技术上有所积累。而人才市场的变化往往意味着全面转变的开始，企业为了获得更高质量的应用、付出更低的成本、获得合适的人才，将必须面对向云原生技术栈转变的问题，这很像旧的操作系统不再演进，失去了厂家的维护之后，用户不得不升级到新的操作系统，这样的历史事实上一直在重演。

低代码将是诸多企业落地云原生后获得的最大红利，但低代码的引入并不意味着要抢走程序员的工作，而是企业的数字化需求将得以释放。每家企业都将用上一个或多个面向不同场景的低代码产品，企业产出的软件数量将是以往的数倍，专业开发人员的工作也没有减少，而是可以更加聚焦到需要专业能力的开发场景上。

我非常赞同Gartner的预期：到2024年，65%的应用将用低代码开发。同时，我们可以追加一个判断：90%以上的低代码平台都将运行在云原生的基础上。

总而言之，数字化转型浪潮滚滚，社区生态日益丰富，企业实践不断成熟，软件生产的变革正因云原生的普及拉开序幕。让我们一起用好云原生技术，提升软件生产力，共赴数字新时代。

**陈谔**

网易数帆轻舟产品总经理，网易杭研云计算技术中心与运维保障中心负责人。现负责网易云原生产品线建设，对内主导集团互联网业务基础设施与PaaS层技术栈的云原生演进，并全方位打造运维、开发、测试相关技术平台，促进集团软件生产提效。对外打造轻舟云原生、低代码产品线，实践网易数帆数字化基础软件战略。

# 数字化就是释放比特的能力

文 | 冯斌

如今，中国的软件和SaaS行业虽然在高速发展，但从总体规模来看还处于早期阶段。随着各行各业数字化转型的加速推进，对研发的协同协作、高效管理的需求也在不断增加。本文作者认为，各行各业的数字化，必须通过企业级研发管理工具提供"二阶导数"赋能，即如果将数字化进程看作对函数的求导过程，那么，软件工程师是为数字化赋能，而研发管理工具则是为软件工程师赋能。

## 数字化的三个阶段

数字化本质上是利用比特的能力，减少空间和时间上的约束，从而使信息、协作的流动速度加快——其流动速度达到没有延迟的状态。

事实上，我们现在正处于比特世界冲击和替代原子世界的过程中。可以说，原子时代是由看得见、摸得着的物质为主，比特时代则是由看不见、摸不着的数据为主。这个过程产生了很多机会，如把原子世界比特化，将线下的商业线上化——这些都是比特能力的体现。

数字化的本质是从信息到自动化的行动，也可以说，数字化系统不只是决策者能用，而是产业链上的所有人都能用。

数字化是一个软硬件设施不断被卷入的过程。例如，在智慧交通的场景里，数字化先是卷入了基础的道路交通系统，然后再变成手机上的应用，再往前一层就要卷入汽车和硬件厂家，数字化也在这个过程中得到深化。

放到企业的业务里，这个逻辑同样适用。数字化的应用系统一定要把智能化、自动化的装备和工具纳入进来，因为应用系统往往是通过装备和工具来体现的，也正是这样释放比特的数据能力。

数字化根据目标程度可以划分为三个阶段，每个阶段有不同的作用。首先是"在线化"，对项目内容（本地的Excel、文档等）的管理进行线上化共享。其次是"结构化"，也称为"标准化"，通过字段、属性、状态等维度将一件事情变成结构化的数据对象，这样就可以筛选、搜索、聚合。最后是"智能化"，将更多的数据关联起来，解决部门之间的数据孤岛问题。

以下详细介绍每个阶段的特征和关键因素。

**第一阶段：在线化。** 在线化要解决的首要问题是减少信息的衰减程度。如果仍然使用单机的产品和思路，信息是无法实现有效、及时共享的。只有实现在线化，才能做到信息的实时同步。

在线化要解决的第二个问题是提高信息的透明度。信息透明是激发员工积极能动性的前提之一，能给团队带来安全感，也能避免造成"鸡同鸭讲"的局面。正如现代管理学之父彼得·德鲁克所说："所有的创新机会都来自外界环境的变化。"只有企业呈现信息透明化的环境，才能鼓励创新，造就自驱式企业。

**第二阶段：结构化。** 结构化（标准化）要做的是清晰地定义所管理的对象。例如，文档等非结构化类型很难抽取其中的数据，可以说数据是混合在一起的。如果无法用数字的形式将其表达出来，则很难看清楚其中概况，也无法实现统计等功能。

非结构化信息会让人抓瞎，尤其在团队协作时。由于无法掌握任务的完成度和时间安排，以及不同团队之间的进度是否匹配等。因此，结构化的首要目标是做到可视化，使所有被管理的对象一目了然，这是从"混沌"走向"有序"的开始。

**第三阶段：智能化。**当结构化再往下发展，会出现数据孤岛的问题。虽然数字化进程可能在企业的某个部门或智能模块中跑得很好，但如果要让它实现端到端的串联，从而实现真正的业务价值时，会发现彼此是割裂的，也就是呈现数据孤岛形态。

具体来说，工业化时代带来了前所未有的规模化制造，但降低成本和满足个性化需求这一组矛盾，在工业时代很难被解决。

数字化时代，规模化定制正在成为现实。例如，传统生产线的ERP、MES、PLM等管理系统的数据是不通的，不同生产线的工艺控制软件也不一样。如果这条生产线要从生产A产品切换到生产B产品，必须先停产，然后花一两天时间人工重新配置各种参数。这样不仅效率低，而且容易出错。一出错，就必须停线调参数。

以前产品生命周期长，这种运行方式是可以接受的，因为一个产品大批量、长时间地生产，不用经常切换产品线。然而，现在的软件迭代速度非常快，基本上每个月都会有新的迭代需求。这就必须根据市场需求及时调整生产计划。例如，从排产计划到物料信息，不同维度的数据、指令，都会被快速地编排、配置到生产线的工艺控制软件中。生产线就会自动调整工艺流程，不用停线就能切换到新的产品生产。

因此，智能化可以称为部门之间的数据闭环，甚至上升为数据治理，只不过整个过程是开放式的。

## 明确数字化进程的关键因素

从全球视野来看，美国的企业数字化进程大概要比中国

的领先五年。一些优秀的科技公司，如Facebook、亚马逊、谷歌等已经踏入了智能化的第三阶段。当然，中国企业的数字化正在加速前进，差距在不断缩小。

从我们目前所服务的客户情况来看，相当多的企业处于数字化的第一阶段，正在逐步"从0到1"实现在线化。同时，越来越多的企业从第一阶段迈向第二阶段，开始了结构化的历程。不过，直到目前，还没有企业进入第三阶段——当然，人们都期待看到中国企业开启智能化的尝试。

既然目前数字化实践攻坚焦点是第二阶段的结构化，那么，以下着重来探讨这一阶段所涉及的具体做法。

在推进结构化的过程中，为了实现可视化，以及使结构化走向有序，第一步要知道影响该事件的关键因素，要把它们列出来。所谓"关键因素"，是指如果不去做，那么这件事情很大概率会失败，因为信息内容还是一团混沌。

接下来，要做的是：先明确问题的方向和边界，建立数学模型，再找到合适的算法。

找到完成某件事情最关键的因素，本质是一次抽象过程，也就是进行建模——意味着要筛选掉很多细节，才能得到一个简单可执行的模型。建模就是把复杂的现实问题转化为数学语言，让其能够运用算法解决。在这个过程中，建模非常考验算法工程师的水平。数学模型无法描述全部客观现实，这就需要算法工程师做出取舍，找到最贴合现实问题的数学描述。

## 建模的三个步骤

### 第一步，确定假设。

由于涉及问题的因素很多，建模时不可能全都考虑，那哪些该考虑，哪些该舍弃呢？这就需要先确定假设。

我们先要搞清楚，需要得到一个什么精度的预测结果。如果我们想要的精度很低，那么只需要一个简单、容易计算的模型。这时候，我们就需要对问题进行最大程度

的简化。

抽取关键因素的建模过程，不需要完成100分的结构化目标，达到70分或80分就行。因为聚焦在关键因素就相当于化繁为简，不追求一蹴而就地大而全。

**第二步，验证模型。**

不断和现实问题作比较，我们可以迭代出更合适的模型，把现实问题尽可能无损地映射进计算机系统里。

**第三步，权衡可行性。**

一个模型是不是最优选择，不仅要看模型是否靠谱，还要看是否能实现。对准确性要求高，通常就意味着存在变量多、逻辑复杂、数据不可得等困难。

除了达到70分的几个关键因素，剩下30分当中的关键因素也很有价值，只是因为实现它们的成本很高，所以我们要把它们舍弃掉。此外，我们要持续关注这70分，因为它不会永远停留在70分，而是随情况变化而变化，有可能降为50分，这时候就要把它调到70分。

在开展研发管理实践中，很多时候人们是靠感觉去找出混沌的地方。然而，感性的方法是不可持续的，所以结构化能梳理出有序的路径——这是结构化的第一个作用。

结构化的第二个作用是，在面对涉及大规模协作任务时，可以得知最佳实践是怎样的。也就是说，相关的标准流程如何进展。

要确保团队都按照同一个标准流程做，工具的卡点就显得非常重要。关于工具的卡点，可以举汽车制造的例子。在汽车装配时，为了防止工人将螺丝A和螺丝B搞混，可以将螺丝A和螺丝B的颜色做成不同的，或者大小形状不一，相互无法拧进对方的螺丝孔。

在数字化软件项目管理方面，之所以会出现流程上的低效，是因为背后有很大可能没有标准的做法。也可能是虽然有标准做法，但是团队成员出于各种原因没有遵守。因此，在研发管理的流程上，经常要做的就是卡

点，也就是必须清楚定义怎样做才算过关。例如，软件和代码在内的生成物，是否满足了预设的条件？以什么样的方式去检查？用何种技术手段来评估正在进行的代码质量？这一系列问题都可以在软件研发管理工具中设置卡点，如果未满足，工具就会"卡住"流程，不让它往下推进。例如，如果A任务没有完成，就会被"卡住"，无法进入下一个B任务。

尤其涉及大规模团队协作时，因为人员太多，管理者根本无法全部把控。如果团队没有按照标准流程来做，现场协作的方式是存在很大风险的。

## 结构化面临的挑战

在结构化实践中会遇到不少失败案例，人们对失败原因往往归咎于：设定了数字化改进的标准，但没有推进下去。如果继续追问，答案经常是：业务部门认为标准定得太重，推不下去。如果继续追问为什么定超出实际可执行的标准？会发现是：没有聚焦。

结构化从混沌走向有序，最关键的是抽象能力。因为人是追求确定性的生物，这样就会倾向于追求大而全，倾向于找出风险点所在，并想方设法规避风险。

事实上，数字化的改进绝不能"一口吃个胖子"，而是要循序渐进。在设定目标时，只需要一个过线标准即可。所谓过线，就是能让任务达到70分的状态，不必面面俱到。

因此，数字化要从一个小切口开始，在获得渐进式的小胜利后，让团队有动力继续往下推动。除此之外，大型研发团队面临着三个方面的挑战。

首先，工作效果差异大。由于不同团队使用不同工具，平台化方案难以统一应用。团队数据分散，导致团队协作效率低，整体效能提升难。成绩优良的团队通常依赖若干位专家，但专家的专业性难以简单地复制到其他团队。同时，项目进度是衡量团队效率的核心指标，需要研发团队协作推进，但中大型团队任务进度的可预测性

较低。

其次，业务满意度低。在日常工作中，总会有业务部门质疑研发团队：这个需求不是很简单吗？为什么做这么久？这反映了"需求前置时间过长"的问题，即需求从提出到交付的时间过长，无法满足业务方或客户的期待。同时，因为技术风险、紧急事故等各种难以避免的客观问题，项目进度承诺容易被打破，从而导致返工率高，团队怨声载道。

最后，改进措施难落地。改进措施的落地需要所有团队成员的配合。然而，在改进初期，管理者经常遇到这样的问题：团队成员认为"我们本来就很忙，不应该额外付出时间和精力来改进"，导致改进措施"执行成本高"。

不仅如此，改进常常意味着团队内部的"改革"，可能会打击某些人原有的角色或位置，让团队成员对改进措施产生质疑，从而导致落地阻力大。此外，改进的培训成本和沟通成本过高，尤其对于中大型团队而言，需要进行持续地培训。成本高、见效慢、培训后的执行效果难以跟踪，这些因素综合影响了团队对改进措施的执行落地。

基于大型研发团队所面临的挑战，研发管理改进必须以"不依赖人"的手段来推进，通过制定标准，并将其落地到工具中，实现自动化管理。

## 数字化的工具刚需

在国外，因为疫情远程办公（严格来说是"混合型办公"）越来越多，这就使数字化过程中的在线化和结构化成为不得不做的事情。

随之而来的是，在新的数字化环境下，要如何调整组织架构、调整汇报关系、调整协作方式，以及怎么开会、应该用什么工具、应该把什么放到线上管理，等等。这些都是国外数字化最近一年来讨论的热门话题。然而，

这些问题不能依靠一套工具就可以解决，而是搭建一整套解决方案体系。

在国内，从2015年前后开始，软件能力对于各行各业都变得越来越重要。几乎所有企业都需要在线营销，都可以通过大数据来优化业务。人们在虚拟世界的时间越来越长，虚拟世界经济体越来越大，使得各行各业都离不开软件、离不开互联网——因为几乎所有企业都要通过软件来推进数字化。

然而，虽然各行各业都在推进数字化进程，但无论在管理方法还是人才储备上，大多数企业都只有很少的积累。几乎所有企业数字化都涉及软件研发，但多数企业对怎么管理自身的软件团队无从下手——尤其大规模软件研发团队更容易管理失控。于是，广大企业迫切地想掌握软件研发的协作方案，以促进数字化在团队中的落地，从而实现软件领域的IT新治理领导力。

正是这样，涉及协同和项目管理的软件研发管理赛道就成为了企业服务的风口。

具体来看，软件研发管理改进过程采用的是"PDCA循环理论框架"。

PDCA循环又称"戴明循环"。P、D、C、A这四个字母，分别代表：Plan（规划）、Do（执行）、Check（查核）、Act（行动）。戴明是美国的一位质量管理大师，他认为，高质量不是来自基于结果的产品检验，而是来自过程的不断改善。后来，他的理念不断被用于质量管理，更广泛地用于企业管理领域。

### 规划阶段

如何改变人的认知？项目的可视化是第一步。

科学的数据可视化能够直接给到团队反馈，为理性分析提供依据，为感性认知提供视觉印象。

规划阶段需要限制并行的任务数量，找到流程中的瓶颈，同时识别不同的工作流程。在组织架构和人力投入

上进行隔离，保证资源能被高效利用。改进时如果遇到多个阻力因素，应优先选择影响因素少的环节开始，这样做的好处是能够快速给团队正向反馈，提升团队对改进的信心——前提是，管理者对团队的全局待改进情况有系统的认知。

### 执行阶段

首先，建立一个简单、容易被理解的标准——该标准更容易被认可和落地执行。

一个简单的标准并不需要覆盖尽可能多的场景，大而全的标准反而容易导致标准落地困难，简单的标准覆盖90%的场景即可。标准并不是告诉大家工作的"所有"是什么，而是"至少"要做到什么。

其次，利用工具数字化工作流程，内嵌完成标准。"内嵌"是指将团队中各个角色的工作及状态流转规则落地到工具中，以减少人为因素的干扰和噪音导致的偏差。

再次，鼓励团队使用工具开展日常工作，以实现研发过程真正地按照标准执行。

最后，使工具尽可能地自动化实现。

### 查核阶段

改进措施落地后，管理者需要持续进行效能数据的监测。

### 行动阶段

标准并非一成不变的，而是需要定期复盘，以保证标准

在团队发展变化的过程中有更好的适应性，而复盘结果则汇入到下一循环中进行规划。

## 结语

在很多时候，标准的东西是最有效的。我们要做的，就是定期地去使标准适应新的环境——这跟软件研发中的敏捷理念是一致的。反映在具体的管理工作上就是：产生最高杠杆效应的事情是什么？

具体来说，管理者到底应该去关注哪些事情，才能更容易使让业务取得成功。也就是说，如何选择一个最好的支点，从而扩大我们的管理半径。

"标准化"不是死板的标准化，不是高成本的标准化，而是能在成本与效率之间有取舍的、可以定期改进的、能不断适应新场景的体系。

**冯斌**

ONES联合创始人&CTO。从业12年，曾任职金山软件、网易邮箱、正点科技。DevOps Master, CSM, TKP, 系统分析师；中国信息通信研究院《研发运营一体化（DevOps）能力成熟度模型》编写专家，中国信息通信研究院《研发运营一体化（DevOps）通用效能模型系统平台和工具标准》编写组长，敏捷管理、DevOps经验丰富，参与众多大型复杂软件开发。

# 字节跳动的"数字化原生"之路

记者｜Aholiab

截至2021年11月，字节跳动的"数据分析量"日均查询达7500W，A/B测试每天新增实验1500+。一切以数据说话，是字节跳动内部的准则，也让罗旋直呼字节跳动是"数字化原生企业"。同时，他也认为企业的数字化可以以自身的痛点为突破口，走出一条"由点及面"的道路。

受访嘉宾：

**罗旋**

字节跳动数据平台负责人。毕业于中国科学院大学，曾任职百度，负责在线搜索架构。2014年加入字节跳动，从零开始组建大数据平台，带领团队搭建了包括数据采集、建设、治理、应用的全链路平台产品。倡导用数据驱动业务模式，推行数据BP模式，在大数据的架构、产品、治理、安全隐私、组织设计等方面积累了丰富的实践经验。

数字化转型已成为当前企业发展的必然选择，业务增长是转型的最大动因。在数据量暴涨、产品形式更为多元、业务复杂度增加，以及交付方式不断更新的背景下，只有拥抱数字化才能使企业立于不败之地。根据《埃森哲中国企业数字转型指数》，"转型领军者"的绩效表现显著优于"其他企业"，"转型领军者"相较于"其他企业"，其营收增长率高出11.7%，销售利润率高出7.5%。

然而，数字化转型的成功与否，跟企业自身的理念有很大的关系。在当前的市场中，一些企业一开始就想建设大而全的数字化体系，这一初衷固然好，但会造成投入成本高、周期长，难以在短时间内看到效果，导致企业转型的信心受挫的结果。相反的是，一些企业从自身的业务出发，以解决自身业务痛点为目标进行转型。通过持续对实际的业务赋能，不断得到反馈，最终形成闭环，实现数字化转型。

而字节跳动显然属于后者。从最初只有一个Hive报表、重度依靠A/B测试，到构建自己的数据产品，到对组织进行优化、构建数据BP团队，再到向ToB企业开放其数据平台及服务，为更多企业赋能。字节跳动的数字化转型走出了一条"由内而外，由点及面"的道路。

那么，这条路字节跳动是如何走出来的？企业又该如何选择自身的数字化路径？企业在数字化转型中又存在哪些常见的误区？带着这些问题，《新程序员》采访了字节跳动数据平台负责人罗旋，下面就来看看他的思考。

## "数字化原生"的字节跳动

与大部分转型的企业不同，字节跳动的数字化转型走了一条"非典型"的路。之所以"非典型"，是因为字节跳动并非在业务发展到一定阶段或看到数字化的浪潮才开始拥抱数字化，而是一开始就将数字化的基因写进了业务中。

"公司在创立之初，核心的创始团队对数字化的理解就比较深，因此无论做什么事都会用数据说话。假设我们要定一个工作的目标，第一反应是这个目标有没有数据可以量化；衡量产品改进的好坏有没有数据可以支撑。你很难看到我们内部的某个重要会议是没有数据支撑的，没有数据的结论一般没有人会接受。"罗旋分享道。

正因为如此，罗旋将字节跳动形容为"数字化原生企业"。与云原生应用从第一天就是搭建在云上相似，数字化原生企业从诞生之初就带着数字化思维去开展业务。而随着业务数据的增长和产品线的增加，数字化程度也越来越高。

截至2021年11月，字节跳动内部的"数据分析量"日均查询达7500W，A/B测试每天新增实验1500+，同时运行的A/B实验10,000+。此外，字节跳动拥有国内最大的ClickHouse集群，节点总数超过15,000个，管理数据量超过600PB，最大单集群规模为2400余个节点，每天支撑着数万员工的交互式数据分析。

然而，这条"数字化原生"之路是经过不断摸索、不断解决业务痛点，才一步步走出来的。2014年以前，字节跳动主要是通过邮件来发送一些报表，这一阶段可以看作字节跳动数字化的"原始阶段"。在那时，字节跳动内部就已经开始重度使用A/B测试了，这使产品可以快速试错，进而实现快速迭代。

到了2017年，业务进入了暴发期，仅今日头条的DAU就已经破千万。同时，抖音、火山小视频、西瓜视频等多个爆款产品的出现，让数据量极速膨胀，超过了当时的处理边界。如何提升对海量数据的处理和分析，成为当时的首要任务，中台化的迫切性日趋显现。字节跳动数据平台开始在引擎层面做一些架构调整，除了继续使用Hive、Spark外，还加入了一些其他的尝试，如Presto、Kylin、Druid及ClickHouse。同时，还面向业务推出一些数据产品，包括用Finder（火山引擎增长分析）来取代商业版的Amplitude。这些产品开始覆盖全部业务线，并且也开始面向外部企业提供服务。

经过几年的探索，字节跳动数据平台从2018年起逐渐成熟。在这一阶段，数据平台做了三大改变：（1）持续对业务线提供更快更好的数据支持；（2）以数据BP为接口提供内部的数据服务；（3）面向To B企业提供数据服务。

在第一个改变上，字节跳动持续投入OLAP引擎，对A/B测试产品和Finder进行持续迭代，并且推出了新的ABI

产品"风神"。"A/B是一种信仰，风神是一种习惯"成为了字节跳动内部的技术箴言。

第二个改变体现在组织方面，字节跳动建立了数据BP机制，数据BP的成员分布在不同的业务线上，为该业务的数字化提供解决方案，助力业务的成长。

第三个改变，在这一阶段中，字节跳动数据平台开始面向外部企业提供数据服务。将内部比较好的产品和经验封装成套件供B端企业使用。在服务标准上字节跳动数据平台还总结了"0987"标准，即SLA破线降到0次，需求满足率要达到90%，数仓构建覆盖80%的分析师查询，用户满意度达到70%。

## 以"业务"为突破口

当前，企业对待数字化转型的态度呈两极分化。一部分企业对于数字化价值的认知还处于初级阶段，像A/B测试这种在字节跳动已经习以为常的做法，对于这些企业而言则完全无法理解；另一部分企业则是已经接受了数字化的理念，但对于数字化的本质和细节缺乏深度了解，从而产生一些不切实际的幻想。他们往往认为只要开始数字化转型，马上就能看到成效。

正因为对于数字化的期待过高，一些企业在一开始就设计出一个宏大的转型计划，想得也非常长远。但在罗旋看来，这种转型方式恰恰会造成"事与愿违"的结果。"想得远没有问题，但一上来就搞一整套东西，容易使落地节奏变得冗长，但如果搞个几年的基础建设，大多数又很难看到收效。这个时候对于大部分公司而言，会面临组织决策的压力。"他接着说道："投入大、周期长、看不到效果，很容易打击企业转型的信心。"

反过来，如果以实际业务的痛点为突破口进行数字化转型，就能够快速落地，快速获得收效，然后进一步去解决更大的业务问题。如此循环可以让转型以滚雪球的方式滚动起来。"字节跳动内部的数字化平台就是这样做起来的，以解决业务的需求为核心，逐渐做成开放式平台。因此，企业数字化的实现路径应该从大处着眼，从小处着手。"罗旋补充道。

为了进一步说明这一观点，罗旋以前段时间很火的"中台"来举例。在"中台"这一概念被提出后，一时间非常火，企业纷纷构建自己的中台。但一段时间后，中台却突然"遇冷"。究其原因，在于很多企业并不理解"中台是为业务服务的"这一基本理念。当企业的业务暴发，产品线增多之后，中台可以为不同的产品线和业务赋能，而有些企业的业务相对单一，并不需要中台，却因为"跟风"搭建了中台，最后只能不了了之。

除了以业务为突破口外，工具的易用性也应该受到企业的重视，体验差的工具会拖垮整个转型的节奏。以数据分析为例，罗旋表示："当时就能分析和第二天才能分析的效果是非常不一样的。当我有了一个想法的时候，能够马上用数据来验证和等了很久才能用数据来验证，所得到的结果也会完全不同。要知道很多时候人的想法稍纵即逝，如果不能马上抓住，可能会浪费很多好的思路。"

当被问到该如何衡量数字化转型的成功与否时，罗旋说道："理想情况下，数字化转型成功的标志就是业务和管理都能够用数字来支撑。无论是宏观的决策还是微观的运营或产品功能的改动，都有整体的数据来支撑。当然这并不是指在每个具体的细节上都能100%地数字化，只要在业务比较大的关键环节上能做到，就已经是个比较高的水平了。如果数据还能够自动化智能化地反馈到产品、业务改进，甚至影响创造出新的业务形态，就是很顶尖水平了。"

## "想象力是天空，中间是逻辑和工具"

数据固然是数字化的灵魂和企业决策的基本依据，但这并不意味着企业在决策中需要被这种数据捆绑，想象力仍然十分重要。在这方面，罗旋分享了字节跳动内部的一句话：同理心是地基，想象力是天空，中间是逻辑和工具。

"比如当开始一个新业务，你需要有内部的测算，还要有宏观的数据作为决策的依据。但你不能100%只看这些数据，还需要有自己的判断。例如，抖音在立项的时候，我相信决策者们肯定是看了大量的数据，但同时一定也做了不少非数据的推演，如网络带宽越来越大，移动互联网带来的碎片时间越来越多，短视频与长视频对人们注意力吸引的差异等，这些都是难以靠单纯的数据去量化的。"罗旋解释道。

因此，即便是数字化转型很成功的企业，在决策时仍然需要做多方面的综合考虑，不能偏向任何一个极端。

## "数字化水平整体还不够高"

当被问到当前国内企业数字化转型的整体现状时，罗旋表示："从我跟不少企业交流的情况来看，当前大多数企业的数字化水平其实不高，还处于初级阶段。但它无疑是未来的趋势，也会变得越来越重要。"此外，不同行业的数字化水平也不同，互联网行业的业务偏线上，因此整体的数字化水平高一些，而传统行业的数字化水平则略低，但也不能一概而论。在传统行业中也存在一些数字化水平较高的行业，如金融和新零售等。这些行业的企业文化对数字化相对比较重视，理念也比较新，但整体而言还是有很大的提升空间。

正是因为整体处于初级阶段，不仅给企业带来了新的机遇，也给开发者带来了新的方向。那么什么样的人才能把握住这一新机遇呢？罗旋给了几个方向：如果是高校学生，则需要重视基础素质的培养，如对数理统计和计算机基础学科的掌握；如果是底层的开发者，则需要了解数据引擎的相关技术，写代码的能力要强；而如果想做数据BP的，则需要培养一些软技能，如协调能力、沟通能力、对业务的理解能力、对产品的把握能力等。

总之，数字化仍在起步阶段，留给企业的机会也很多。未来还会诞生多少个像字节跳动一样的"数字化原生企业"？我们拭目以待！

# 以数据治理为价值驱动的产业数字化转型

文｜任飞

通过加强数字技术在企业生产、运营、管理等全供应链环节的深化应用，从工厂车间、企业，到产业层面，全面实现网络化、数字化、智能化发展已成为传统行业实现变革的重要方向，数字化转型已成为实体经济转型发展的必然阶段。

## 产业数字化转型的发展与问题

当下，产业数字化转型取得了一定成效，但面临的问题仍然不少。以典型场景工业互联网为例，近年来产业界通过建设一批工业互联网平台，并推动企业设备数据上云，在产品开发、生产管理、产品服务等环节已形成多元化的数字化发展成果，但距离预期中的智能化服务、产业链协同、智能工厂等全场景应用仍有差距。随着企业越来越重视数据在整体经营决策方面的价值体现，企业不再是为了获得数据去建设大型的物联感知系统，业界对工业互联网的思考逐渐从"为数据上云"转变为"为业务或降本增效上云"。工业互联网的发展也逐渐从原先重视物联感知的1.0，向重视数据价值的挖掘以助力业务决策的2.0转变。

总体上看，产业数字化转型面临的问题主要包括以下五个方面。

■ 局部尝试多、系统性规划不足，导致数字化转型缺乏清晰的实施路径。

■ 概念创新多、价值体现不足，导致数字化能力的落地效益不明显。

■ 部门间各自为政多、协同能力不足，导致IT技术与业务的融合不够。

■ 外部数据需求多、数据共享少，导致作为市场要素的数据未能实现跨部门、跨企业的有效联动。

■ 系统建设多、管理和流程优化少，导致企业决策者和全员对数字化转型的理解和贯彻不够。

## 以数据治理为价值驱动的产业数字化转型

针对上述问题，我们认为产业数字化转型需要坚持价值驱动的发展导向。价值驱动是美国管理学家托马斯·彼得斯和罗伯特·沃特曼在《追求卓越——美国优秀企业的管理圣经》中提出的一种使企业经营管理达成卓越境界的方法。他们认为，优秀企业都具有的基本属性是以明确而一贯的价值体系指导经营管理活动。

数据，如同农耕时代之水源、工业时代之石油，是数字经济时代最宝贵、最核心的生产要素。数据治理使数据实现从混乱到井井有条，确保数据可用、完整、一致、安全、合规，是产业数字化转型的基石。

将数据治理作为数字经济时代的价值驱动，可以实现以下五个主要目标。

■ 将获得价值效益作为数字化转型的根本目标。以"实效"为标准，通过短期价值与长期价值的充分结合，逐步释放产业数字化的能力与价值，助力数字化转型高质量完成。

■ 构建企业价值能力图谱，寻求数字化转型的关键路径。以价值实现为导向，以数据支撑为基础，以业务转型为关键，在关键业务中找到技术创新、流程创新和业务模式创新的关键，清晰数字化转型的实施路径。

■ 实现技术创新与业务变革的双轮驱动，发挥数字化转型的协同效应。充分发挥数据在企业不同部门间的"信息沟通中转站""领域知识翻译官""效能评判裁判员"的作用，打通部门墙，形成发展合力。

■ 充分挖掘数据要素的流动价值，建立数字化转型的产业生态。充分发挥数据作为第五大生产要素的价值，提升数据在产业链上下游之间的可控共享，以数据驱动资金、资产的高效流转与增值。

■ 用数据进行辅助决策，实现管理精益化，固化数字化转型的优势成果。在人员的决策、管理与执行活动中，逐步提高数字化的参与度，让可视化的数据作用于科学决策、体系管理，让数字化成为产业发展的内生基因。

# 产业数字化转型价值评估体系

产业数字化转型价值评估体系主要用于呈现产业数字化转型过程中可达到的有益效果。按照影响范围和获得的直接收益，产业数字化转型价值评估体系可划分为七个级别。

## 统一业务口径

统一业务口径指在整个企业层面上对业务数据及其计算方式、关联关系等进行统一的规定，使得企业现状在管理者和多个部门间统一呈现，帮助建立问题和风险的追溯体系，保障企业目标的顺利达成。统一业务口径需要打破企业各部门由于各自为政，以及业务系统相互独立形成的数据孤岛，建立一致的业务/财务核算机制，是数字化转型的基本要求，但往往也是传统企业难以做到的。

## 风险感知分析

在风险事故发生前，运用数字化手段认识生产经营面临

的风险，以及风险事故的潜在原因，是数字化转型带来的第二层价值。企业风险包括环境风险、市场风险、技术风险、生产风险、财务风险、人事风险等，涉及内外部多种因素的综合作用，需要更加高效的风险感知分析手段。

## 内部优化提升

内部优化提升是指利用数字化手段建立内部可控因素的优化方案，以达到企业生产经营降本增效、平稳安全的效果。内部优化提升可以通过改变产品结构、改变资源投入等方式，也可以通过改善流程、提升自动化能力等手段实现，借助数字化技术对优化提升的不同路径进行分析，达到最优的效果。

## 产业链优化

产业链优化是指利用数字化手段改善、优化产业联盟，使产业链的运行效率和价值不断提升。产业链的优化调整需要掌控和利用大量外部数据，包括市场需求、政策、社会环境、资金、资产等关键要素的流转情况，需要充分发挥出数据作为第五生产要素的价值和作用，提升资源的利用效率，实现价值增值。

## 数字化管理

数字化管理是指充分利用数字化手段实现企业管理活动的标准化和定量化，逐步建立由数据驱动的企业管理文化。数字化管理需要通过数字化技术量化管理对象和管理行为，固化和优化管理流程，建立基于数据的分析、计划、组织、执行、服务、创新、评价等活动的管理体系。

## 辅助经营决策

辅助经营决策是指利用数字化手段参与企业的全过程管理，通过与企业决策者的多次交互，帮助决策者解决生产经营活动中的一个或多个关键问题，成为伴随企业成长的"在线智库"。辅助经营决策需要从决策者明确需要解决的问题出发，通过内外部多种因素的综合联动，制定多

种可行方案，最终帮助决策者完成方案的选定和实施。

## 引领价值实现

引领价值实现是指以企业价值观为导向，利用数字化手段充分评估企业发展潜力与长期盈利能力，帮助企业构建清晰合理的发展路径。企业价值包括经济价值、社会价值等多个维度，利用数字化技术对这些维度进行拆分，利用量化手段进行刻画和描述，帮助企业厘清核心的价值资产，明确整体发展的最优路径，实现价值驱动下的可持续发展。

## 产业数字化转型能力评价体系

产业数字化转型能力评价体系主要用于分析数字化技术和能力的应用深度，分为五个方面。

## 数据治理

数据治理是针对企业多系统分散建设、数据多头管理、数据质量参差不齐等问题开展的一系列具体工作，包括数据模型构建、数据全生命周期管理、主数据管理、数据质量管理、数据服务管理、数据安全管理和数据标准化等工作。

在产业数字化转型中，对数据治理能力的评价主要包括以下五个方面：一是数据模型能否涵盖企业的主要业务流程；二是数据采集能否具有较高的自动化采集程度；三是主数据体系能否统一、完整、准确地反映业务系统所需；四是数据质量能否保证及时、正确、一致与完整；五是数据安全能否达到数据应用与安全的有机平衡。

## 可视化呈现

数据可视化呈现是通过3D、多媒体、图表等形式进行数据展现，便于用户快速、准确理解信息。常见的数据可视化涉及运行过程的可视化呈现、指标特征的可视化呈现，以及业务机理的可视化呈现等多个层面，涉及组态管理、BI分析等多种工具手段。

在产业数字化转型中，对数据可视化呈现的评价除了基本的准确、快速以外，还有更高的要求：一是数据呈现的直观性，由于企业内不同岗位的人员拥有不同的知识背景，这种直观性要求能够结合场景进行呈现方式的转化，以符合不同岗位人员的使用习惯；二是数据呈现的立体性，通过多维数据的综合汇聚与呈现，对业务活动、状态进行更加全面的剖析；三是数据呈现的动态性，企业的组织架构和关注重点并非一成不变，数据可视化能力要及时适应企业内部的发展与变化，助力管理者和决策者的新思考。

## 知识图谱构建

2012年谷歌发布了"知识图谱"的概念，知识图谱本质是一种基于图数据结构的语义网络，通过"点""边"对"实体""关系"的映射，从数据间"关系"的角度分析问题。知识图谱的构建涉及知识抽取、知识融合和知识推理等层面。其中，知识抽取的关键是如何通过自顶向下（top-down）和自底向上（bottom-up）的构建方式，形成"实体-数据-知识"的对应关系。知识融合的核心是高层次的数据组织，如按照统一的分析层次进行异构数据的整合与加工，形成统一的知识库。知识推理是在已有知识库的基础上进一步挖掘隐含知识，实现实体、实体属性，以及实体间关系的扩展。

在产业数字化转型中，对知识图谱构建能力的评价包括以下三个方面：一是知识抽取的完备性，产业的知识图谱构建涉及内部生产经营活动的方方面面，也涵盖了外部复杂的市场、政策、供应链、客情等因素，需要结合行业知识对领域和数据主题所需的知识进行抽取；二是大数据环境下的实体匹配，由于产业数字化过程中产生的数据来自不同业务系统，存在知识质量良莠不齐、数据时间粒度不一致等问题，需要构建新的模型和算法，实现多源异质数据的统一处理；三是隐含知识的挖掘能力，数字化转型是一个渐进式过程，模式层与数据层不可能一成不变，需要利用推理规则的挖掘手段实现知识图谱的动态更新。

## 量化分析

量化分析是将一些模糊的因素用具体的数据表示出来，从而达到分析比较的目的。常见的量化分析包括形势类分析和任务类分析两大类：形势类分析主要用于判断业务的发展方向，如走势预测、SWOT评估、波士顿矩阵等；任务类分析用于描述要达到的目标及所用的手段，根据考核因素是否确定划分为确定型决策、风险型决策和不确定型决策。

在产业数字化转型中，量化分析可以广泛应用于趋势预判、风险评估、企业决策等领域。对量化分析能力的评价包括以下三个方面：一是分析因素的考虑范围，是否涵盖互动性因素；二是分析信息的充足性，是否能够支持业务分析与决策；三是分析方法的制定过程，分析依据是否依赖于数据的科学性，能否通过挖掘现有数据进行量化分析。

## 模拟推演

模拟推演是指采用实时情景再现的方式还原业务活动与相关实体的互动过程。企业生产经营的模拟推演需要真实描绘企业发展蓝图、内外部关键要素和交互规则，内嵌多元化的应用场景，基于已有的基础数据，综合运用统计学、概率论、博弈论等知识，对企业的生产经营活动进行全过程的仿真、模拟和推演，为企业制定发展战略奠定基础。

在产业数字化转型中对模拟推演能力的评价包括以下三个方面：一是对目标的描述，能够真实反映企业发展的需要；二是对竞争环境的描述，能够充分考虑市场变化与对手的处理与响应；三是结果导向，能够有效反映不同路径选择所导致的不同影响。

## 基于"价值/能力矩阵"实现产业数字化转型

基于价值/能力矩阵，结合每个公司的不同情况，制定产业数字化转型的实施路径。由于不同企业的现状不同、产业形态不一，未必有整齐划一的推进策略。本文结合为典型流程制造企业开展数字化转型的实施经验，介绍一种整体推进路径（见图1）。

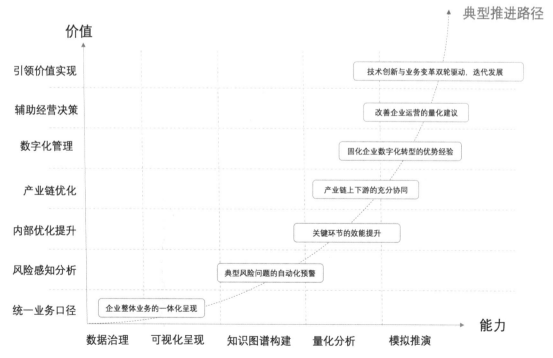

图1 基于价值/能力矩阵的数字化转型推进路径

整个推进过程采用七步走战略。一是根据业务统一描述的需要，开展数据治理和可视化呈现，自上而下地实现企业整体业务的一体化呈现；二是基于公司管理层关注的风险事件，通过知识图谱构建，追溯造成风险事件的可能影响指标，实现典型风险问题的自动化预警；三是发现对企业生产运营限制最大的内部流程，通过量化分析的方式，找到改进提升的最优方案，通过资源投入、工艺改进、流程自动化等方式，实现关键环节的效能提升；四是加强上下游的资金协同、资产协同和信息协同，通过模拟推演的方式寻求全局最优模型，用数据共享驱动产业链上下游的充分协同；五是以数字化驱动企业自身的精益管理，将数字化文化融入企业管理与执行的方方面面，以大数据模型和参数的优化完善固化企业数字化转型的优势经验；六是通过外部数据与内部数据的充分运用，参与企业的经营决策，为企业应对外部事件和优化自身效益提供量化的建议，帮助企业改善运营；七是基于企业持续发展的目标导向，从多个维度进行战略落地的分析与推演，以技术创新和业务变革双轮驱动，实现企业转型升级的迭代发展。

## 某大型钢铁企业的实践案例

以为某大型钢铁企业客户（以下简称"该钢企"）实施数字化转型实践为例。首先，基于原有系统的数据开展数据治理统一业务口径。然后，利用知识图谱技术固化管理经验到业务模型中，在赛博空间进行量化分析，以及对各种状况进行模拟推演，提前进行风险感知分析。最终，输出最优决策建议，辅助客户开展经营决策。不仅给客户带来了显性可见的价值，也帮助客户奠定了实施数字化管理的基础（见图2）。

该钢企一直本着精益化管理理念，其吨钢利润位于国内钢铁行业的领先地位。多年以来积累了很多宝贵的管理经验，但如何实施数字化转型，利用数据实现实时全局的决策，把看不见摸不着的优秀管理思想和方法变成可看、可学、可复制的标准化模块，以应对数字化时代的挑战，成为该钢企当前亟须解决的问题。

图2 钢企案例客户痛点、解决方案和方案成效

■ **项目需求**：一是实时把控运营状况并作出科学决策。该钢企希望通过数字化转型，能即时观测和掌握当前供产销和财务各环节业务的运营情况，进而能够根据钢企当前的运行状况适时调整生产运营策略。二是固化优秀管理方法并全面推广。通过实施数字化转型，借助AI和大数据分析等先进技术，将该钢企在采购、生产、销售、库存、财务等环节的优秀经验通过模型和代码固化，让其精益化管理模式得到传承和推广。

■ **项目挑战**：一是数据无法互联互通。该钢企已建成从底层PLC到中层MES，再到上层ERP等在内的多个信息系统。但这些系统之间彼此孤立，形成多个数据孤岛，钢企决策者需要技术部门开展额外工作才能获取决策所需的数据。二是数据质量差，体现为数据自采率低、完整性差、关联性弱，没有形成统一规范、格式和含义，数据口径不一致等。三是数据利用率低。依靠人工基于个人经验开展数据分析，无法做到基于经营数据及时反馈，从而不能及时调整生产计划。因此对沉淀的历史数据的使用率较少，大量历史数据未能对该钢企的智能化分析形成支撑。

我们为该钢企在其原有的自动化与信息化系统上，构建了L5层（数据湖与数据治理、BI）及L6层（以数据为基础开展量化分析与辅助决策），整个系统架构如图3所示。其中，L1层为设备控制层；L2层为过程控制层；L3是以MES为代表的车间级制造执行系统；L4层是以ERP为代表的企业级资源计划系统及企业管理系统。

L5层为数据湖与数据治理层、BI层。数据湖层主要解决如何集中式管理与处理横跨该钢企多个信息化业务系统的海量数据处理问题。由于该钢企生产制造过程复杂，涉及的专用信息软件及系统众多，对差异化系统的

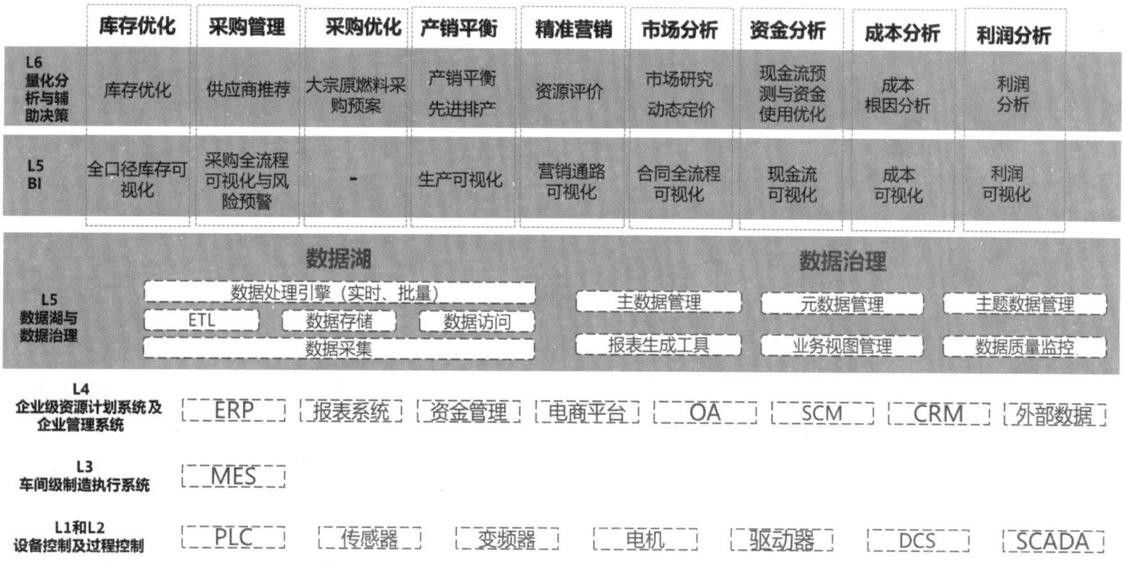

| | 库存优化 | 采购管理 | 采购优化 | 产销平衡 | 精准营销 | 市场分析 | 资金分析 | 成本分析 | 利润分析 |
|---|---|---|---|---|---|---|---|---|---|
| L6 量化分析与辅助决策 | 库存优化 | 供应商推荐 | 大宗原燃料采购预案 | 产销平衡先进排产 | 资源评价 | 市场研究动态定价 | 现金流预测与资金使用优化 | 成本根因分析 | 利润分析 |
| L5 BI | 全口径库存可视化 | 采购全流程可视化与风险预警 | - | 生产可视化 | 营销通路可视化 | 合同全流程可视化 | 现金流可视化 | 成本可视化 | 利润可视化 |

**L5 数据湖与数据治理**

数据湖 / 数据治理

数据处理引擎（实时、批量）
ETL | 数据存储 | 数据访问
数据采集

主数据管理 | 元数据管理 | 主题数据管理
报表生成工具 | 业务视图管理 | 数据质量监控

**L4 企业级资源计划系统及企业管理系统:** ERP | 报表系统 | 资金管理 | 电商平台 | OA | SCM | CRM | 外部数据

**L3 车间级制造执行系统:** MES

**L1和L2 设备控制及过程控制:** PLC | 传感器 | 变频器 | 电机 | 驱动器 | DCS | SCADA

图3 该钢企系统架构图

多源异构原始数据的存储、处理及分析是需要解决的重点问题。我们构建的数据湖通过打通各个业务系统（如ERP、MES）获得原始数据，同时可以进行数据存储、数据清洗，并针对不同的计算处理需要集成了实时、批量数据处理引擎，覆盖数据全生命周期应用场景。

在数据治理层，为了提供优质的数据，针对该钢企的数据应用需要，我们引入了业务主数据管理、元数据管理、主题数据管理、报表生成工具、业务视图管理及数据质量监控等子系统。

在BI层。以场景化的方式向该钢企核心管理者提供库存、采购、生产、营销和财务的可视化。区别于传统的BI驾驶舱，我们在以下两方面做了重点处理：在数据维度上，将企业内部数据与外部供应链数据、产业周期数据、宏观经济数据、竞争环境数据等进行全方位构建，并加入时间维度，形成立体的多维数据模型；在分析深度上，不仅呈现基本报表和指标化信息（如百分比、饼形图、柱状图等），还直接给出风险事件的提醒、商业洞察及相关指标预测。

L6层为量化分析与辅助决策层。将各个部门的运营经验和关键业务节点通过人工智能技术建立数字模型。同时将不同模型通过知识图谱联系成企业整体多维度业务模型，让每一个职能部门的数据在企业的全局视角发挥作用，形成全局优化。通过不断迭代的模型训练，提供辅助决策的量化分析和最优方案，形成精益化管理。

以下为量化分析与辅助决策模型的例子。

■ **库存优化:** 以数字孪生和量化分析技术为基础，进行原材料库、成品库、在制品库的库存精准预测，以及生成采购及生产辅助建议，解决库存预测问题。通过为该钢企提供智能采购预案模拟和生产配方预案模拟，提升内部"供产销"协同效率。

■ **供应商推荐:** 钢企采购部门每月要将大宗原燃料按照量分配给合作供应商。通过供应商历史供货数量、质量、价格、及时率等数据，每月智能推荐合适供应商。

■ **大宗原燃料采购预案:** 利用深度神经网络等技术，穷举所有铁矿石品种组合及其他大宗原料组合，选出满足炼铁、炼钢工艺元素总量的需求，且性价比最高的品种组合，推荐大宗原燃料采购预案。

■ **产销平衡:** 打破"以销定产"的模式，以产线的单元建模，根据产品的市场价格及利润进行产线产能的调

195

整，指导销售接单，同时根据市场的预测，建立合理的成品库存水位，充分释放产线的产能，最终做到生产效率最大化。

■ **现金流预测与资金使用优化**：面向企业CFO或财务总监提供现金流预测与资金使用规划的模拟工具，在保持该钢企现金流平衡和保障资金收支的同时，提高资金使用效率，降低资金使用成本。

案例实施效果良好，主要体现在以下方面。

■ 数据利用能力大幅增强。该钢企搭建了数据量化分析中台，提供统一多维的分析、预测和优化平台，做到一数一源、一源多用。大幅增强了研发创新、生产管控、供应链管理、财务管理、经营管控及用户服务能力，以及钢企同上下游产业链协同的效率。

■ 决策水平显著提升。该钢企积累的海量数据被转化成高价值的决策与业务支持信息，通过系统进行模拟仿真并给出优化建议，显著提高该钢企决策的科学性、及时性、准确性。目前该钢企在库存管理、铁矿石采购、生产线调度等方面已经建立了近百个场景化、智能化的模型。

■ 生产运营降本增效。通过库存优化和采购优化模型，减少安全库存天数和降低库存资金占用；通过在销售环节建立客户精准画像，进行销售预测和市场预测分析，深度挖掘客户价值，开展精准营销；通过在财务环节构建现金流分析与资金优化、成本分析模型，降低资金成本，提升资金周转率。

## 结语

当前，越来越多的企业通过数字化转型来改善运营能力、改变运作方式，以在未来数字经济时代市场中获取更大的竞争力。从整体来看，产业数字化转型面临投入产出比不高、价值难以显性体现的问题。本文提出以数据治理为基石、以价值驱动为导向的产业数字化转型方法论，以评估评价体系的方式梳理产业数字化转型的价值和数据应用能力的要求，给出基于价值/能力矩阵实施数字化转型推进路径的建议，并提供了一个完整的以数据治理为基础的数字化转型实践，希望能够给专注于产业数字化转型的业界同仁一些新的启示。

**任飞** 傲林科技副总裁。毕业于西安电子科技大学信息安全专业，有多年5G、大数据、区块链与数据安全等方向的研究与工作经验。参与和负责多项大型边缘智能平台、工业物联网平台、大数据平台、区块链平台等平台类产品的研发工作，在钢铁、石化、煤炭、地产等领域的数字化转型方面有丰富经验。

# 企业数字化转型：因企制宜，久久为功

记者｜邓晓娟

如今，数字化在全世界正掀起一场变革，互联网、制造、医疗医药、食品等行业纷纷搭建起数字化架构。然而，真正实施转型的企业很快便会发现，在数字化转型中，技术往往是变革过程中最简单的部分。

受访嘉宾：

**蒋奇**

TalkingData SVP&合伙人，曾担任三一光电子采购部长、瑞斯康达华东大区销售总经理、巴别塔商务副总裁等职务。拥有12年市场营销、上下游供应链管理等工作经验及多年的团队管理经验，对客户需求理解深刻。曾创办"微会议"等互联网行业新锐公司，为IBM、Oracle等巨头企业提供产品及服务。

**黄洋成**

TalkingData首席架构师，专注于数据智能相关技术和产品。

随着互联网和移动设备的普及和深入，以大数据、人工智能、云计算为代表的数字技术日新月异，让数字经济这一新的经济发展形态比重逐渐提升。"十四五"规划中明确提出："加快建设数字经济、数字社会、数字政府，以数字化转型整体驱动生产方式、生活方式和治理方式变革。"数字化进程的加快，使得大数据产业愈发重要，在国家未来发展纲要上占据重要位置。

《中国互联网发展报告（2021）》指出，2020年中国数字经济规模达到39.2万亿元，占GDP比重达38.6%（见图1），保持9.7%的高位增长速度，成为稳定经济增长的关键动力。产业数字化进程持续加快，企业数字化转型面临着一定的必要性和紧迫性。

数字经济已成为世界应对疫情冲击、加快经济社会转型的重要选择。其中，企业需要明确的是：并非为了"数字化转型"而数字化转型，而是为了"数字化"而"转型"。

图1 2016—2020年中国数字经济占GDP比重（数据来源：Quest Mobile）

现阶段，企业的数字化转型主要有两种模式：自建数据团队和使用第三方数据服务。前者更多出现在互联网头部企业，后者则是相对更独立的第三方数据平台。

TalkingData是一家创建于移动互联网初期的第三方数据服务商。适逢移动互联网浪潮高涨，TalkingData经历了传统行业向移动互联网转型的阶段，在过去一直扮演着帮助企业互联网化的角色，今天也同样面临着如何帮助企业接受数字化转型的挑战。

作为数据服务平台，在为企业赋能的过程中企业数字化转型与向移动互联网转型有何不同？互联网企业数字化转型之路该怎么走？如何理解"数据驱动转型"？企业数字化转型应该与当下哪些技术结合？带着这些问题，来听听TalkingData SVP兼合伙人蒋奇、TalkingData首席架构师黄洋成的经验与看法。

## 建立"数字孪生"

"数字化"并非新概念，只是随着技术发展与信息化进程的加速，其重要性在近两年重新凸显。当下，数字化转型的目标不仅仅是将线下的信息转到线上，或者单纯地降本增效，而是更加关注自动化和智能化，根据环境和基础设施的变化来重新定义企业业务。

企业数字化转型的本质，可以理解为建立一个企业的数字孪生或"元宇宙"：将基于物理世界的企业里采集的数据，传输到数字世界中汇集起来，在数字世界中还原和重建，并运用可指数级增长的计算能力去做大量分析、计算、建模等处理。最后再让数字世界产生的结果在现实物理世界中发挥价值。

当下的企业数字化转型与十年前的移动互联网转型有内在的关联性。从行业角度来讲，移动互联网转型与各行各业的作业方式、触达客户的方式有极大关联。"无论是为了适应技术进步还是交互方式的改变，移动互联网对交互方式的颠覆性改革都明显能够为企业提高整体效率。但随之带来的便是大量随机产生的数据，因此带来了许多对传统企业业务数据类资产转移的契机。"蒋奇说。

随着移动互联网中海量数据的不断产生、用户交互方式

的多样化，客户需求随之增长，企业就需要更多、更深层次、更丰富的数字化服务来完善各个业务环节的服务，这便是企业数字化转型的必然性。

在移动互联网转型时期，企业面临的最大的挑战是：如何不断提升自身技术、架构、产品方面的能力来适应行业不断变化的形势？对此，黄洋成认为，从商业角度而言，技术最终还是要服务于业务的，但技术发展的周期可能常常无法与业务发展的周期完全贴合，从而出现"有技术无场景"或"有技术缺监管"的问题。例如，TalkingData在2017年就开始试图引进差分隐私、同态加密、可信计算、联邦计算等技术，2018年左右利用其中的技术实现了同时保护用户隐私和客户商业机密的隐匿查询的方案。但由于这些技术在当时行业大环境中相对超前，许多客户都不太敢真正尝试。直到2020年左右，隐私计算与联邦学习等逐渐被大家接受，应用层才会去尝试使用。这就是技术发展与业务发展无法完全贴合的一个缩影。所以，企业要转型成功，时机也是很重要的因素。

同样地，行业发展与行业本身的信息化能力、人才储备能力、对互联网的认知度等有直接的关系。不同行业对于数字化转型的认知有着较大差异，最领先的群体自然是有着互联网基因的互联网企业。由于互联网企业天生高度信息化，所以更倾向于高水平、灵活、轻型的SaaS数字化产品服务；金融行业在移动互联网转型时期的领先程度仅次于互联网行业，因为它们有充足的预算、足够好的人才配置及足够体量的客户群体基础。但随着近年来在数据合规等各方面监管政策的调整下，金融行业存在泛化和再认知的过程，在数字化转型的过程中受到一定的约束和限制。

因此，从行业角度而言，企业在做数字化转型时必须要对自身能力及资产数据现状做盘点，再选择适合的转型路径或服务商；而服务商则需要贯穿到每个行业的数字化路径中，从前期整体战略咨询，到转型过程中的深度支撑都要到位。无论是自有数据平台的建

设、可应用，还是自有的存量客群运营或面向新客群的品牌营销，都需要有相应的私有化服务或SaaS服务来匹配。

## 先"资产数据化"再"数据资产化"

如今，企业数字化转型方兴未艾，大部分企业已处于移动互联网化的范畴，沉淀了一定体量的数据及资产。但数字化转型作为企业顶层战略，必然要重新规划及设计架构。因此，当前企业数字化转型主要遵循先"资产数据化"再"数据资产化"的原则。

■ **资产数据化**：企业需要有顶层规划，以及对自身能力、数字化转型的现状和未来目标的基本考量，并对企业自身整体资产数据现状做盘点。有了较清晰的战略和策略后，才能够选择相应的工具及服务进行数字化转型的下一步。

■ **数据资产化**：当企业已经可以用标准的数字化方式去统计、分析与运营时，即可逐渐进入"数据资产化"的阶段。让运营过程中存量沉淀下来的、持续产生的数据产生可量化价值，并在量化这些价值的过程中不断去调优、分析每一次运营效果的优劣，以此调整经营策略，进而让经营业绩更上一层楼。进入良性循环时，数据的价值变得可衡量，某种意义上就实现了"数据资产化"。

从应用场景来说，企业会期望资产数据化后的数据能带来一些价值。但以目前而言，企业大都只能通过数据来获得"What、Who、Where"等信息，但最终的理想形态是希望数据能直接形成决策建议，或者作为独立业务深入主要业务流程以支持自动决策。如今数字化技术已经非常成熟，但在大部分行业及场景下，数据到底如何最大限度地发挥价值，如何用数据来驱动数字化转型，依然处于不断探索的过程中。

## "数据驱动转型"是决策方式的改变

在谈"数据驱动转型"之前，大家谈得最多的是"数据

驱动运营"。实际上两者都可以理解为"决策方式的改变"。过去一个企业的经营决策很大程度上依靠经验或灵感，决策的效果伴随着很大的偶然性，没有可量化标准。随着互联网企业通过数据来驱动决策和运营的方式兴起，这个过程中所产生的可量化效能愈发明显，让许多传统企业意识到他们原本决策方式存在的问题，随之带动各行各业开始重视数据的使用。

数据驱动业务的核心在于"如何更好地协调业务的不同板块"。无论是在消费侧还是供应侧，如何用数据更好地去驱动决策的发生，且能将整个数据决策链条闭环，让所有决策的链路都可量化、可优化，让经营决策变得"有理有据"，成为了"数据驱动"的价值。

但在企业数字化转型时期，各行各业都必须认清一个现实："转型"对于任何企业而言风险性都非常高，本身充满了不确定性。"数据驱动"本质上是一种方法论，因为运用方法论实现的结果与众人的期望往往会有一些差距，所以要正确认识"数据驱动"这件事，它虽不能够保证"一击即中"，却是一种可以让你不断变好的思路和方法。通过数据的闭环为企业指明优化的方向，再跟随数据的指引不断调优，正向循环。

## 数据安全红线不可越

在企业数字化转型中，最大的风险是如何在合法合规的前提下把企业的数据资产真正应用起来。相关法律法规会不断完善和变化，当规则和红线没有明确之前，长期经营的企业一定要守好自己的底线，不能因为短期利益冲昏了头脑。做数字化转型的无论是企业还是服务商，都要抱着对数据和用户隐私的敬畏之心，在流程安排、团队建设等方面都做到尽量让"合规先行"。"不管是产品还是项目的任何环节，只要影响了数据安全合规的规范，宁可不做这个生意，也不要去触碰红线，这是一个企业能脱颖而出并且长线发展的重点。"蒋奇说道。

随着各行各业数字化转型的需求愈发迫切，相关的法规、

监管也在不断完善，如何在合规的框架里帮助不同行业的企业成功完成数字化转型，如何服务好头部、中小和长尾客户，是目前企业服务商所面临的挑战和考验。

与此同时，企业数字化转型不是一蹴而就的。当企业通过数字化能力解决经营过程中不断涌现的问题成为常态化时，便需要企业自身的开发人员灵活响应、熟练使用各种数据工具来解决问题。但由此也引发了另一种担忧：随着低代码/零代码、模块化开发的兴起，未来专业开发者的生存空间是否会被压缩？未来人才配置、人才需求方面会有哪些不同？对现有的开发者体系/架构将产生哪些影响？

## 数字化大趋势下，开发者还有哪些机遇

在数字化时代，物理世界投射到数字世界里的数据越多，数字世界里创造的数据也越多，对于开发者技术能力的要求也越高。但开发者的技术成长往往追不上需求的变化，这当中形成的缺口就需要使用类似低代码/零代码的技术，让非技术的业务人员也可以参与到数字化工作中。

数字化的最终目的是解决业务问题，如果可以提供相应的工具让业务人员来根据其更准确的理解来控制数字世界里的事务，或许还能减少许多技术的资源成本、跨部门的交互成本。黄洋成认为，这些能力并不会挤占技术专业的开发者的生存空间，因为市场的增长会比供应端的增长速度快，各方面职位需求都还在蓬勃发展；而低代码之类的产品，给用户提供了一种更灵活地与技术沟通的界面，对技术在业务里的应用和普及有很大帮助，从而又可以带来更多新的技术需求。

如今，无论是技术还是市场，都在日新月异地变化着。因此，开发者应该考虑的不是如何应对当下的新挑战，而是如何让自己在面临任何挑战和机遇时都不被时代的浪潮冲垮。要么坚持深入一个领域，要么扩大知识面，向全栈工程师的方向发展。数字化是21世纪的宏伟工程，任何一个企业或个人都无法单独前进，需要整个产业链的力量同行。

人们总是抬头仰望英雄，却往往忘了，真正的英雄就是那些默默奋斗的自己。

# 狭义工业互联网底层体系架构及应用部署

文 | 何江

工业互联网如何科学分类？有哪些底层技术逻辑？狭义工业互联网如何通过"PDCA循环圈"进行分阶段部署和建设？本文作者有近30年的产业界经验，针对以上问题进行了详细分析和建议。

## 什么是工业互联网？

总体来说，工业互联网就是在智能机器连接的基础上实现人机连接，结合软件和大数据分析完成重构产业结构、激发生产力的目标。根据覆盖范围不同，工业互联网可以分为广义和狭义两种（见图1）。

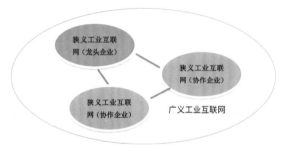

图1 广义和狭义的工业互联网

广义工业互联网，又可理解为专用于工业领域的物联网平台。广义工业互联网重在企业业务和供应链的拓展，与供应链上下游相关或相似企业集群互联在一起，达成快速获取供求信息、快速询价报价、物流信息共享、敏捷设计、准确预测计划、迅速排产和生产联动等目标，通常是由某个行业资源整合能力很强的一个或多个龙头企业牵头、协作企业联动响应来构成。

国内比较成功的广义工业互联网项目有：三一重工的树根互联、航天云网INDICS、海尔COSMOPlat等，国际知名的有西门子的MindSphere工业互联网平台、施耐德EcoStruxure开放自动化平台等。

狭义工业互联网是指构建在企业内部，辅助实现智能化工厂的基础平台，更倾向于工业物联网的概念。从结构上看是企业内各职能部门之间的互联，侧重点是各加工环节的设备互联，是构建智能工厂的物理基础。构筑目标是实现企业质量、成本和与交货期相关的KPI目标，提高企业竞争力，最大限度满足客户的要求。

各行各业的特点不同，意味着解决方案也不同。例如，流程制造业（石化、钢铁、化工等）注重连续生产，安全可靠是关键；航空、汽车、家电等整机装配行业注重组装自动化和柔性化加工；电子半导体离散制造更强调设备开动率和质量控制及成本控制。所以，狭义工业互联网更适合在中小型企业中落地。

## 狭义工业互联网该如何构筑？

对于狭义工业互联网该如何构筑这个问题，基于笔者多年从业经验，提出如下建议：第一，仔细研究政府关于工业互联网的各项政策，如《工业物联网白皮书》《智能制造能力成熟度模型》《工业互联网体系架构》《国务院关于深化"互联网＋先进制造业"发展工业互联网的指导意见》等，制定好本企业的战略目标；第二，结合企业自身特点科学施策。狭义工业互联网构筑的基本步骤可参考"PDCA（戴明循环）"的基本理论。

## 规划（Plan）

规划分为SLTP（Strategic Long Term Planning，中长期战略规划）和AOP（Annual Operational Plan，年度规划）。

SLTP一般以五年为一个时间段，每隔两年至少修正一次。企业内必须由总经理办公室层面的决策部门进行策划和跟踪，该部门要对公司的现状有非常清晰的把握。例如，成本结构（变动成本、固定成本等）方面，要制定出降低这些成本的方向和对策，见表1。

SLTP总体方案传达到IT管理部门后，IT管理部门分解指标和目标，列举出需IT管理部门解决的问题，需要投资的额度，预计回收效果和回收期等。制定了经济方面的目标后，可以参考表1确定对应的系统改善方案和侧重点。例如，对于半导体和电子行业，材料和设备折旧是成本的重要组成部分，那么改善重点就是如何提高材料利用率和设备开动率。

工业互联网作为企业重要的信息平台，与企业的战略规划要有紧密联系。企业IT负责人对这个战略规划要有明确的认识，要对发展（创新理念设计、工业互联网方向、智能制造思路）、生产和业务维持（老化IT设备定期更新）、改善（基于现状持续改进，解决已知问题）、BCP（Business Continuous Plan，突发事态的应急方案）等

几个要素维持合理的分配和平衡。制定具体AOP时需要考虑三个因素：（1）是否参照和依据了IT的SLTP的连续性；（2）企业和本部门明年的KPI指标是否达成；（3）企业信息化存在的问题是否已经得到改善。

此外，SLTP和AOP需要输出的文档包括从第1年到第5年的总体规划蓝图；实施步骤和导入项目；各年度的投资额；各项目的预期回报率和改善效果。

需要注意中期规划和公司整体战略规划是否匹配，以及年度计划和下一年订单的生产计划、销售额、盈利目标是否相匹配。

## 执行（Do）

设计和布局蓝图时，需结合企业所在行业特点、业务特点、工艺特点和产品特性，并结合工业4.0的模型，先进行底层基本逻辑的设计。工业4.0非常重要的概念包括横向集成、纵向集成、端对端集成。图2为笔者基于这个概念的粗浅理解所绘制，仅供参考。

■ **横向集成：**是企业之间和企业内部各部门之间通过价值链及信息网络所实现的资源整合。图2就是价值链的信息从客户侧穿过销售（Sales）、计划（Plan）、采购（Purchase）等系统，最终将产品交付给客户的过程，

| 成本分解 | 总成本 | | | | | | |
|---|---|---|---|---|---|---|---|
| | 直接成本 | | | | 间接成本 | | |
| | 直接材料成本 | 直接人工 | 直接制造费用 | | 间接人员工资 | 办公费用 | 办公水电费 |
| | 直接进入产品的材料成本 | 工人工资劳务福利 | 动力费用：电力，燃料，水处理，气体采集 | 设备/厂房折旧 | 办公人员的工资福利 | - | - |
| 隶属大类 | 材料、方法 | 人、方法 | 材料 | 设备、环境、方法 | 设计、管理、方法 | 环境 | 制造、环境 |
| 涉及的范围 | • 国产化新材料研发<br>• 新加工流程研发<br>• 现有材料利用率提高<br>• 缩短滞料时间、库存降低<br>• 原材料、半成品、成品、工具、模具的运输、保管、领用环节的改善 | 作业、技术、修理、管理者的作业、记录、联络、维护、分析、检查方法的改善 | • 提高系统稳定性<br>• 减少设备运维费用<br>• 数据采集、分析、对策自动化 | • 加工设备的布局规划<br>• 生产线辅助设备的布局规划<br>• 生产计划排程、缩短品换次数、缩短换线时间<br>• 设备修理方法改进<br>• 设备改造、国产化，M2M通信<br>• 提高加工能力<br>• 缩短故障处理时间UDT<br>• 缩短设备保养时间SDT | 人力资源、商务采购、销售、计划、设计、生产等部门，一切与办公有关的环境和管理方法的业务性改善 | | |
| 数据 | 材料配方表、工艺条件、保管条件、材料利用率、工序成品率、综合成品率、漏检率、不良流出率、在库量、库存位置、安全库存、在库周期、保质期、产品批号和材料批号加工设备追溯记录、产量、产品异常分析和处置记录 | 标准作业手册、标准作业时间ST、人员培训履历、产量-工位人员配置、人员出勤状况 | • 各区域单位产量的电力消耗量和损耗（度、流量、压强、温度、湿度、洁净度）<br>• 分时间、产线、设备、产品品种、区域的对比分析 | • 设备标准加工时间MT<br>• 设备故障率、无故障运行时间、故障间隔时间、维修履历、各类停机时间/原因（故障、待人）统计、设备开动履历、设备大修和点检记录、设备品种更换记录 | 图纸、合同、客户、供应商、订单、计划、报告、审批流程、指定、教育、联络、通知、制度、指示、报告、练习、账目、调查、控制、监察、反馈、消息 | | |
| 系统 | SCM/ERP/MES/AMS/QC | HRM/ AGV/ ROBOT | 能源管理系统Power MS | EMS/MES/设备智能化、在线化 | HRM/OA/MRP/CRM/ERP/PDM/监控/RPA | | |
| 目标 | **降低材料使用成本，提高产出** | • 降低人员成本<br>• 减少作业失误<br>• **缩短操作时间** | • 节能，降耗<br>• 机修费改善 | • 提高设备利用率、产出率<br>• 产线智能化、柔性化，**缩短交货期** | • 提高办公效率，缩短交货期<br>• 降低人力成本 | | |

表1 成本分解和系统改善方案表

也就是供应链的价值增值过程。这个过程中，很多系统和部门进行了交互，形成一种横向的互联和集成。

■ **纵向集成：**主要是发生在企业内部，特别是对加工环节最底层的传感器数据，以及人、机、料、法、环等各大类数据的向上传递，用于支持MES系统的正常运行。之后，MES系统的数据继续向上传递到品质（Quality）、财务（Finance）和其他生产管理部门，可以精准统计生产达成情况，并快速地反映到财务指标上，如销售额、利润率等。这些数据进一步提交到决策和预测系统中，用以分析企业的盈亏情况，以便采取相应的改善策略。未来要实现这些数据的上传和反馈控制，就需要信息网络与物理设备之间的联通。

■ **端对端集成：**是指贯穿整个价值链的工程化数字集成，笔者的理解是通过产品设计环节，用产品生命周期管理过程将决策层、管理层和执行层各要素集成起来，从而实现端到端的集成。

表2是工业4.0概念在企业内部落地的方案实例。

### 设计目标

前文曾提到系统是为业务服务的。此外，系统的导入是否可以在Q（Quality）、C（Cost）、D（Delivery）等方面有改善、其采集的信息内容是什么也要提前考虑。

| 工业4.0 LAYER | 名称 | 企业推进计划 | 智能化方向 | 智能化项目 |
|---|---|---|---|---|
| 4 | 决策层 | - | 管理业务智能化 | Big Data分析和决策系统 |
| 3 | 管理层 | - | 管理业务智能化 | RPA，各类管理系统和大数据、AI工具 |
| 2 | 控制层 | level3~4 | 生产管理智能化 | APS/Dispatcher/Simulator |
| 1 | 执行层 | level5 | 制造过程智能化 | 作业全项目削减，工厂内全无人化 |
| | | level4 | | 制品和材料的搬送自动化 |
| | | level3 | | 生产自动化，检查省略化，进一步降低ST1和ST2的工时 |
| | | level2 | | 设备追加SENSOR，异常早期预警，设备安定，品质提升，设备维修和检查人员效率化 |
| | | level1 | | 附带作业效率化，时间短缩，始业点检电子化 |

表2 工业4.0概念在企业内部落地的方案实例

■ **质量（Quality）：**与重要工序加工的5W要素（When，什么时候；Who，谁作业的；What，加工的产品用的是什么批次的材料；Where，在哪个车间、什么工序；Which，哪台设备）相关的数据、设备状态和产品质量检测结果是否已经收集到？以上是5W要素对数据进行分类。从质量管理维度来看，要控制产品质量，需要强化检查，并将检查结果快速的反馈到加工环节，此时图像识别、大数据和AI分析技术（即多关联因子对检查结果的因果分析）所需的产品不良样本、几何尺寸、设备震动、压力、温度、浓度等数据就必须采集出来，用于分析导致产品质量出现波动的关键因素和发生原因。以上数据在哪些功能模块中可以收集到？数据和数据之间有多少内在联系？通过什么算法实现数据的处理和分析？例如，在半导体行业中对外观特性和电气特性的测试结果需要尽快反馈到加工工序，用于提前发现加

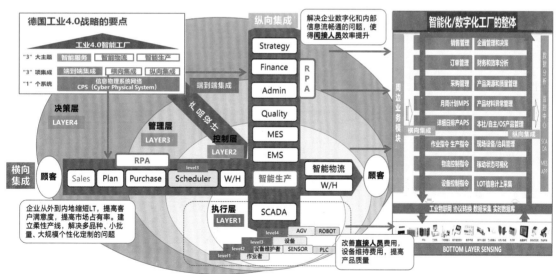

图2 横向集成、纵向集成、端对端集成

工工序，特别是组装和晶圆扩散环节的问题。根据这些要求就会派生出很多系统模块。例如，MES系统中就要作业履历录入模块以收集5W信息，QA系统中就需要有产品质量检查及SPC等过程控制和预警模块，而MES系统和QA系统互联，就会产生变化点管理、品质异常，以及与5W有关联的原因分析机能模块。

■ **成本（Cost）**：包括消减了多少工人工时、提高了多少办公人员效率、提升了多少设备开动率、提高了多少成品率和材料利用率、减少了多少能源消耗……这些信息是否都能在系统中收集到？例如，在MES系统收集到Who的信息后就能够分析人工工时成本、加工工时、上下料工时、搬送工时、检查工时，以及究竟是哪些因素导致成本上升。有了这些数据，就可以有针对性地提出改善方案，如搬送AGV、加工自动化、缺陷检查AI化、上下料作业机器人化，以及为了快速分析成本的财务实时分析和核算模块等。

■ **交货（Delivery）**：是否可以快速排产、快速加工、快速上下料、快速物流，为完成这些目标，功能上有哪些设计？对应的有APS高级排产系统、智能仓储系统、智能配送系统等。

## 系统互联

各实体、各功能模块或系统间互联时要注意信息流（Key或ID）是否打通，这些需要提前规划。

■ **业务系统：** 如客户ID、供应商ID、合同ID、订单ID、物料ID等。

■ **HR系统：** 如员工ID（这个ID在所有系统中是否唯一）等。

■ **生产系统：** 如生产任务单ID、设备ID、批次ID、运单ID等。

通过这些信息流之间关系的打通（如1对1、1对多、多对1、多对多），不仅可以在信息层互联各部门业务，同时为将来向广义互联网过渡做好铺垫。

这种联系还要考虑到是紧耦合还是松耦合的情况，如果设计不当，可能一个系统宕机就会导致很多系统瘫痪。因此，从可维护性和稳定性角度考虑，一定要构建数据中心或主数据池（Master Data Pool），让实时性非常强的MES系统和数据中心分离，将分析数据抽取到数据中心中。数据展现、后期分析、检索查询尽量使用数据中心，数据收集和快速响应则放在MES系统中。

要时刻牢记，确保实时生产系统的稳定性是第一要务。

## 现状调查

设计和导入具体系统前需注意收集各部门存在的问题和他们希望的改善方案，特别是生产技术设计和规划、生产管理、工艺设计、设备维护等部门要重点调查。比如负责精益生产和成本核算的部门，他们了解企业成本结构、熟知管理模式、了解产品特点。针对现状调查的结果，提出业务流程改善方案和IT解决方案，是企业IT高层负责人必须具备的特质。

例如，在推进自动化物流项目，以及机器人自动化加工和自动上下料项目时，产线布局、安全设计要符合国家和企业的相关规范。此外，网络布局是否有利于今后的产线调整，特别是无线网络覆盖率和网络传输协议是否满足移动式机器人和AVG的行动控制信号，可以自动漫游和无缝衔接。网络层面需要考虑建筑和布局对网络速度、带宽、延迟、误码、丢包是否有影响。笔者在导入上述系统时遇到了很多类似的挑战。

设计过程可以使用仿真设计工具进行辅助，能够预测和避免很多设计问题（见图3）。

图3 使用仿真设计工具进行辅助

表3为可参考的基本流程。

| STEP | 大类 | 内容 | 部门 | 关联项目 |
|------|------|------|------|----------|
| 1 | 事前准备 | • 市场调查、立项及预算准备<br>• 成本分析、ROI分析、预算申请<br>• 客户需求分析（P-Q-C） | 市场销售和财务、企划部门 | -- |
| 2 | 数字化设计 | 产品定位、功能、性能设计质量可靠性设计（军、民、工业、航天） | • 产品设计部门<br>• 品质部门 | （DFM DFT）相关产品涉及软件 |
| 3 | | 产线设计、物流动线、人员配置设计、建立工厂设计数字化模型 | IE/IT和工程设计部门、制造部门 | • AUTOCAD<br>• 数字孪生 |
| 4 | | 布局设计、产能、能耗、物流、人员效率等QCD仿真验证 | | 人机作业分析软件产线SIMULATION |
| 5 | | 通过设计结果核算，产能、Q、C、D并和中外企业同行进行Benchmark | 市场销售和决策部门 | -- |
| 6 | | • 产线详细工程设计<br>• 材料、工艺流程、生产和动力及生产辅助设备选型 | 工艺、设备、动力、IE/IT和制品部门 | -- |
| 7 | 以无人化为目标构筑 | 管理体系设计、IT系统和网络体系的理论的设计和具体要求明确（Layer1~Layer4） | IE/IT | -- |
| 8 | | 系统集成商、设备供应商的选择、材料供应商的研讨和选择 | 工艺、生产设备、动力、IE/IT和制品部门 | -- |
| 9 | | 产线建设、设备购入、产线布局、IT/动力/生产/生产辅助设备安装调整实施 | 工艺、生产、IE/IT和制品、动力、采购部门 | -- |
| 10 | 智能化运营 | 工程实验、试投产、初期流动、ONE LINE、全量产 | 工艺、设备、IE/IT和制品、动力、采购、制造等部门 | -- |
| 11 | | ROI REVIEW总结和反省、持续改进到无人化 | -- | -- |

表3 可参考的基本流程

## 网络架构设计

从平面结构看，传统架构是总线、树型层级和有中心的结构，笔者认为这样的结构存在很多风险。如核心交换机和机房一旦出现问题，将导致整个企业和生产线停止，影响巨大。未来应该更偏向广域网结构的无中心化的分布式架构（见图4），每台设备不仅是加工中心，也是独立信息收集、管理的节点，以及信息转发节点，设备的状态会定时向整个网络扩散。自动排产和自动搬送系统收集到这些信息后，动态地调整生产计划和物流配送指令。设备下层实现边缘计算，计算结果会清洗掉多余的数据，保留有用的数据再传到云中心进行存储，用于检索和分析，这样就实现数据分析和实时控制的分离，降低了系统负担。这种分布式结构，若个别网络或设备发生故障也不会导致整个体系的崩溃，有利于提高系统的稳定性。

当然，这给设备制造商带来很多挑战，他们不仅是加工设备制造商，还是网络设备集成商，在接口开放和标准化，以及通信功能、计算能力、存储能力的升级等方面都面临着更大的考验。

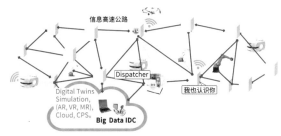

图4 分布式网络架构

从垂直结构（见图5）看，设计时可以借鉴工业4.0中CPS（Cyber Physical System，信息物理系统）的概念：传感器→接入层→下位机→边缘计算→通用接口（采集接口）→数据清洗→数据抽取→分析结果可视化→大数据中心→AI分析→决策。

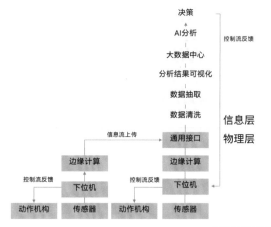

图5 网络垂直结构

设备物理层传感器、PLC下位机控制器，以及上层信息网络之间的接口通用化非常重要。现在物理层的标准不统一，互相不开放接口标准，也是阻碍工业互联网发展的主要因素。工厂里加工设备来自不同的供应商，采购设备时一定要和对方签订数据接口开放协议，否则购入要慎重。项目采购前，系统设计和合同签订等环节一定要把甲方的技术要求核对清楚。

## 查核（Check）

查核环节重点确认项目的紧迫性、必要性、可行性/科学性、经济性，以及相关的风险。如果项目涉及到生产安全性和合规性等因素，如果不尽快将这些因素导入将使企业停工停产，这类项目优先度最高。每个企业都会有项目的审核流程，在申请资料中一定要对这些因素进行重点说明。

我们一般将优先级从高到低排序为：老化更新、合规性要求、效率化改善。其中关于效率方面的问题需要说明对什么效率进行了改善，这就要追溯到之前的成本结构分析，见表4。

| 成本大类 | 成本小类 | 说明 |
|---|---|---|
| 直接成本 | 直接材料成本 | 直接进入产品的材料成本 |
| | 直接人员 | 工人和设备维护，以及检查人员的工资劳保福利 |
| | 直接制造费用 | 动力费用，如电力、燃料、水处理、气体采集 |
| | | 设备/厂房折旧 |
| 间接成本 | 间接人员工资 | 办公人员的工资福利 |
| | 办公费用 | 办公支出和IT支出 |
| | 办公水电费 | —— |

表4 成本结构分解表

例如，如果导入AGV和机器人项目，主要提高了直接人员的效率。那么，投入机器后的成本回收周期多长？

比人工费用缩减多少？也就是需要考核ROI（Rate Of Investment，投资回报率）。

还有，如果导入大数据AI分析项目，主要是用来快速分析产线异常和发生原因之间的关联性，目的是改善产品的品质并提升间接人员的效率。

经济性ROI的判断依据企业对投资风险的容忍程度，一般是1~3年。

可行性和科学性的评估要根据具体的实施方案进行。

例如，导入APS（Advanced Planning System，高级排产系统）前，我们进行了如图6的评估。

需要特别说明的是，近年来APS是热点，很多企业都有导入计划。但是要注意该系统应用的必要条件。进行自动排产所需的前提条件非常多，也很苛刻。要求企业对ERP、MES、设备管理、仓储管理等系统的使用已经具备相当的水平，以及具备了自动排产所需的基础数据，并且这些数据是实时更新的。对精确性要求高，制定出来的排产计划对生产才有指导意义。当有了准确的排产系统，排产结果再输入Dispatcher（生产调度系统），才能指挥AGV和机器人进行高精度的材料配送和产品加工。所以APS的导入效果不仅仅是节省几个计划和调度

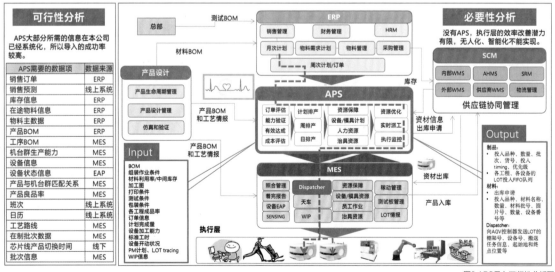

图6 APS导入可行性分析图

员，更重要的是可以缩短交货期，并把材料库存和在产库存降到最低。但是据供应商反映，现在APS导入的成功率不足30%。导入失败，不仅无法满足ROI，还可能扰乱正常的生产次序。因此，导入APS前一定要进行充分确认。

## 行动（Act）

项目实施的一般流程是：项目启动→预算制定→申请费用→方案设计→招投标→设备采购→实施部署→项目验收→教育培训→文档整理→项目总结和关闭。可参照PMP的原则和步骤去推动，每个重要里程碑要有相关的输出物，如技术标准、硬件结构、软件代码、设计方案、说明文档等，各个步骤的风险要能识别，发生问题要及时找到对策，重点节点要和利益相关方进行DR（Decision Review）判定。

与此同时，要求负责人要有很强的资源整合能力，如部门间人力协调的沟通能力和问题解决能力。为了防止出现部门的业务壁垒问题，建议在规划阶段项目就要纳入到年度计划中，从而使得各项资源获得相关部门的理解与配合，在组织结构上成立跨部门的矩阵式的项目组，并指定交叉考核的KPI评价体系，注意人才培养和技术储备。此外，项目推进可以使用相关系统工具，借助系统工具制定目标、分解任务、推进计划和管理组织，如Microsoft Project、Omni Plan等。

## 结语

根据笔者在工作中的长期观察，目前正在发展工业互联网的国家中，日本在发展目标上相对来说更务实，策略也更加具体化。日本将工业互联网战略与机器人、物联网、信息化、智能化等要素连接在一起。其中，将机器人作为战略重点。

从笔者所在企业推动的智能工厂方案来看，工业互联网在各个环节都做了效率提升上的优化，体现在以下四个环节。

- ■ **加工环节：** 重点是缩短作业、搬送、检查、确认等工时，以改善作业人员的效率。自动加工机器、自动搬送机器人、自动上下料机器人就是主要应对方案。

- ■ **业务环节：** 减少每日重复的低效率业务，如实施编制订单、制作财务报表自动化方案，RPA等就是典型的改善策略。

- ■ **工程研发环节：** 减少收集数据和分析品质异常的时间，大数据和图像识别就大有用武之地。

- ■ **设备产出环节：** 重点是通过各种对策改善设备的开动率。

基于以上对各环节的优化，销售订单就可以快速地转换成生产订单，通过生产线的自动加工设备和智能机器人快速、高质量地生产，迅速出货进入客户手里。

**何江**
某外企IT技术部负责人，从业近30年，有丰富的产线技术经验和管理经验。曾担任研发工程师、测试工程师、产品工程师、IT经理等职位。

# 施耐德电气：开放自动化是工业控制系统的未来

文｜王勇

现代工业正面临一种窘境，传统的工业化体系架构已经满足不了更高的自动化程度需求，面对IoT设备的连接、柔性工厂的需求、供应链的变化，新架构、新设备该如何适应？核心的工业控制系统该如何解决原有系统与现有系统之间的差异，从而帮助企业快速提升效率和效益？施耐德电气中国区首席信息安全官王勇从工业数字化转型落地的四大路径出发，围绕工业"从电力到自动化"的重要链条，深入探讨工业控制系统的未来发展。

## 工业数字化转型落地的四大路径

谈及数字化，由于算力提高、通信能力增强，技术有了突破性进展。随着更多IoT设备的连接，也使得数据采集比过去容易。疫情虽然困扰了我们近两年，但它大大加速了数字化的进程。一个企业的韧性在疫情期间得到了充分的展现：工厂远程运行，用更少的人、更高的自动化程度进行生产，或是应对供应链的问题，快速调整设计使生产连续，所有这些都因数字化而变得高效。而效率，可以让我们在保持韧性的同时得到最大化的

效益。工业快速且全面发展的背后充满了数字化变革的身影。

关于工业互联网的数字化，首先得从工业最重要的链条，即以电力到自动化的路径谈起。该路径是整个工业的生命链，如果能利用数字技术更早地发现其薄弱点，就可以更好地保证系统的韧性。

数字化该如何落地？可以从以下四大路径着手（见图1）。

**路径一：能源和自动化的融合。**

我们首先需要认识能源和自动化的关系，能源和自动化

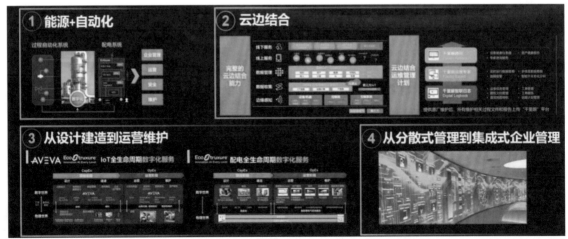

图1 数字化转型四大路径

是相辅相成的。现在提倡的碳达峰、碳中和、提高效率等，都需要通过自动化优化能源管理系统，对电力进行调整、配置，同时根据电力的供求信息调整用电、节约成本、节省能源，从而达到预期目标。

### 路径二：云边结合。

过去我们的设备常常共用一个分层系统，从底层到上层分层非常多，数据传递不便。利用云边结合，能有更多机会快速得到正确数据，由正确的人作出判断和决策。

### 路径三：从设计建造到运营维护。

从设计建造到运营维护路径阶段也是我们常说的全生命周期融合。在过去，建造和运营之间没有联系，现在利用数字化技术，如数字孪生技术、赛博物理系统（Cyber-Physical Systems），就可以在前期做非常充分的仿真模拟，将生产过程的信息在前端进行优化，并在后端生产过程中持续反馈，将建造与运营联动起来。运用数字化技术不仅可以节省成本，还可以带来更好的效益。

### 路径四：从分散式管理到集成式企业管理。

现在有很多工厂已经实现了部分数字连接，但都是一些分散的系统，如何将现有的设备通过软件整合，同时配合自动化系统整体维护，在执行层面获得比较高的效率？我们正在探索。

## 传统工业控制系统如何实现云边融合

工业与IT领域可能非常不同。图2是传统的ISA-95分层结构图，从底层的现场设备、控制设备，到车间的控制设备，以及生产管理系统、企业系统都是分层的，数据在其中层层上传。ISA-95分层结构在传统应用中非常稳定，每层都分管特殊的单一功能。如今，我们可以利用云平台的计算能力，让数据在多个点进行连接，构建一个新的架构，让现场设备与云端能力联动起来。但与此同时，也面临一些新的挑战。除了设备的分层数据流动缓慢不适应之外，数据的接口也是个问题。如果可以

用一个通用接口，如现在比较流行的OPC UA等，将云端、边缘侧连接起来，将逐步解决原有系统与现有系统之间的差距。

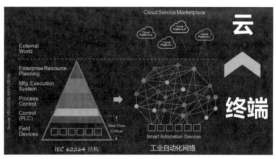

图2 传统的ISA-95分层结构图

此外，工业控制系统也需要适应数字化和云边融合的需求。Windows、Linux等操作系统可能比较被熟知，工业系统却不是，好比学计算机的人都知道冯·诺依曼，做工业控制的人都知道Dick Morley。Dick Morley在20世纪60年代用非常简单的方法设计了一套PLC可编程逻辑控制器，此后这套系统沿用了近50年，可靠地支撑了工业稳定、连续的发展，但它仍然存在一些问题。它在保持可靠性的同时，导致很多厂家在用相同、相似的编程方法时互相不能通用。此外，工业系统的通信也有几十种标准，现场常常会出现设备组装完成后，由无数的网关、软件和硬件实现集成，从而需要进行复杂的维护。现有的工业控制系统一方面虽然满足了实时性和可靠性的要求，另一方面也制造了很多障碍。

那么，我们先来了解一下专为OT人员设计的语言。其实很早以前施耐德就开始使用低代码，但局限性比较高。这种语言，工业环境下的开发者使用起来非常方便。如图3所示，梯形图和功能块的编程分别与继电器组合逻辑、数字电路接线相对应，但它基于单个设备的设计思路也带来了很多限制。

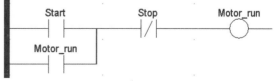

图3 专为OT人员设计的语言IEC 61131-3

如图4，当我们用两台以上的设备的组成系统，对很多对象编程时，需要对程序从头到尾进行顺序扫描，扫描过程中机器不同，速度也不一样，两台机器同时运行可能无法同步，数据互相交换就需要很长的周期，整体效率也会比较差。

那么，在数字化变革的今天，如何满足行业更多连接的需求？如何满足更多用户对于互操作、可移植的需求？如何改善工业系统的通用性？为了应对这些问题，我们推出了一套基于IEC 61499的开放自动化系统，将其命名为EcoStruxure开放自动化平台。

在工业领域，传统控制系统大多使用基于国际标准IEC 61131-3的语言规范，但只有生产率更高、更灵活的自动化系统才能适应当下企业数字化的需求，基于IEC 61499标准的开放自动化平台，既可以实现与硬件无关的开发，也可以实现包括系统级建模在内的各种算法，以及进行不同形式的部署。

图5下侧显示了不同的硬件，其中，软dPAC平台包括

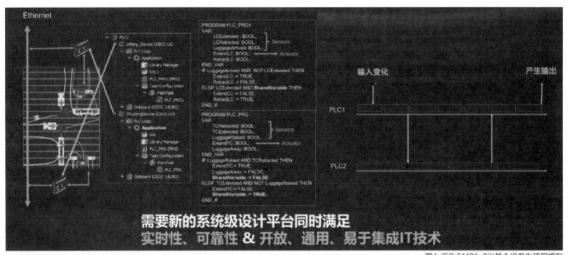

图4 IEC 61131-3以单个设备为顶层模型

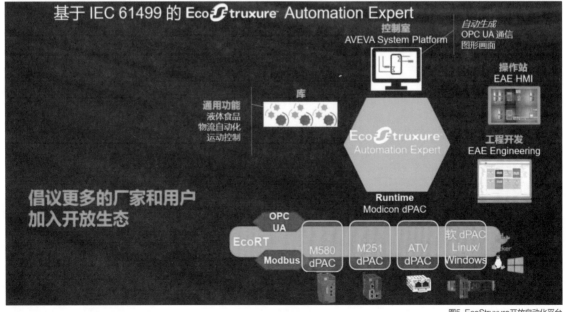

图5 EcoStruxure开放自动化平台

Linux、Windows，底层有IEC 61499标准支撑的运行时。可以看到EcoStruxure开放自动化平台有不同的PLC和控制器，一些计算器和边缘计算网关等都可以用。除此以外，它的工程界面包含控制算法、人机交互，还有一些自动生成的图形。OPC UA本身基于模型，但大部分PLC的OPC UA模块配置过程非常复杂，用起来很麻烦，因为控制部分不基于模型，而开放自动化平台从底层就基于模型，其OPC UA部分是自动的，不需要附加工作量。另外还有库，以保证以后可以重用。

用于分布式工业过程测量与控制系统功能块的标准IEC 61499（见图6），其实已经诞生了很多年，它的运行基于"事件"触发，在没有"事件"的情况下，机器不运作，这样可以更高效地利用CPU的算力，也可以通过调度，用不同的"事件"来驱动机器。"事件"及其不同的优先级与大家习惯的计算机编程一样，会有中断，还有陷阱。

具体来看，组成IEC 61499应用的功能块（见图7）有三种。

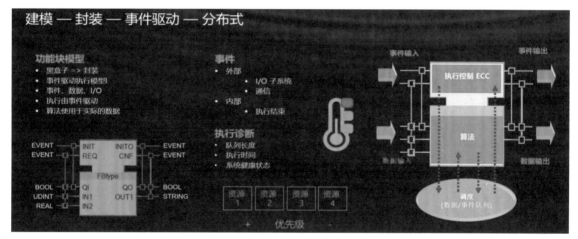

图6 IEC 61499

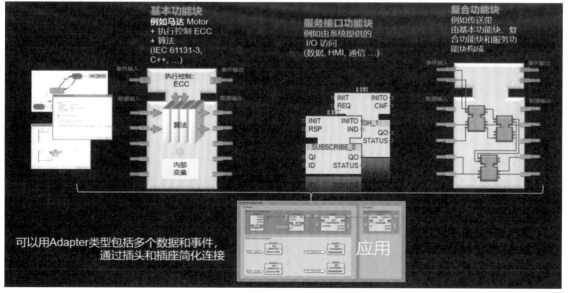

图7 组成IEC 61499应用的功能块

211

**种类一：基本功能块。**

如图7，上半部分是"事件"，下半部分是数据的输入输出。它的执行控制功能叫作"ECC"，基本控制功能都可以用状态图来表示，状态图也是一种无代码、低代码的方式，看起来非常直观。

**种类二：服务接口功能块。**

如果我们既有硬件又有软件怎么办？可以将通信、一些不同的IO模块接口、现场的信号，通过服务接口功能块封装起来，将现有的所有软件标准化，直接使用。

**种类三：复合功能块。**

如果细碎的功能块太多，我们可以把整体的功能集成起来，通过连线简化适配器。

其中，基本功能块靠有限状态机来控制，状态机的设计灵感源于喷气式战斗机，可以实现非常复杂的构想，也可以集成所有现有算法、现有程序，非常高效（见图8）。传统情况下，软硬件厂商都是互相绑定的，不可能互换，但是IEC 61499的交互做到了可移植，软硬件也不再有依赖的关系。面对数字化的新技术需求，EcoStruxure开放自动化平台的技术将工业的硬件变成通用的商品，只需挑选出你要的硬件，软件也将会变为通用的。特色的界面设计，应用现有IT上的程序功能块

接口也非常容易。

此外，IEC 61499的开发环境与兼容性很强。产品化、工程化的环境集成了非常多的对象和资产，包括文档、相应的控制算法等。而其面向对象的特点可以对控制逻辑、图形表达、I/O连接，以及测试文档等对象进行复用，也可以使算法更成熟。通过这种分布式的特征，可以保证在计算机运行中调用其他软件库、接口，这在传统控制器上是不可能的操作，非常好地体现出了IT、OT融合的特点。

图9展示了在一段时间的设计积累之后或库可以使用的情况下，人们用非常少的工作量完成系统设计的过程。首先，可以按自己控制流程的需求来选择库里面的对象进行设计；然后，利用选择库进行模型的建造，包括连线、状态机的设计等；全部设计完之后再选择硬件进行部署。你会发现，在选择选硬件之前，不需要先考虑有多少硬件要用，这个特点非常重要，而且在部署应用的最后，才需要将外部设备连接起来。

基于以上特点，国内有厂商开始考虑用IEC 61499来实现运动控制系统，最关键的原因是其功能的集成非常容易。一些大型过程控制厂商的系统中有非常多传统设备，并且这些设备需要用不同技术进行支持和维护，非常令人头疼，因而他们创立了OPAF开放自动化论坛，

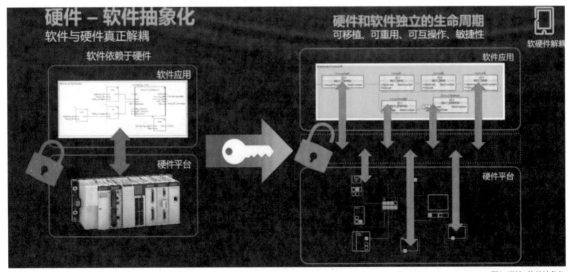

图8 硬件-软件抽象化

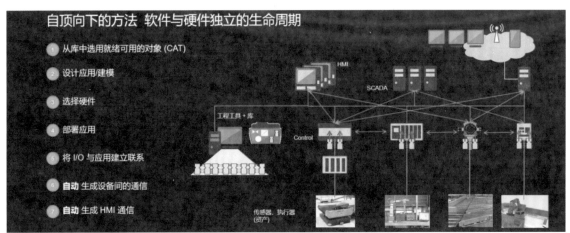

自顶向下的方法 软件与硬件独立的生命周期

1 从库中选用就绪可用的对象 (CAT)

2 设计应用/建模

3 选择硬件

4 部署应用

5 将 I/O 与应用建立联系

6 **自动** 生成设备间的通信

7 **自动** 生成 HMI 通信

图9 硬件与软件解耦

在多年前就开始做这类实验：用不同的平台、不同的硬件完全实现互换。这也证明了以通用设备代替专门设备是可行的。

## 结语

数字化转型是企业提高韧性、提高效率的重要推手，也是最关键的因素。如今，我们正在尝试能源和自动化的融合、云边结合、从设计建造到运营维护、从分散式管理到集成式企业管理四个维度，以基于IEC 61499标准的自动化平台，改变过去硬件和软件绑定的情况，使用户更加便捷、更加经济地使用软件技术，达到真正利用数字化手段实现生产优化的目的，也期待与更多业界友人交流、学习，共同推动工业数字化转型的加速实现。

**王勇**
施耐德电气中国区首席信息安全官，电子计算机专业。数十年的工业自动化、网络及信息安全行业经验。曾担任产品研发、市场战略及行业推广、销售支持等工作。

**扫码观看视频**
听王勇分享精彩观点

# 工业数字化：IT+OT的数与智

文 | 翁畅维

**工业4.0革命指向未来工业的数字化和智能化。西门子作为拥有超170年历史的大型跨国公司，在工业数字化转型方面有深厚积淀。本文作者从价值链轮舵与数字化评价、数字化目标与数据资产的建立、数字化转型的技术实践体系、数据资产赋能智能化应用场景，以及未来工业数字化架构演进五个方面，带来西门子公司在工业互联网领域的深度思考。**

珍妮纺织机的出现带来了工业文明，人类进入了机器代替人力的时代。从水力驱动到以蒸汽作为动力的广泛应用，这一阶段是我们熟悉的第一次工业革命，或者称为工业1.0时代。整个工业1.0时代由于蒸汽动力的传递特性，工厂的建设都会有相同的特点：长条形的厂房、一端有一个大的烟囱、工人在流水线上工作。

进入18世纪70年代，实际可用的发电机问世，电器开始代替机器，电力成为补充和取代蒸汽动力的新能源，这一阶段称为工业2.0时代。在以电气技术为核心的时代，工业制造摆脱了单向动力驱动的束缚，工厂的结构和布局更加灵活、高效。同时，自然科学的新发展开始与工业生产紧密结合，新兴工业如电力、石油、化工和汽车等，都要求实行大规模的集中生产。

从20世纪四五十年代开始的新科学技术革命，尤其是电子计算机技术的应用，推动工业进入3.0时代，也是全面工业自动化的时代。

工业3.0时代的自动化明星——PLC（Programmable Logic Controller，可编程逻辑控制器），实质是一种专用于工业控制的计算机，硬件结构基本与微型计算机相同，其在扩展性和可靠性方面的优势使其被广泛应用于目前的各类工业控制领域。不管是在计算机直接控制系统还是DCS（Distributed Control System，分散式控制系统），或者FCS（Field Control Systems，现场总线控制系统）中，总是有各类PLC控制器的大量使用。同时各种软件系统开始在整个制造体系中提供核心信息化能力，如MES（Manufacturing Execution System，生产执行系统）、QMS（Quality Management System，质量管理系统）、EAM（Enterprise Asset Management，设备资产管理）等。

下一次工业革命，不论是工业4.0时代、工业互联网，还是智能制造，指向的都是未来工业的数字化和智能化。

作为拥有超过170年历史的大型跨国公司，西门子一直在对自己的管理运营表现进行反思与调整，在数字化浪潮中进行了很多数字化转型的实践，并取得不少成就。下面，简单跟大家分享一下西门子对工业数字化转型的思考。

## 价值链轮舵与数字化评价

对于一个制造型企业，想要生存，首要解决的问题是产品。没有好的产品就无法赢得市场，生存就会受到挑战。互联网时代，尤其是移动互联网，绝大多数IT公司的产品本质上是服务，但是对于传统制造业，产品是物理实体，那自然就需要回答以下问题：

■ 如何发现客户的真实需求，并转化为产品的定义？

■ 如何设计一个产品？这个产品由哪些部件组成？这些部件如何加工组合形成完整的产品？

■ 产品如何持续演进提升？如从iPhone初代到今天的iPhone 13，这就是一个产品迭代的过程。

在制造业中，这些问题都属于PLM（Product Lifecycle Management，产品生命周期管理）的范畴，一条完整的产品生命周期价值链要从产品定义开始，产品设计、产品验证、制造工艺、产品性能监控分析、产品维护，贯穿产品升级始终。

解决了产品，下面要解决的问题是制造。绝大部分的制造业都是重资产，需要工厂和产线。这就涉及生产能力规划、工厂规划、产线设计、设备维护等，形成了资产运营价值链。

有了产品和产线，接下来就是生产交付的问题。根据客户的订单，把原材料基于产品制造的各个工序，将产品制造出来，最终交付给客户，完成价值的产生和传递。这个过程涵盖订单获取、订单管理、供应链管理、生产计划管理、生产状态监控分析、仓储物流及产品运输与交付。这是企业的核心生命线，称为业务履约价值链。

这三条价值链相交于生产自动化，构成了现代制造型企业的核心价值链体系（见图1）。

在这个核心价值链体系的每一个环节上都有不同的软件系统来提升其信息化水平。以我们的产品为例，在产品设计环节有NX CAD，工程调试有MCD等。但是仅仅在这些价值链环节上实现了信息化就算是数字化了吗？举一个简单的例子，一个工厂每天需要制造哪些产品、数量分别是多少、各工艺环节上的原材料该准备多少、产线的设备状态如何，以及需要安排多少工人班组，这是一个排产的问题，涉及订单的数量、设备的可用性、人员的可用性、物料的可用性等环节。

这些数据都存在哪里？与订单相关的信息可能在ERP（Enterprise Resource Planning，企业资源计划）中，员工信息可能在人力资源管理及班组管理系统中，设备状态在企业资产管理系统中，物料相关信息在仓储管理系统。那么，非数字化的企业怎么做呢？可能需要从某个系统里面导出一些数据，从另一个系统里再导出一些数据，最后把各种数据导入一个排程软件，甚至是人工基于Excel表格来排产。

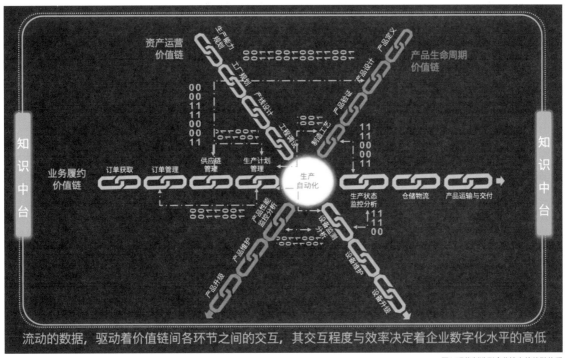

图1 现代制造型企业核心价值链体系

然而，这只是工业自动化和信息化的简单相加，并不是真正的工业自动化和信息化深度融合后的数字化生产。数字化是上面提到的三条价值链各个环节、系统之间的数据有效流动，驱动各个系统的实时交互。其交互的程度和效率，是我们评价企业数字化水平的标准。

## 数字化目标与数据资产的建立

基于企业价值链与数字化水平的评价标准，数据是企业实现数字化的重要组成部分。如何真正有效利用数据，发现和挖掘数据的价值，从而帮助生产决策和优化，才是数字化的目标（见图2）。

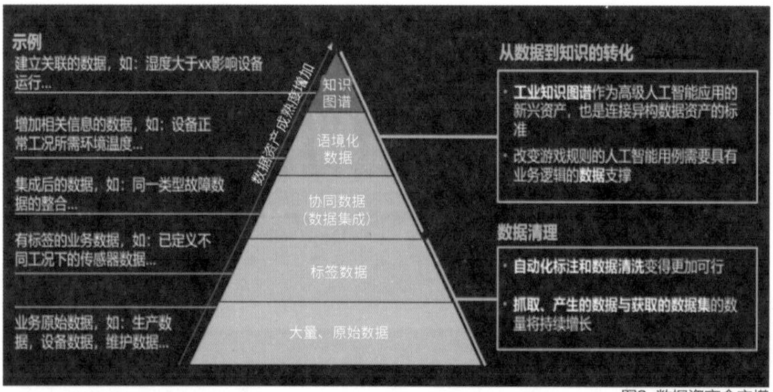

图2 数据资产金字塔

工业领域的系统基本分为两类：一类是自动化运营技术（OT系统），如PLC、DCS、SCADA（Supervisory Control and Data Acquisition，数据采集与监视控制系统）等，另一类是信息技术（IT系统），如典型的ERP、WMS（Warehouse Management System，仓库管理系统）等。不同的系统产生的数据类型不同，工业领域海量数据的产生与常见的互联网应用不同，更多的数据产生在OT系统中，这些海量数据大多是时序数据。如果简单去查看每一条时序数据的记录，它的结构大多非常简单，如一个时间戳、一个测点标签的ID、一个状态数据值，可能还有少量辅助信息，如单位或者类型等。这样的一条记录代表的就是某一个传感器某一时刻采样的状态。

以发电企业为例，一台发电机组，主机加上辅助设备可能包括上万个常规测点，每个测点平均3s内会有状态变化并产生对应的时序数据，意味着每天这样一台发电机组会产生3亿条时序数据的记录。如果简单地把这些数据采集存储下来，也不过是许多数据的集合，并不能产生太大的价值。针对这些数据，如果我们能通过人工，或者更智能的方法，识别出来哪些数据体现的是一个异常的工作状态，通过打标签的方式对这些数据进行分类，这些带标注的数据就可以成为我们大数据分析算法的训练集，用于异常工况识别的算法训练。带标注的数据相较于原始数据就有了进一步的数据价值提升。如果进一步关联和整合同类设备的数据，则会成为一个更加有效的数据集，可以进一步应用于同类产品的分析。

除了设备自身的数据，如果能有效地关联到和设备相关的系统外部影响因素的数据，并将这些离散数据加以融合，这种融合会带来更大的价值。例如，同一型号的两台燃气轮机分别装在东南沿海和西北大漠，一年后这两台燃机的工作状态会一模一样吗？肯定不一样，因为西北大漠比较干燥，而东南沿海比较潮湿，这两台燃机所处的环境并不相同。很多设备供应商会提供预测性维护方案，这些预测基于关键的指标来进行决策，如果指标超过上下限，就会触发相关警报。但是每个设备的运行时间、环境，以及在整个系统中上下游工况不同，以设备出厂时的统一上下限阈值来作简单判断是不够的。需要整合动态有效的数据，基于这些数据的关联动态去优化相应的控制逻辑。这是从数据到知识的逐渐提升，也就真正形成了数据资产。

## 数字化转型的技术实践体系

在我们的数字化转型技术实践中，核心主线是以知识（数据）中台等基础设施为依托，从数据产生到应用的全生命周期进行管理，实现数据附加价值的逐步增加，从而推动企业的智能化场景快速落地，实现增量价值释放（见图3）。

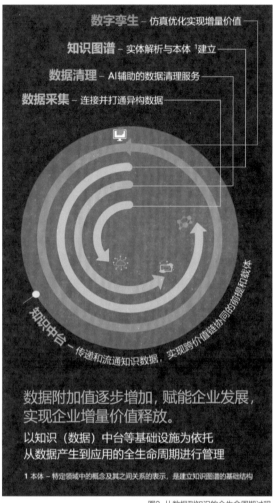

图3 从数据到知识的全生命周期过程

*图中文字：*

数字孪生 – 仿真优化实现增量价值

知识图谱 – 实体解析与本体 [1] 建立

数据清理 – AI辅助的数据清理服务

数据采集 – 连接并打通异构数据

知识中台 – 传递和流通知识数据，实现跨价值链协同时前提是和载体

数据附加值逐步增加，赋能企业发展，实现企业增量价值释放。

以知识（数据）中台等基础设施为依托
从数据产生到应用的全生命周期进行管理

1 本体 – 特定领域中的概念及其之间关系的表示，是建立知识图谱的基础结构

首先，从数据采集开始。不同于互联网行业，工业领域的数据相对复杂，如ModBus、ProfiBus、ProfiNet、RS485等各种工业总线。不同领域还有不同的控制协议，如楼宇自动化里的BACnet、用于灯控的KNX等。即使有相同的通信协议，实际工程配置也不尽相同。如果IT工程师不懂OT业务，OT工程师不懂IT技术，如何用一种有效的解耦方式分离数据的物理连接和内容，分离标准协议与自定义业务内容，从而实现OT与IT的数据快速互联与应用统一，这些都是挑战。

原始数据接入并连通以后，如何真正实现数据清理，完成标准化的转换，最终形成数据资产？我们通过以下四个核心步骤建立数据资产。

**步骤一：数据ETL&质量评估。**

明确定义数据ETL服务流水线、流程与文档，评估数据质量。

**步骤二：自动数据提取技术。**

利用多种技术自动化提取结构化、时间序列、图纸（如P&ID图）等数据。

**步骤三：实体解析与知识图谱建立。**

行业专家辅助AI算法，形成实体（知识）识别与链接，建立企业数据与知识的资产库。

**步骤四：垂直行业数据模型建立与数据导出。**

语义目标数据模型赋能数据整合和利用API的数据共享。

为什么数据需要标准化？大数据及人工智能应用会遇到可复制性和推广的挑战。例如，为A客户做的AI应用，如果给B客户来用，虽然是相同的场景，但由于系统中的数据结构不同，需要二次适配和转换，这就大大降低了复用性。有调研报告指出，人工智能应用开发有60%~80%的时间花费在数据准备上，真正用在算法开发调优上的时间不超过20%。而如果应用适配的标准化数据结构，结合增强的半自动化或自动化数据清洗及标准，将大幅降低智能应用的复用成本。

那么，数据基于什么样的规范进行标准化？根据我们的经验，一般基于ISO标准、GB标准等，建立通用和工业各领域专有的本体库（Ontology Library），使其可以在不同工业领域通用（见图4）。

例如，制造控制系统标准IEC62264，分布式工业自动控制系统标准IEC61499，变电站自动化系统标准IEC61850，能量管理系统标准IEC61970，楼宇自动化标准Brick、Haystack、IFC，车辆识别及分类规范GB16735-2019、GB/T 15089-2001等。

简单将数据采集起来并标准化的过程其实还是传统的

图4 工业领域概念本体库

数据准备,而如何实现从数据到信息,再到知识才是数据价值的重点。我们基于工业领域词汇构建的工业概念本体,结合从工业数据平台提取的知识,推理并构建工业知识图谱,从而实现从海量数据到工业知识的提升。图5是一个汽车制造企业简化的知识图谱示例。

每一辆汽车的销售起点都是销售订单,订单背后关联到具体的车型产品及配置,从而关联到整个产品设计数据,进而再度追溯到生产过程中的各项数据。如在哪个工厂的哪一条产线生产出来,每个环节经过的加工工序,通过哪些设备加工,以及所使用的物料等。

对于车辆质量问题,主机厂需要经济有效且精准地召回。基于与生产过程中各环节和系统产生的数据构建质量问题相关的知识图谱,能够快速定位到问题的根源,从而追溯到所有有可能受影响的车辆。如果是某一批次的原料问题,只需要召回与这批原料有关的车辆;如果是某一个制造设备在特定时间段内工况异常,则在这个时间段内的异常工件、车辆都需要召回;如果是设计问题,使用到与这个设计相关的部件的车辆都必须召回。

通过知识图谱,可以将工业专业知识与可复用数据资产结合,形成真正的数字孪生。业界有不少企业都表

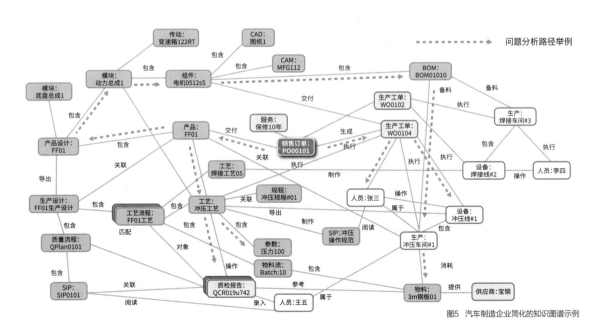

图5 汽车制造企业简化的知识图谱示例

示在做数字孪生，布设了很多传感器，并且采集了数据，进行了可视化展示。但事实上，这些只是数据的透明化，并非完整形态的数字孪生。什么是真正的数字孪生？

企业数字孪生的构成基于工厂运行的机理模型和运营产生的所有数据，是AI和物理的结合。

从物理模型的仿真到大数据的应用，数字孪生把机理模型和数据结合在一起，让数据和仿真结果互相印证，通过虚拟世界的决策去影响物理世界，形成闭环的反馈和持续的优化，这才是真正的数字孪生。

在从数据到知识的全生命周期管理过程中，知识中台是数字化和智能化实践的载体，全面覆盖数据采集、数据清洗、知识图谱和完整数字孪生构建的各个阶段，实现各价值链环节数据的全面互联，提供去中心化的分布式数据融合和流动，承载数据到工业知识的资产价值提升，赋能多样的智能化应用场景，从而实现跨价值链协同。

## 数据资产赋能智能化应用场景

基于工业数字化的理念和实践，我们认为工业大数据及人工智能解决方案应由两部分组成：60%数据+40%经验与算法。通过数据资产的构建，利用主动学习、先验结合小数据来获取和利用专家经验，在多影响因子的不确定性系统中，通过人工智能模型和领域模型的构建，实现对工业过程的"复合控制"。

在不同的应用场景和复杂度条件下，根据复杂度的不同，组合多种技术手段得到最优结果。以参数化控制优化领域的AI应用实践为例。

■ 对于数据驱动的质量优化和基本的生产计划优化场景，采用典型的数学优化或数据驱动的方法，如对单目标/多目标、线性/非线性等问题进行传统数学优化，基于启发式算法、随机过程、神经网络等方法进行黑盒优化。

■ 对于能耗优化、不确定因素排程优化的场景，采用机器学习增强的数学优化方法。这类优化问题的逻辑表示已知，但是在优化目标、约束、输入变量等方面存在不确定性，将数据驱动的智能模型作为数学模型的一部分，解决不确定性问题。

■ 对于AI和仿真结合的设备运行管理场景，采用双向标定的AI模型和物理模型。这类优化问题可能面临数据采集困难或数量不足，物理模型（规则、仿真）精度有限或耗时较高等问题。需要智能模型和物理模型互为输入，提升智能模型的泛化能力，加快物理模型的收敛。

■ 对于基于增强学习的运行优化场景，采用数据加反馈的"复合控制方法"，以历史数据和实时反馈为依据，获得最佳控制策略。

## 未来工业数字化架构演进

对于工业数字化的软硬件体系，当前的工业自动化和信息化的主体架构还是传统的ISA-95的金字塔层级结构。在这样的架构里系统依赖是层级式的，业务逻辑是单体式的，数据的流动是中心化的。

类比于现在互联网的大型分布式架构，从单体架构到微服务架构的演进，未来的工业数字化架构将结合云端及边缘侧的能力，更加内聚、分布式和微服务化，如图6所示。也就意味着对于工业企业，数字化的实践将更加量体裁衣、轻量且敏捷。万物互联的时代，随着企业的数字化成熟，逐渐走向产业链的全面协同，达到多行业、多产业的互动。

## 结语

企业的三条价值链，即产品生命周期价值链、资产运营价值链、业务履约价值链，它们共同组成了企业业务的核心流程与关键节点，也是数字化转型应关注的重点。

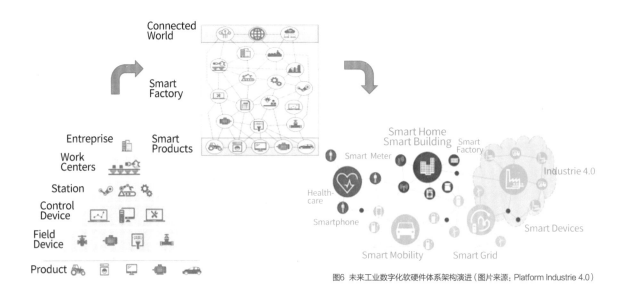

图6 未来工业数字化软硬件体系架构演进（图片来源：Platform Industrie 4.0）

每个企业由于在行业、产品、运营等方面存在差异，在价值链各环节上的能力也各不相同。但归根结底，都需要建立和管理在价值链之间流通的数据，实现各价值链环节数据的全面互联，提供去中心化的分布式数据融合和流动，承载数据到工业知识的资产价值提升，构建完整形态的企业数字孪生，实现数据驱动及领域知识的完美结合。最终赋能多样的智能化应用场景，实现跨价值链协同，从而帮助企业创造并传递价值。

**翁畅维**

西门子中国研究院软件与系统创新技术总监，西门子全球认证软件架构师。关注软件系统及解决方案架构、企业架构及中间件，以及云原生及大数据架构领域。参与并领导了不同行业领域的大型软件产品及解决方案研发，涵盖智能制造、城市基础设施、能源、交通、医疗等多个领域。

**扫码观看视频**
听翁畅维分享精彩观点

# 基于数字孪生理念重新思考、架构和实现新一代工业软件

文｜方志刚

**过去20年，新一代信息技术在服务业取得巨大成功，商业互联网巨头也在积极布局工业互联网赛道。过去几年的实践证明，工业互联网是"理想很丰满，现实很骨感"。大家都在寻找原因，但其实本质上就是缺乏承载制造业Know-How的工业软件。时代呼唤我们重新思考、架构和实现新一代工业软件，引发真正的工业4.0革命。**

工业企业持续转型、持续改进的目标一直是追求更好的产品和更高质量的制造。工业互联网的本质是商业模式创新，而脱离技术创新或工艺创新的商业模式创新，无疑是无本之木。个体企业没有一定产品数字化和工厂数字化基础，作为企业协作网络的工业互联网也成了无源之水。换句话说，数字孪生是工业互联网和智能制造的源头活水。

"数字孪生"的概念最早在2002年，由密西根大学Michael Grieves教授提出。Michael Grieves教授明确表示，"在虚拟空间里是能够做一个完整、动态的对物理系统的表达"（见图1）。通过物理设备的数据，可以在虚拟（信息）空间构建一个表征该物理设备的虚拟实体和子系统。这种联系不是单向和静态的，它们在整个产品的生命周期中都联系在一起。

实现数字孪生理念的手段就是工业软件。但笼统地讲，在工业软件领域，中国相比世界先进地区落后了近30年，进口软件在国内的应用水平也普遍不太高。但数字孪生、云原生的出现，让我们有了新的机会——基于数字孪生理念重新思考、架构和实现新一代工业软件。

## 当我们在谈论数字孪生的时候，到底在谈什么

经常有人会问："数字孪生是不是新瓶装旧酒？"其实数字孪生是实实在在的一个范式革命。NASA的两位工程师E. H. Glaessgen和D. S. Stargel在2012年第53届美洲航空航天协会（AIAA）学术会议上曾出示一篇论文报告：*The Digital Twin Paradigm for future NASA and U.S.*

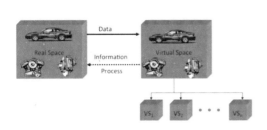

图1 Michael Grieves教授于2002年提出了镜像空间模型（Mirrored Space Model, MSM）

*Air Force Vehicles*，从原则层面、物理学原理层面、到专门谈航天器如何实现多物理、多尺度，从原则层面和物理学第一性原理层面，再上升到宏观。把最好的可用的物理模型、最新的传感器数据，以及历史的飞行数据都用来进行超融合（见图2）。并在论文中指出："数字孪生是飞行器或系统集成的多物理、多尺度的概率性仿真，它使用最好的可用物理模型、更新的传感器数据和历史飞行数据等来反映与该模型对应的飞行实体全生命周期的真实特性。"

今天的航天业已经在很大程度上利用了数字孪生，当然成本也非常昂贵。但随着传感器、算力越来越便宜，建模手段、算法不断改进，这些技术并行发展、超融合时，其他行业都可以享受这些原本只能在航天业才能采用的先进技术，数字孪生也随之得以发展。所以，无论外界对"数字孪生"这个概念有什么不同解释，都不会影响实际工程的应用。

## 重新思考和构建产品数字化平台

一般地，工业界的数字化脚步相对互联网行业要慢好几拍。在工业界做一个新的系统，可能要花两三年才能上线，上线后3~5年不敢大动，甚至可能要等十几年才做一次大的升级。这种传统的软件开发和部署方法，已经远远无法适应工业4.0时代客户对响应速度和个性化的要求。

例如，国内某大型制造企业最初用PDM（Product Data Management，产品数据管理）来支撑IPD（Integrated Product Development，集成产品开发）流程，直到2015年才提出数字化转型，从制造到销售营销，再到财务都踏上转型之路，口号是"第一要云化，第二必须服务化"，希望打造全联接的数字化企业。但当时的PDM只能管理零件和BOM（Bill Of Material，物料清单），现有的数据不足以支持下一步的数字化制造、数字化营销等。随着制造部门、营销部门均不断从研发部门处获取数字化的产品数据，2017年初企业内部下定决心要对产品数字化系统进行升级改造，开始照着全量、全要素的数字孪生和数字主线以实现云化、服务化的改造。最顶层的思路分为三大块。

■ DevX。X指"Everybody"，表示所有专业统一的作业链。DevX的理解是希望将各种硬件和软件的作业链统一在一个平台上，总调度接口是NBSE（Model Based Systems Engineering，基于模型的系统工程）。当然，硬件和软件两个体系还是分开的。软件有单独的集成开发的环境，硬件也有另外一整套系统。

■ LinkX。X指"Everything"，表示把下游需要的数据链全部打通。一个产品数字孪生的描述有近千个特征，足以满足各个视角的使用需求。

■ GoX。X指"Anywhere"，同时X也包含"各种分析工具"的意思。数字化运营。这是最关键的。这个X有

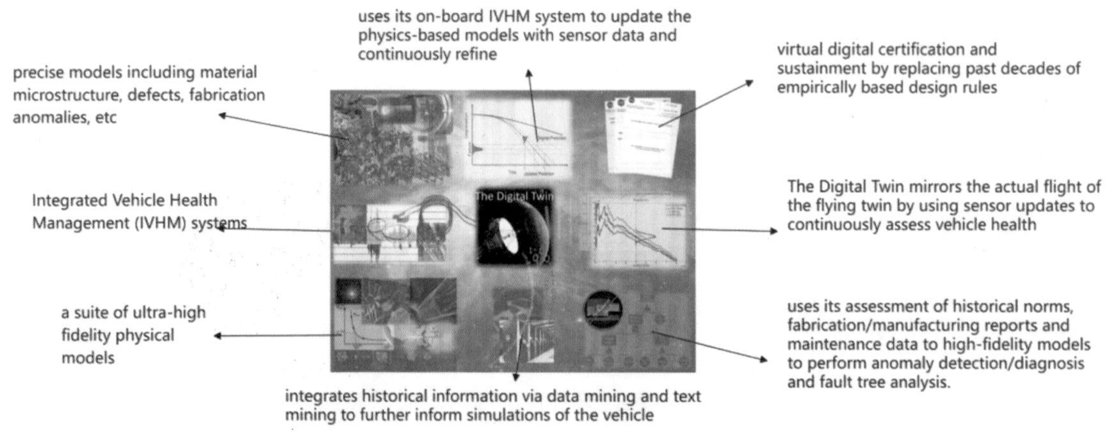

图2 对数字孪生与物理世界关联的思考

各种分析工具的意思，大中小屏均可联动。数字化时代与信息化时代最大的差别是：在信息化时代，安装了PDM系统后，要先在物理世界执行一个流程，生成一个电子文档，然后再到系统中归档、发布等；而在数字化时代，系统可以自动驱动物理世界的信息运作，这是非常大的差别。因此，管理数字化运营，要做到"业务即数据"，这就是GoX。

这三个思路实际上是数字主线的三大系统，或许在概念上看起来没有什么新意，但在企业内，各个部门都成立了数字化运营部门（也可以称为"数据管理部"），将数据真正为大家所用，持续改进质量管理、流程管理、运营管理，使其一体化。这就是虚拟世界的数字孪生，实现"数字孪生和物理世界融合并互相改进"。

我们希望任何物理产品都能打造个性化的数字孪生，而产品的内核还是基于数字孪生的基本模型构建的。每一个架构，从软件到硬件的资料、配置等，大大小小的点都是一个模型。无论是质量把控、成本把控、项目管理，还是整体服务的制造、销售，以及后续的改进创新，都真正将数字孪生连在一起。

这家企业之所以能将数字孪生做好，主要源于对企业架构搭建的重新思考，重构了整体的企业架构，它首先将每个对象的原模型抽象出来。不管是物，还是应用、模型，都有一个特征（比如服务、事件、订阅等概念），彻底将企业管理中与产品相关的四大类按照这个模型定下来，梳理各个模型对象的关系。把这些数据整理出来后，将物理产品实例与模型再实例化，通常到了这个步骤便会累积海量数据。因此，下一步要解决的问题是：如何定义及展示。

如何定义和展示工具十分重要。不同的专业/部门的诉求完全不同，当一个产品的数据量非常庞大时，如何快速高效地获取与使用这些数据是重中之重。所以要针对不同的专业/部门，以该专业能够理解的形式呈现。

最后，以彻底服务化的形式提交给应用方，数据的服务和应用做到"数用分离"。"数用分离"是向互联网公司学来的，也将会成为下一代工业软件发展的基础。

## 工业软件全面拥抱SaaS化

人类社会的现代化离不开工业化革命进程。遗憾的是，在自动化、信息化、网络化这三次大的工业革命中，中国工业基本缺位。直至以智能化为特征的第四次工业革命到来，受益于中国制造覆盖全工业门类及互联网技术超速发展等优势，中国工业孵化出"工业互联网"的核心概念，让中国工业有望在第四次工业革命中实现真正的"卡位入局"。

如何让国内工业软件在落后30年的基础上高点起跳？

■ 不能让企业削足适履，服役即落后。如今大家都在谈论"国产化替代"，个人特别反对这个词。国产化替代这个口号也喊了近30年，甚至更长时间，为什么工业软件领域如此落后，主要还是思路的问题。工业软件技术门槛非常高，如果只谈"替代"不谈创新，跟在别人后面跑，一定会出现"服役即落后"的情况。

■ 工业软件发展要体系化规划，不能单打独斗。除了技术门槛之外，生态门槛更重要，如今全球的软件市场高达90%，力量太过分散，不利于工业软件的发展。

■ 架构设计要符合国家标准，让更多中小型企业参与进来。要跟大企业合作解最难的题，也要跟其他单位、工业软件公司黏合在一起，去完成工业软件领域的大课题。

在未来，可以把企业系统变成数字孪生，让整个企业架构从原本的"流程驱动"变成"数据驱动"，先数字化事件再物理化事件，解决数字信息孤岛的问题。造接口的赶不上建孤岛的速度，如果能向互联网公司学习，彻底把"数据"作为单独的事情来做，相信可以彻底解决数字孤岛的问题。之后，下一个思路就是"必须SaaS化"。在如今的SaaS化时代，工业界的SaaS化渗透率却非常低（见图3），全球工业界SaaS化渗透率是10%，国内更低，所以中国是有机会入局的。

目前较为紧迫、需要重点发力的是工业界的PaaS，无论

| CAD/CAM/CAE | PLM | IIoT | AR |
|---|---|---|---|
| • Associative 3D Modeling | • Requirements Management | • IT & OT Data Acquisition | • Object Recognition & Tracking |
| • Generative Design | • Content Management | • Contextualization | • Spatial Recognition & Tracking |
| • IOT-Connected 3D Digital Twin | • Project Collaboration, Governance & Workflow | • Data Analytics & Visualization | • Experience Authoring |
| • 3D Work Instructions | • BOM Management | • Business Process Flow | • Expertise Capture |
| • Configured Digital Mockup | • Change & Configuration Management/Digital Thread | • UX Composition | • Logical Procedure Guidance |
| • 3D Spatial & Object Capture | • Product Variability Management | • Domain-specific Logic Composition | • Ad Hoc Collaborative Experiences |
| • Design for Additive Manufacturing | • Manufacturing Process Management | • Domain-specific Data Models Composition | • HMI/Experience of Things |
| • Multi-CAD Collaboration | • Service Process Management | • Industrial Protocol Translation | • Multi-Platform Device Support |
| • Real-time Simulation | • Quality Management | • Digital Content Management & Remote Access | • Content Management |
| • Multi disciplinary, multi physics, multi scale | | | |

图3 主流工业软件产品现状与架构，SaaS化大势所趋

是数据、流程，还是多学科的物理、化学、数学模型，通通要保证互操作，基于系统模型的调动，把各领域的模型及系统的全生命周期管理统一起来，用算法来计算方案空间、问题空间，而用户界面依旧是沉浸式的，这样的PLM才是真正的创新。

在人工智能、算法矩阵等技术快速迭代的当下，数智化时代的工业互联网应避免"照搬"互联网发展的老路，要从改革思维上，将数字孪生这样的前沿技术上升至企业级层面，应倾向于先做顶层设计，自上而下、有的放矢地构建工业互联网平台。

## 结语

如今的数字孪生对于制造业、数字工厂乃至工业互联网而言，都是很重要的工具和载体。简单来讲，这个世界只有两条定律：物理定律和经济定律。只要我们遵守这两个定律，通过持续创新工业互联网就会发展得更好。在未来，数字孪生有望成为现实世界管理整个信息系统的首选入口，成为工业互联网的一个标准界面。

**方志刚**

某全球500强企业产品线CTO，在制造业IT领域有26年经验，著有《复杂装备系统数字孪生》《数字孪生实战》等书。

**扫码观看视频**
听方志刚分享精彩观点

# 超融合时序数据库：消除工业数据"孤岛"

文 | 姚延栋

"数据孤岛"问题在各行各业都存在，工业制造也不例外。事实上，基于工业总线、控制协议、工程配置等方面的复杂性，相较于互联网产业，工业数据的采集、存储和查询更加困难。对如何解决工业大数据难题，本文从工业4.0、工业大数据架构，以及数据的写入、存储、查询这几个方面带来深度解析。

九年前，当GE第一次提出"工业互联网"的概念时，认为它的三要素包括人、数据和机器。简单来说，通过三要素的连接，实现制造过程中的降本、增效、提质。九年间，包括自动化厂商、互联网平台、软件厂商、通信运营商、系统集成服务商等在内的各方势力在这片沙场上群雄逐鹿，共同为工业互联网的定义丰富了内涵。

在此基础上，作为构成三大要素之一的"数据"，其重要性也在被不断强调。

作为超融合时序数据库厂商，我们为物联网、车联网、工业互联网等行业打造一站式数据服务平台。伴随着工业制造进入4.0时代，智能制造所产生的数据量剧增，且形式趋于多元化，这些数据中蕴含着大量待发掘的价值，数据作为企业管理资产的理念被越来越多的人所接受。

从数据到信息，需要通过数据采集、数据存储、计算查询、数据服务、数据应用五个环节。如果在前面加上"工业"，则要从工业自身的属性方面来阐释这一概念。

事实上，自发生工业革命的两百余年来，从1.0蒸汽，到2.0电力，再到3.0电子信息技术，贯穿始终的两个核心元素是能量和信息。能量的指数级提升让生产规模不断扩大，信息的复杂架构和信息量的持续增加则让自动化成为可能。

那么，我们现在所说的工业4.0，其核心究竟是什么？

## 四维定义工业4.0，数据是内核

可以从数字孪生、赛博物理系统、智能制造，以及工业互联网四个梯度来定义工业4.0时代。

■ 数字孪生（DT）。数字孪生可简单理解为在数字世界中建立起物理世界的单向映射。例如，我们上学时做数学应用题，题干是物理世界的自然语言描述"去什么地方买了多少东西，花了多少钱"。当我们需要解出"多少"时，并不会先去商场买东西，再把买到的东西一个个拿出来统计，而是将物理实体映射到虚拟抽象的数字世界，在脑中进行加减乘除的运算。数字孪生也可以从这一逻辑思考，只是将数据和模型通过机器大脑，或者说通过软件来进行模拟。事实证明，与数学推演一样，在数字世界中进行优化比在物理世界中优化效率要高很多。

■ 赛博物理系统（CPS）。赛博物理系统和数字孪生的最大区别是从单向到双向的变化。相较于数字孪生从物理世界映射到数字世界的单向性，赛博物理系统在物理实体和数字世界之间有一个反向控制，能够实现物与物的融合控制，形成智能闭环，从辅助决策走向自主决策。

■ 智能制造(IM)。如果当企业制造业内部的所有工厂和车间都应用了赛博系统，并结合企业运营管理，则在企业内部会形成全链路，就开始进入智能制造的新生态。

■ 工业互联网 (IIOT)。在衡量工业4.0的四个梯度中，工业互联网最高级。从它的表现来看，不仅是将工厂纳入赛博系统，所有上、中、下游产业都接入基于云的价值链网，从而形成新的工业生态。在智能制造优化配置、制造资源的基础上，工业互联网进一步优化工业资源。

从数字孪生到赛博物理系统，从智能制造到工业互联网，前路漫漫。但无论处在哪个阶段，它们的基础都是数据、模型及软件，这是任何阶段都要重视的底层技术。在这些底层技术中，数据是内核。

那么，在工业IT域和OT域中怎样做到大数据打通？或者如何进行工业大数据架构的搭建，从而更大效能地发挥数据的价值就显得尤为重要。

## 基于超融合数据库的工业大数据架构

在当下各类工业互联网架构中，数据的应用还没有形成完整统一的闭环。事实上，无论在产品制造过程还是在使用过程中，都会产生大量的数据。厂商面临的很大问题是：为了存储不同类型的数据不得不搭建非常复杂的技术架构，如使用MySQL、PostgreSQL等存储关系型数据，使用OpenTSDB等时序数据库来存储设备产生的时间序列数据，使用GIS存储地理位置数据，使用Elasticsearch等存储文本数据并支撑二维索引类查询，以及使用Hive进行数据分析等。

很多制造业企业选择用Hadoop，Hadoop的确可以很好地解决大数据的存储问题，但Hadoop很难解决交互式计算的问题。这和它诞生时的底层逻辑相关：Hadoop为

批处理而设计，发展到后面有交互性查询需求时，其难以处理的特征就表露无遗。

为了解决查询带来的问题，很多PaaS平台的数据层架构异常复杂，用各类专用产品解决不同场景下的问题，这不但造成了数据"千岛湖"，还使得运维、开发非常复杂，整体架构的稳定性堪忧。一旦出现问题，国内鲜有团队可以很好地解决这些开源产品底层的问题。我们从不同的视角看待这个问题，提出了更简单、更高效的解决方案：把不同数据类型封装在一个数据库内，形成超融合时序数据。

在"集团+工厂"两级架构中（见图1），下面是子公司，上面是总部。可以看到，子公司有矿山、能源管理等模块，产生各种各样的数据，这些数据放在一个超融合时序数据库小集群里，包括结构化数据、实时时序数据和非结构化数据。对于拥有10~100万个测点规模的工厂，一套超融合时序数据库可以搞定工业大数据。每个工厂的数据通过云边协同，实时传输到总部的超融合数据库集群中，实现集团所有数据资产的汇总。

图1 某"集团+工厂"两级架构

那么，采用超融合数据库的工业大数据架构究竟是什么？

如图2，左边是各种数据源，中间是批流一体的加载组件，右边的中间部分是数据库集群，上面是各类应用，下面是数据联邦。

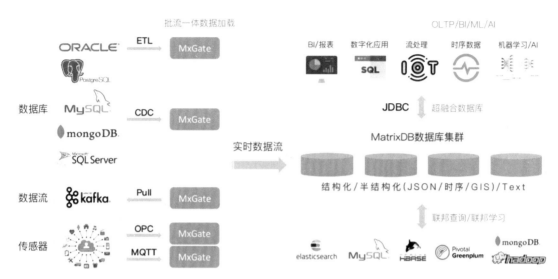

图2 工业大数据架构

我们把结构化数据、半结构化数据和非结构化数据等存储在一个数据库集群内，并通过大规模并行处理（MPP）技术给上层应用提供高效的查询接口。这样一来，数据中台的核心从多个数据库变成一个，不需要再面对数个专用数据库，从而大大减少数据"千岛湖"的混乱局面。

## 数据写入的"各种姿势"

以上是从整体架构说明如何在工业领域应用超融合时序数据库。接下来，再看看时序数据写入的"各种姿势"。和其他产业相比较，工业领域的数据链条更长，协议更多。其中，还会出现无法预知的数据写入状况，整体可以总结为十条，分别是：顺序上报、乱序上报、延迟上报、异频上报、上报信号/指标动态增减、更新或删除、ACID、高性能，等等。

### 顺序上报&乱序上报&延迟上报

■ **顺序上报**：按照时间顺序上报数据是最常见的场景，数据库需要为这种最常见的场景做优化，做到性能最好。

■ **乱序上报**：由于某些原因数据不能顺序上报，因此会呈现出交叉乱序状态。对于这种情形，以较为典型、在生活中经常出现的汽车为例。行驶中的汽车每秒都会产生上千个数据点，正常情况下，数据会实时上报到数据中心。但如果汽车行驶到无人区或地下车库，在没有网络信号的情况下会出现一段时间的暂缓上传，离开无网区又会自动重新连接。此时，一般有两种写入数据的模式，第一种是把新产生的数据先写入，然后再把旧数据补齐，这就是典型的乱序写入；第二种是延迟上报。

■ **延迟上报**：在上述汽车案例中，当数据在暂缓上传后重新上报，如果是按照顺序补齐，则属于延迟上报。

### 异频上报&上报信号/指标动态增减&更新或删除

■ **异频上报**：影响上报的因素还有指标频率，采集周期可能是10ms、20ms、1s，甚至1min，这样会产生不能同频上报的问题。

■ **上报信号/指标动态增减**：当产品的版本升级时，指标也可能发生动态增减。

■ **更新或删除**：如果数据有变化或者不需要，就要更新或删除。

## ACID&高性能

■ **ACID:** ACID是数据库事务正确执行的四个基本要素的缩写。包括原子性（Atomicity，或称不可分割性）、一致性（Consistency）、隔离性（Isolation，又称独立性）、持久性（Durability）。业内有不少时序数据库声称不需要保证ACID，但事实并非如此。尽管时序数据有一些可以丢弃，如监控服务器丢失5min的数据影响不会太大。但从产品完整性来看，要尽量保证数据不重、不错、不丢，才会更有吸引力。很多场景对数据的准确性要求较高，如工控领域，如果丢失几分钟的数据，危害是非常大的。

■ **高性能:** 我们的单机写入性能峰值可达5000万浮点数/秒。工业场景的数据写入可以通过MatrixGate组件或JDBC实现，也可直接通过INSERT语句写入数据库。

目前的一种典型用法是使用Kafka（见图3），把数据写入Kafka后，MatrixGate自动消费Kafka的数据，并实时插入MatrixDB中。这样一来，数据的采集链条在入库方面可以大幅简化，并实现实时数据入库、实时查询分析。

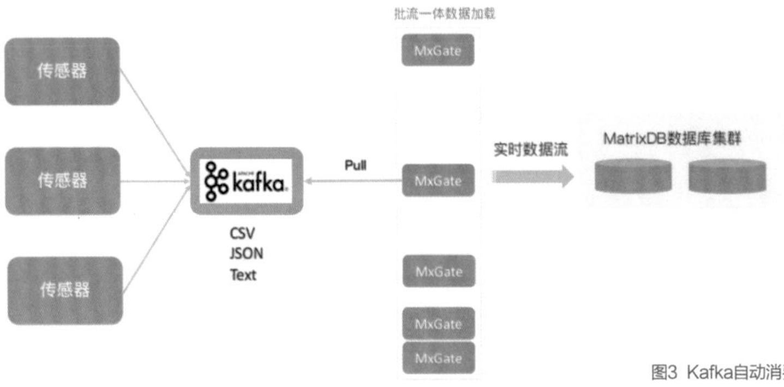

图3 Kafka自动消费

## 提升存储效率，冷热分级存储

当数据进入数据库之后，下一步要考虑存储效率的问题，特别是工业时序数据，一方面有独特的产生模式，另一方面数据量巨大。

存储有两个问题需要注意。

第一是数据的压缩比，或者说存储效率。通过列式编码压缩算法、行式编码压缩算法和块压缩，可以更好地提高时序数据的存储的效率，常见的压缩比可达到5:1。

一些特定模式的数据压缩比更高，甚至能达到几十倍。除此之外，给各种各样的数据类型提供定制的编码和压缩算法，如浮点数，通过Gorilla编码和zstd压缩算法，使得压缩比进一步提升。

第二是冷热分级存储。数据的价值密度随着时间的推移而变化，越新的数据价值密度越高，越老的数据价值密度越低。基于这个特征，可以采用冷热分级存储以降低磁盘开销。

通过冷热分级，可以使热数据存储在较好和更快的磁盘上，如SSD；温数据存储在SAS磁盘；冷数据存储在类似于Amazon S3的对象存储中。

数据库支持什么样的数据类型？传统数据库支持的数据类型比较单一。随着数据库的发展，很多数据库开始支持复合型数据，如数组、JSON、XML、时序数据、地理信息数据等。

这样一来，一个数据库就可以存储结构化、半结构化，甚至非结构化的数据。典型的非结构化数据是文本，典型的半结构化数据就是JSON。也有工业界最常见的时序数据，即时间序列数据等。

传统的时序数据库，像InfluxDB基于KV模型，不需要预先定义指标就可以直接写数据，但关系型数据库需要先定义Schema（表结构、字段类型等）才能写数据。超融合数据库通过支持KV数据类型解决了这个问题，使得用户无需每次都预先定义指标字段就可以写入新指标数据，相当于在数据库内部实现了Redis的功能。此外，还支持空间数据，如点、线、多边形等。

超融合时序数据库还支持自定义数据类型，最近需求比较大的是点云，很多企业需要存储点云的数据，并且希望对点云数据直接分析，这可以在数据库里通过自定义数据类型实现。

因此，整个数据库可以支持多样化的数据类型（见图4）。

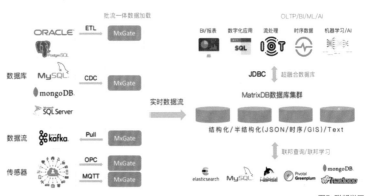

图4 数据类型多样化

## 实时查询、实时分析

完成数据的写入和存储后，下个阶段是查询和分析。

我们分析一下数据产品的演进逻辑：Hadoop是从存储开始向上做计算；Spark是从计算开始向下做存储；Snowflake是存算分离，从雪花到雪球。无疑，在计算方面，相比Hadoop，Spark和Snowflake更成功。Snowflake的优势是数据仓库和决策支持，Spark的优势是机器学习。然而，实际业务场景中通常有各种各样的查询和分析需求，故而业内养成了"拼搭积木"的惯性思维方式，即拼搭多种开源软件，每种软件解决场景中的一个小需求。

如何解决一个业务场景需要多种专用产品的问题？超融合数据库是这一问题的答案。

具体来看，工业场景的查询非常多样化，包括点查、明细查询、聚集查询，以及多维查询、多表关联等。除此之外，还有一些高分析型查询，包括子查询、窗口函数、Cube、CTE等。

近几年机器学习领域的一个新趋势是数据库内建机器学习（in-database machine learning），计算贴近数据，性能更高，接口更简洁。超融合时序数据库支持以下内建机器学习方式。

■ 使用Python、R、Java等语言编写用户自定义函数、存储过程。在数据库内部原地处理海量数据，避免数据移动，大幅提升分析效率。这种方式的最大优点是可以重用大量函数库，如Python的Pandas、Numpy等，还支持Tensorflow进行深度学习的模型训练和推理。

■ 使用SQL进行机器学习训练和推理。目前支持近60种机器学习算法，包括监督学习、无监督学习、统计分析、图计算等。

■ 最后是联邦学习。如果数据中心已有大量产品，不能轻易替换，但是又希望统一地计算和分析，该怎么办？可以通过联邦学习来查询各种数据源的数据（见图5）。

上述的诸多特性，核心只有三点：第一是数据的写入性能；第二是数据的存储效率；第三是查询的多样化。

图5 联邦学习

除此之外，一个企业级产品还需要更多能力，如开发工具集成、上下游生态对接、备份恢复、扩容等。

完善的开发工具生态应该包括以下模块：

- **流行IDE：** IntelliJ、DataGrip、Dbeaver、Navicat等。

- **编程语言：** Java、Python、R、golang、C/C++、VB、.Net等。

- **BI和可视化：** Grafana、Tableau、永洪、帆软、SAS、Cognos、Zabbix等。

- **ETL和CDC：** Informatica、Talend、DSG、Debezium、HRV、Kettle等。

- **安全：** 认证、访问控制、数据加密、安全审计等。

- **物联网协议：** MQTT、OPC-UA、OPC-DA、MODBUS等。

- **物联网平台：** Node-Red、ThingsBoard等。

## 结语

在与一位友商交流时，他提到：过去认为一个数据库只能有一个存储引擎，超融合时序数据库是怎么做到一个数据库内搭载多个存储引擎的？

其实这只是个工程实现的问题，并没有什么秘诀。

事实上，无论是数据库技术、分布式技术，还是硬件技术，已经发展了几十年，积累了大量的经验，以及大量的工程代码。积淀的经验让我们可以重新去做全新的假设。超融合数据库的基本核心是：在一个关系型数据库内部搭载多个存储引擎。这使我们重新审视"一个数据库只能用一个存储引擎"的传统认知，而不断的工程实验，也使我们实现了一个数据库支持不同业务场景和不同数据类型的目标。

最后，还想对开发者伙伴们说的是，无论我们是思考理论还是实践工程，无论工业制造领域还是其他领域，能否打破传统认知、突破思维的局限，是成为卓越开发者重要的能力和思想品质。

**姚延栋**

北京四维纵横数据有限公司创始人。原Greenplum北京研发中心总经理，Greenplum中国开源社区创始人、PostgreSQL中文社区常委、壹零贰肆数字基金会（非营利组织）联合发起人，著有《Greenplum：从大数据战略到实现》。

**扫码观看视频**
听姚延栋分享精彩观点

《神秘的程序员们》之

# 高并发需求

作者：西乔

我之前在一个游戏开发团队，规模不大，但水平很高。

某天，
老板跟某大厂谈了个合作，
开发个游戏接进他们平台

你们的高并发经验怎么样？处理过什么级别的用户规模？

大规模、高并发我们可以的，您预估需要多少量级？

百万在线，行吗？你们的游戏有把握接得住吗？

问题不大，王老师，
我们的设计是能满足的。

要准备充足啊，最起码百万级啊，不要掉链子啊。

好的，您放心。

好，上线那天，我会派两个
我们的工程师过来。有问题
好及时处理。

可以可以。

## 上线后第二天

昨晚上线怎么样？顺不顺利？

有点一言难尽。

并发没抗住吗？昨晚来了多少人？

我们这负载倒是没问题，
昨晚最高峰时也就十万
玩家同时登录。

那咋给你熬成这样？

因为我整晚都在帮他们解决
他们自己的认证系统每秒只能
认证不到 300 人的瓶颈问题。

# 图书在版编目（CIP）数据

新程序员. 003 /《新程序员》编辑部编著. -- 北京：中国水利水电出版社, 2022.1

ISBN 978-7-5226-0365-0

Ⅰ.①新… Ⅱ.①新… Ⅲ.①程序设计－文集 Ⅳ.①TP311.1-53

中国版本图书馆CIP数据核字(2022)第000210号

| | |
|---|---|
| 书　　名 | 新程序员.003 |
| | XIN CHENGXUYUAN . 003 |
| 作　　者 | 《新程序员》编辑部 编著 |
| 责任编辑 | 李海元 |
| 出版发行 | 中国水利水电出版社 |
| | （北京市海淀区玉渊潭南路1号D座 100038） |
| | 网址：www.waterpub.com.cn |
| | E-mail: zhiboshangshu@163.com |
| | 电话：010-62572966-2205/2266/2201（营销中心） |
| 经　　售 | 北京科水图书销售中心（零售） |
| | 电话：（010）88383994、63202643、68545874 |
| | 全国各地新华书店和相关出版物销售网点 |
| 印　　刷 | 廊坊市新景彩印制版有限公司 |
| 规　　格 | 185mm×260mm 16开本 14.5印张 400千字 1插页 |
| 版　　次 | 2022年1月第1版　2022年1月第1次印刷 |
| 印　　数 | 0001—6000册 |
| 定　　价 | 89.00元 |